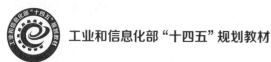 工业和信息化部"十四五"规划教材　　教育部-华为产学合作协同育人项目规划教材

无线局域网组建与优化

HCIA-WLAN｜微课版

U0160637

蔺玉珂 王波｜主编

卢延武 林勇 赵艳梅 王彬｜副主编

CONSTRUCTION
AND OPTIMIZATION
OF WLAN

人民邮电出版社

北京

图书在版编目（CIP）数据

无线局域网组建与优化：HCIA-WLAN：微课版 / 蔺
玉珂，王波主编. -- 北京 ：人民邮电出版社，2022.5
教育部-华为产学合作协同育人项目规划教材
ISBN 978-7-115-56207-4

Ⅰ. ①无… Ⅱ. ①蔺… ②王… Ⅲ. ①无线电通信－
局域网－教材 Ⅳ. ①TN92

中国版本图书馆CIP数据核字(2021)第054082号

内 容 提 要

本书采用基于工作过程的项目化教学，通过项目准备和 7 个项目（含 16 个项目实施），详细讲解了 WLAN 网络的相关知识，项目内容包括无线局域网基础知识、校园无线网络 AC 与 AP 的认证关联、校园无线网络搭建、校园无线网络安全设计、校园无线网络射频管理、校园无线网络的可靠性设计、校园无线网络漫游设计、校园无线网络规划设计。

通过学习本书的内容，读者能够掌握 WLAN 基础知识及相关原理，并具备使用 WLAN 设备组建和维护中小型无线局域网的能力，满足无线网络建设与运维岗位的技术能力要求。

本书对 WLAN 从业者和初学者能起到很好的引导作用，既可作为高等教育本、专科院校网络相关专业的教材，也可作为职业技能竞赛的参考书籍，还可作为企业的培训用书。

◆ 主　编　蔺玉珂　王　波
　　副主编　卢延武　林　勇　赵艳梅　王　彬
　　责任编辑　范博涛
　　责任印制　王　郁　焦志炜

◆ 人民邮电出版社出版发行　　北京市丰台区成寿寺路 11 号
　　邮编　100164　　电子邮件　315@ptpress.com.cn
　　网址　https://www.ptpress.com.cn
　　北京市艺辉印刷有限公司印刷

◆ 开本：787×1092　1/16
　　印张：19　　　　　　　　　　2022 年 5 月第 1 版
　　字数：534 千字　　　　　　　2024 年 12 月北京 第 9 次印刷

定价：59.80 元

读者服务热线：(010)81055256　印装质量热线：(010)81055316
反盗版热线：(010)81055315
广告经营许可证：京东市监广登字 20170147 号

前言 FOREWORD

本教材为体现二十大会议精神，挖掘课程内容相关的思政元素，培养学生良好的道德情操和职业素养，坚持为党育人、为国育才，全面提高人才自主培养质量。本书围绕无线局域网工程的实施，设计了一系列的工程项目作为本书的学习内容，力求使读者在完成工程项目的过程中，不但能掌握职业所需的核心知识和实践技能，而且能获得实际工作经验。

本书总体设计思路是基于行动导向和技能导向的职业技能教育，有以下 4 个特色。

（1）本书是教育部-华为技术有限公司 2017 年产学合作协同育人项目建设成果，属于产教融合、校企双元联合开发教材。由企业工程师提供大量的工程项目案例，由编写团队共同选取项目案例和知识点。本书以完成项目为教学主线，围绕项目进行知识点讲解，重点关注"要做什么"和"怎么做"。

（2）本书属于课证融通教材，理论知识和实训项目完全对接华为 HCIA-WLAN 职业资格证书，还可以支撑华为"1+X"网络系统建设与运维（中级）职业技能等级证书。同时，本书是新形态一体化教材，提供了微课视频、仿真实验、教学 PPT 等数字化教学资源，方便读者进行学习和开展实训项目。

（3）本书具有职业技能教育的特点，坚持少理论、重实践的基本理念，在理论内容必需、够用的基础上，突出实践环节的主导作用。在完成项目的过程中，通过"边学边做、学中求做、做中求学、学做结合"，达到"学以致用"的效果。

（4）本书通过模拟职业团队和职业角色，将爱国情怀、法律法规、职业素养、职业道德等思政元素贯穿教学全过程，提高读者的综合素质，为将来进入职业岗位打下坚实的基础。

本书遵循由简单到复杂、循序渐进的认知过程。读者先学习组建规模较小、设备较少、配置简单的无线局域网，然后逐渐学习组建规模较大、设备较多、配置较复杂的无线局域网。

本书的编写由重庆电子工程职业学院通信工程学院《WLAN 网络组建与优化》课程组的专职教师和企业工程师共同完成。重庆盛海科技发展有限公司卢延武工程师参与了实训项目案例的编写和相关知识点的归纳工作。蔺玉珂负责项目 1、项目 2、项目 3 和项目 7 的编写，林勇负责无线局域网基础知识的编写，王波负责项目 4 的编写，王彬负责项目 5 的编写，赵艳梅负责项目 6 的编写。在编写的过程中，华为技术有限公司和深圳泰克教育科技有限公司在技术资料、工程项目案例等方面给予了大力支持，在此一并表示感谢。

限于编者水平有限，书中难免存在疏漏之处，敬请读者批评指正。

编者
2023 年 5 月

目录 CONTENTS

项目准备

无线局域网基础知识 ………… 1

0.1 无线网络 ……………………… 1

  0.1.1 无线网络的分类 ………… 1

  0.1.2 无线局域网的特点 ……… 3

  0.1.3 WLAN 标准组织 ………… 3

0.2 无线射频 ……………………… 5

  0.2.1 无线射频基础 …………… 5

  0.2.2 无线射频工作原理 ……… 6

  0.2.3 无线射频工作特性 ……… 7

  0.2.4 WLAN 工作频段 ………… 9

  0.2.5 WLAN 天线技术 ……… 14

0.3 IEEE 802.11 协议 …………19

  0.3.1 PHY 层技术 ……………19

  0.3.2 MAC 层技术 ……………25

  0.3.3 主要协议标准 ……………30

0.4 WLAN 产品 ……………… 36

  0.4.1 WLAN 基本架构 …………37

  0.4.2 WLAN 产品介绍 …………39

  0.4.3 WLAN 产品命名规范 ……43

0.5 WLAN 拓扑 ……………… 44

  0.5.1 WLAN 组成原理 …………44

  0.5.2 WLAN 基本概念 …………45

  0.5.3 WLAN 拓扑结构 …………47

思考与练习 ………………… 51

项目 1

校园无线网络 AC 与 AP 的认证关联 ……………54

1.1 项目描述 ………………54

1.2 相关知识 ………………55

  1.2.1 AC 初始化配置 …………55

  1.2.2 AP 技术 ………… 65

  1.2.3 CAPWAP 协议 …………71

  1.2.4 VLAN 在 WLAN 网络中的应用 …… 77

  1.2.5 DHCP 业务 …………79

1.3 项目实施 校园无线网络 AC 与 AP 的认证关联 ………… 82

  1.3.1 实施条件 ………… 82

  1.3.2 数据规划 ………… 82

  1.3.3 实施步骤 ………… 83

  1.3.4 项目测试 ………… 84

思考与练习 ……………… 85

项目 2

校园无线网络搭建 ………… 87

2.1 项目描述 ……………… 87

2.2 相关知识 ……………… 89

  2.2.1 组网方式 ………… 89

2.2.2 数据转发方式·············92

2.2.3 IEEE 802.11 媒介访问··········96

2.2.4 配置流程介绍·············101

2.3 项目实施 1 基于直连式二层
数据直接转发的无线网络
搭建 ···············103

2.3.1 实施条件·············103

2.3.2 数据规划·············103

2.3.3 实施步骤·············104

2.3.4 项目测试·············107

2.4 项目实施 2 基于直连式二层
数据隧道转发的无线网络
搭建 ···············108

2.4.1 实施条件·············108

2.4.2 数据规划·············108

2.4.3 实施步骤·············109

2.4.4 项目测试·············112

2.5 项目实施 3 基于三层组网数据
直接转发的无线网络搭建······113

2.5.1 实施条件·············113

2.5.2 数据规划·············113

2.5.3 实施步骤·············114

2.5.4 项目测试·············118

2.6 项目实施 4 基于敏捷分布式的
无线网络搭建···········118

2.6.1 实施条件·············118

2.6.2 数据规划·············119

2.6.3 实施步骤·············120

2.6.4 项目测试·············123

思考与练习···············124

项目3

校园无线网络安全设计·······127

3.1 项目描述··············127

3.2 相关知识··············128

3.2.1 WLAN 安全介绍·········128

3.2.2 WLAN 认证技术·········135

3.2.3 WLAN 加密技术·········139

3.2.4 WLAN 安全策略·········141

3.3 项目实施 1 基于内置 Portal
认证的无线网络搭建·········145

3.3.1 实施条件·············145

3.3.2 数据规划·············145

3.3.3 实施步骤·············146

3.3.4 项目测试·············150

3.4 项目实施 2 基于 WPA2 认证
（WPA2-PSK-AES）的无线
网络搭建···············151

3.4.1 实施条件·············151

3.4.2 数据规划·············151

3.4.3 实施步骤·············152

3.4.4 项目测试·············156

思考与练习···············156

项目4

校园无线网络射频管理·······160

4.1 项目描述··············160

4.2 相关知识··············161

4.2.1 射频调优·············161

4.2.2 负载均衡 ·············· 166

4.2.3 频谱导航 ·············· 169

4.2.4 其他射频特性 ·········· 171

4.3 项目实施 1 基于射频调优的
无线网络搭建 ·············· 173

4.3.1 实施条件 ·············· 173

4.3.2 数据规划 ·············· 173

4.3.3 实施步骤 ·············· 175

4.3.4 项目测试 ·············· 179

4.4 项目实施 2 基于静态负载均衡
的无线网络搭建 ·········· 179

4.4.1 实施条件 ·············· 179

4.4.2 数据规划 ·············· 180

4.4.3 实施步骤 ·············· 181

4.4.4 项目测试 ·············· 186

4.5 项目实施 3 基于动态负载均衡
的无线网络搭建 ·········· 187

4.5.1 实施条件 ·············· 187

4.5.2 数据规划 ·············· 187

4.5.3 实施步骤 ·············· 188

4.5.4 项目测试 ·············· 194

4.6 项目实施 4 基于频谱导航的
无线网络搭建 ·············· 194

4.6.1 实施条件 ·············· 194

4.6.2 数据规划 ·············· 195

4.6.3 实施步骤 ·············· 196

4.6.4 项目测试 ·············· 200

思考与练习 ·············· 201

项目 5

校园无线网络的可靠性
设计 ·············· 203

5.1 项目描述 ·············· 203

5.2 相关知识 ·············· 204

5.2.1 可靠性概述 ·········· 204

5.2.2 双机热备份 ·········· 206

5.2.3 双链路冷备份 ········ 214

5.2.4 N+1 备份 ·········· 218

5.3 项目实施 1 基于负载分担方式
的热备份无线网络搭建 ······· 223

5.3.1 实施条件 ·············· 223

5.3.2 数据规划 ·············· 223

5.3.3 实施步骤 ·············· 225

5.3.4 项目测试 ·············· 230

5.4 项目实施 2 基于 AC 全局配置
方式的冷备份无线
网络搭建 ·············· 233

5.4.1 实施条件 ·············· 233

5.4.2 数据规划 ·············· 233

5.4.3 实施步骤 ·············· 234

5.4.4 项目测试 ·············· 238

思考与练习 ·············· 239

项目 6

校园无线网络漫游设计 ······· 241

6.1 项目描述 ·············· 241

6.2　相关知识 ·······················242

6.2.1　漫游概述 ······················242

6.2.2　漫游原理 ······················245

6.2.3　漫游数据转发过程 ········247

6.2.4　漫游配置流程 ···············249

6.3　项目实施1　基于AC内三层
漫游的无线网络搭建 ··········251

6.3.1　实施条件 ······················251

6.3.2　数据规划 ······················252

6.3.3　实施步骤 ······················253

6.3.4　项目测试 ······················258

6.4　项目实施2　基于AC间二层
漫游的无线网络搭建 ··········258

6.4.1　实施条件 ······················258

6.4.2　数据规划 ······················258

6.4.3　实施步骤 ······················260

6.4.4　项目测试 ······················267

思考与练习 ·····························269

项目7

校园无线网络规划设计 ·······270

7.1　项目描述 ·······················270

7.2　相关知识 ·······················270

7.2.1　网络规划基础介绍 ········271

7.2.2　网络规划工具介绍 ········279

7.2.3　典型网络规划案例 ········287

7.3　项目实施　办公大楼无线网络的
勘测与设计 ·····················290

7.3.1　项目背景 ······················290

7.3.2　项目需求分析 ···············290

7.3.3　项目实施 ······················290

思考与练习 ·····························293

附录

项目准备

无线局域网基础知识

关于无线网络，大家对它并不陌生，几乎每天都能体验到无线网络带来的便捷。通过无线路由器或者移动网络，人们平时在家里可以坐在沙发上、躺在床上甚至坐在马桶上在线聊天、欣赏影视剧，尽情地享受摆脱有线网络束缚所带来的自由。每当走进餐厅，很多人所做的第一件事不是点餐，而是搜索餐厅的无线网络。可见，无线网络已经融入了大部分人的生活中。

0.1 无线网络

无线网络的初步应用要追溯到第二次世界大战期间，当时美国陆军采用无线电信号进行信息的传输。他们研发出了一套无线电传输技术，并采用了高强度的加密技术，在美军和盟军中广泛使用。这项技术让许多学者得到了一些灵感。1971年，夏威夷大学的研究员创造了第一个基于封包式技术的无线电通信网络，被称作 ALOHNET。它可以算是最早期的无线局域网（Wireless Local Area Network，WLAN），包括了 7 台计算机，中心计算机放置在瓦胡岛上，采用双向星形拓扑横跨 4 座夏威夷的岛屿。从那时开始，无线网络正式诞生了。1990 年，美国电气与电子工程师协会(Institute of Electrical and Electronics Engineers，IEEE) 正式启动 IEEE 802.11 项目，相继开发出了一系列的无线网络相关标准。2003 年之后，众多无线网络技术和设备相继出现，逐渐在无线网络市场中受到追捧并被广泛应用。无线网络发展历程如图 0-1 所示。

WLAN 的历史概述

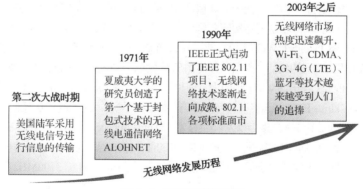

图 0-1　无线网络发展历程

0.1.1 无线网络的分类

无线网络是指不需要布线就能实现各种通信设备互联的网络。根据网络覆盖范围、应用技术等不同，无线网络可以划分为不同的类型。

1. 根据覆盖范围划分

如图 0-2 所示，根据网络覆盖范围不同，无线网络可以划分为 WPAN、WLAN、WMAN 和 WWAN 四类。

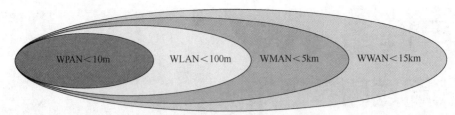

图 0-2　根据网络覆盖范围划分无线网络

① 无线个域网（Wireless Personal Area Network，WPAN）提供个人区域无线连接，一般是点对点连接和小型网络的连接，例如手机和蓝牙耳机之间的连接网络。WPAN 是基于计算机通信的专用网，是在个人操作环境下由相互通信的装置构成的一个独立网络，不需要任何管理装置，能够在电子终端设备之间提供方便、快速的数据传输。WPAN 所覆盖的范围一般在 10m 以内，并且工作在许可的无线频段，组网方便。WPAN 设备具有价格便宜、体积小、操作容易和功耗低等优点。

② 无线局域网（WLAN）的覆盖范围在 100m 以内，其主要技术基于 IEEE 802.11 标准，使用 ISM 频段中的 2.4GHz 或 5GHz 频段进行无线连接，被广泛应用于家庭、企业等无线网络中。WLAN 的能耗较大，支持多用户组网，设计更加灵活。

③ 无线城域网（Wireless Metropolitan Area Network，WMAN）主要用于骨干连接和用户覆盖，覆盖范围为几千米，一般使用的频段需要申请。

④ 无线广域网（Wireless Wide Area Network，WWAN）主要应用于运营商的无线覆盖，覆盖范围在几十千米以上，可以使终端设备在移动蜂窝网络覆盖范围内的任何地方连接到互联网中，例如 4G/5G、卫星通信技术。

随着无线技术的发展，不同种类无线网络之间的界限越来越模糊，有相互融合的趋势。

2. 根据应用技术划分

目前最为常见的无线网络应用技术有 IrDA、Wi-Fi、Blue Tooth、HomeRF、CDMA 等。各种应用技术的特点和定位各不相同。

IrDA（Infrared Data Association）是一种利用红外线进行点到点通信的技术，主要应用于电视、空调等短距离遥控通信中。其特点是短距离无障碍传输，传输速率可达 16Mbit/s，成本低，寿命短。

无线保真（Wireless Fidelity，Wi-Fi）是指使用 IEEE 802.11a/b/g/n 等无线技术为局域网提供无线连接。Wi-Fi 在带宽上有着极为明显的优势，而且有效传输范围很大，其缺点是成本略高、功耗较大。

蓝牙（Blue Tooth）工作于 2.4GHz 频段上，理想连接范围是 10cm～10m，支持 72kbit/s、57.6kbit/s 的不对称连接或 43.2kbit/s 的对称连接，其特点是方便快捷、灵活、成本低和功耗低。

HomeRF 是 IEEE 802.11 标准与数字无绳电话技术（Digital Enhanced Cordless Telephone，DECT）结合的家庭无线网络，工作在 2.4GHz 频段，100m 内提供的最大接入速率达 2Mbit/s，其优势就是成本低。

CDMA、LTE 等技术主要应用于移动网络数据传输，使用 1900MHz、2100MHz 等频段，用于无线广域网的覆盖。

通过技术对比发现，无线局域网技术主要包括 IrDA、Wi-Fi、Blue Tooth、HomeRF 等，无线广域网技术主要包括 CDMA、LTE 等。IrDA 技术也被广泛应用在家用电器设备中；Wi-Fi 比较适合于办公室等企业无线网络；Blue Tooth 可以应用于短距离范围内任何以无线方式替代线缆的场合；HomeRF 适用于家庭中移动数据、语音设备与主机之间的通信。

另外，无线局域网与移动通信采用的是两种截然不同的技术，用于满足不同客户的需求。与移动通信不同的是，无线局域网并不是一个完备的全网解决方案，仅能满足小型用户群体的需求。无线局域网不仅不会对运营商业务造成威胁，而且还可以与移动通信系统形成技术互补。研究表明，两种技术的结合可增加用户的满意度和业务量，从而增加运营商的利润。

0.1.2　无线局域网的特点

尽管 WLAN 还不能完全独立于有线网络，但其凭借出众的特点在网络应用中发挥着日益重要的作用，其相关产品和技术也逐渐走向成熟。从专业角度讲，WLAN 是无线通信技术与网络技术相结合的产物，它通过无线信道来实现网络设备之间的通信，并实现通信的移动化、高带宽和低成本。相比传统的有线网络，WLAN 具有以下特点。

① 灵活性和移动性。在有线网络中，终端设备的位置受网络信息节点的限制。在 WLAN 中，终端设备在无线信号覆盖区域的任何位置都可以接入网络。例如，在旧式的石材建筑中穿墙布线十分困难，而 WLAN 在这些场合布放就显得非常灵活。连接到 WLAN 的终端用户可以在信号覆盖区域内随意移动，并且保持网络连接不发生中断。

② 安装便捷。WLAN 可以免去或尽量减少网络布线的工作量。一般只需安装一个或多个接入点设备，就可以建立起覆盖整个区域的网络。

③ 易于进行网络规划和调整。对于有线网络来说，办公地点或网络拓扑的改变通常都需要重新建设网络，这是一个费时、费力和琐碎的过程。但在无线局域网中可以避免或减少以上情况的发生。

④ 经济性。采用 WLAN 技术可以节约不少成本。首先，节约了网线的成本。其次，尽管前期建设中采购设备需要花费一定成本，但后期的运营成本微乎其微。从长远来看，这种无线链路比租用运营商的专线便宜得多。

⑤ 易于扩展。利用无线网络可以迅速构建小型、临时性的群组网络供会议使用，还可以将几个小型局域网扩展为一个大型网络，并且能够提供节点间"漫游"等有线网络无法实现的特性。

0.1.3　WLAN 标准组织

由于 WLAN 应用广泛，目前许多标准组织从不同角度、不同应用出发制定出了相关的工作协议，并共同对 WLAN 行业进行监管和规范。下面对相关的标准组织和相应职责进行介绍。

WLAN 标准组织
介绍

1. 国家无线电管理委员会认证

国家无线电管理委员会认证（State Radio Regulatory Commission of the People's Republic of China，SRRC）的前身是国家无线电管理委员会，其支撑单位为中国国家无线电监测中心，是中国目前唯一获得授权进行测试及认证无线电型号核准规定的机构。自 1999 年 6 月 1 日起，我国信息产业部（Ministry of Information Industry，MII）强制规定，所有在中国境内销售及使用的无线电组件产品，必须取得无线电型号的核准认证，针对不同类别的无线电发射设备制定特殊的频率范围，并非所有频率都能在中国合法使用。换句话说，所有在中国境内销售或使用的无线电发射设备会根据类别被规定使用不同的工作频率。此外，申请者必须注意某些无线电发射设备的规定范畴，不但要申请"无线电型号核准认证"，同时也必须申请中国强制认证及进网许可证的核准。

2. 美国联邦通信委员会

美国联邦通信委员会（Federal Communications Commission，FCC）是在 1934 年建立的一个美国政府独立机构。FCC 通过控制无线电广播、电视、电信、卫星和电缆来协调国内和国际的通信。根据美国联邦通信法规相关规定，凡是进入美国市场的无线电应用产品、通信产品和数字产品，都要求通过 FCC 认证。FCC 制定法规的目的是减少电磁干扰，管理和控制无线电频率范围，保护电信网络、电器产品的正常工作。

3. 欧洲电信标准化协会

欧洲电信标准化协会（European Telecommunications Standards Institute，ETSI）是由欧共体委员会在 1988 年批准建立的一个非营利性的电信标准化组织，总部设在法国南部的尼斯。ETSI 的标准化领域主要是电信业，并涉及与其他组织合作的信息及广播技术领域。ETSI 作为一个被欧洲标准化委员会（Comité Européen de Normalisation，法文缩写 CEN）和欧洲邮电管理委员会（Confederation of European Posts and Telecommunications，CEPT）认可的电信标准协会，其制定的推荐性标准常被作为欧洲法规的技术基础。

ETSI 的标准制定工作是开放式的。标准的立题由 ETSI 的成员通过技术委员会提出，经技术大会批准后列入 ETSI 的工作计划，之后由各技术委员会承担标准的研究工作。技术委员会提出的标准草案经秘书处汇总后发往成员国的标准化组织征询意见，意见返回后再修改汇总，最后在成员国单位进行投票。赞成票超过 70% 的可以成为正式的 ETSI 标准，否则只能作为临时标准或其他技术文件。

4. 美国电气与电子工程师协会

美国电气与电子工程师协会（IEEE）是一个国际性的电子技术与信息科学工程师的协会，是目前全球最大的非营利性专业技术协会，其会员人数超过 40 万，遍布 160 多个国家。协会成立的目的是为电气电子方面的科学家、工程师、制造商提供国际联络交流的平台，并提供专业教育的服务，以提高相关人员的专业能力。IEEE 被国际标准化组织授权为可以制定标准的组织，设有专门的标准工作委员会，有 30000 名义务工作者参与标准的研究和制定工作，每年制定和修订 800 多个技术标准。IEEE 的标准制定内容包括电气与电子设备、试验方法、元器件、符号、定义和测试方法等。例如，IEEE 制定了 WLAN 相关的标准 IEEE 802.11。

5. Wi-Fi 联盟

1999 年，几位 Wi-Fi 行业的领袖携手创建了一个全球性非营利性组织，名称是 Wi-Fi 联盟（Wi-Fi Alliance，WFA），旨在推动建立一个被全世界采纳的高速无线局域网的通用标准。Wi-Fi 原先是无线保真的英文缩写，在无线局域网的范畴是指无线相容性认证，实质上是一种商业认证，同时也是一种无线网络技术。WFA 拥有 Wi-Fi 的商标，负责 Wi-Fi 认证与商标授权的工作。WFA 作为 WLAN 领域内行业和技术的引领者，为全世界提供测试认证，并与整个产业链保持良好的合作关系，会员覆盖了生产商、标准化机构、监管单位、服务提供商及运营商等，会员公司多达 300 多家。目前已有 3000 多项产品通过此认证。

6. 互联网工程任务组

互联网工程任务组（The Internet Engineering Task Force，IETF）成立于 1985 年年底，是全球最具权威的互联网技术标准化组织，主要任务是负责互联网相关技术规范的研发和制定。当前绝大多数国际互联网技术标准均出自 IETF。

IETF 是一个由为互联网技术发展做出贡献的专家自发参与和管理的国际民间机构。它汇集了与互联网架构演化和互联网稳定运行等业务相关的网络设计者、运营者和研究人员，并向所有对该行业感兴趣的人士开放。任何人都可以注册并参加 IETF 的会议。IETF 大会每年举行 3 次，规模均在千人以上。IETF 产生两种文件，一种叫作 Internet Draft，即互联网草案，另一种叫作 RFC，即提议性的方案或正式标准。WLAN 中的 CAPWAP 协议（RFC5415）就是由 IETF 完成的。

7. 无线局域网鉴别和保密基础结构

无线局域网鉴别和保密基础结构（Wireless LAN Authentication and Privacy Infrastructure，WAPI）是一种安全协议，同时也是中国无线局域网安全强制性标准。WAPI 产业联盟成立于 2006 年 3 月 7 日，是由积极投身于无线局域网产品的研发、制造、运营的国内企事业单位、团体组成的民间社团组织及产业合作平台。该联盟的宗旨是整合及协调产业、社会资源，提升联盟成员在无线局域网相关领域的研究、开发、制造、服务水平，全面带动无线网络快速健康发展。目前 WAPI 成员主要包括中国移动、中国电信、中国联通、华为、联想、中兴、H3C、中国普天、海尔、大唐移动等公司。当前全球仅有的两个无线局域网领域标准分别是 IEEE 提出的 802.11 系列标准和中国提出的 WAPI 标准。

0.2 无线射频

无线网络以无线电波作为载体，并在无线设备上通过相关技术实现信号的发射和接收。无线电波是指在自由空间传播的射频频段的电磁波。下面对无线射频的相关知识进行介绍。

0.2.1 无线射频基础

无线射频基础知识

无线射频技术就是将声音或其他信号通过编码调制，利用无线电波进行传播的技术。无线电波采用的频谱是处于射频频段部分的电磁波，其波段范围为 3Hz～300GHz，通常被定义为无线频谱。按照频率范围划分，无线频谱可分为极低频、超低频、特低频、甚低频、低频、中频、高频、超高频等，如图 0-3 所示。另外，300GHz 以上频谱又包括红外线、可见光、紫外线、射线等。

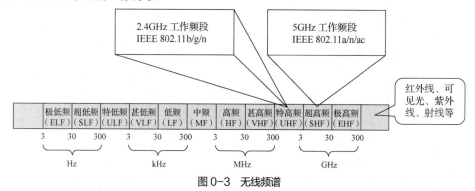

图 0-3 无线频谱

在无线射频通信过程中，需要传输的信息通过射频发射机产生射频信号，以电磁波的形式从天线辐射出去；射频接收机接收并分析射频信号，并获取其中携带的信息。无线射频信号包括波长、频率、周期、振幅和相位等相关参量。

1. 波长

波长是指某一固定的频率下，在波的图形中沿着波的传播方向，离平衡位置的"位移"与"时间"都相同的两个点之间的最短距离，如图 0-4 所示。射频信号可在介质或真空中传播。当射频信号在真空中传播时，其波长可由式（0-1）计算。

$$\lambda = c/f \tag{0-1}$$

式中，λ 表示射频信号的波长，单位是米（m）；c 表示光速，是固定值 $3×10^8$m/s；f 表示射频信号的频率，单位为赫兹（Hz）。射频信号的频率越高，波长越短，即波长与频率之间成反比。

2. 频率与周期

周期 T 是射频信号完成一次全振动所经过的时间，单位为秒（s），如图 0-5 所示。频率 f 是单位时间内射频信号完成全振动的次数。周期与频率互为倒数，如式（0-2）所示。周期越长，则频率越小，即振动越慢；周期越短，则频率越大，即振动越快。

$$f = 1/T \tag{0-2}$$

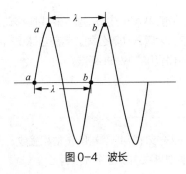

图 0-4　波长

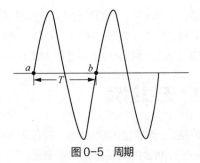

图 0-5　周期

3. 振幅

振幅 A 表示无线电波振动时离开平衡位置的最大距离，用于描述物体振动时幅度的大小和振动的强弱，单位用米（m）或厘米（cm）表示，如图 0-6 所示。在无线信号传输时，通常用振幅表示射频信号的强度或功率。在无线局域网中，射频信号的振幅越大，越容易被接收端识别。

4. 相位

相位是指一个波在特定时刻所在循环中的位置，表示该时刻是处于波峰、波谷或者某点的刻度，通常以度或弧度作为单位，也称为相角，如图 0-7 所示。

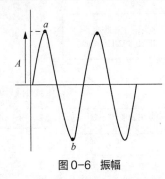

图 0-6　振幅

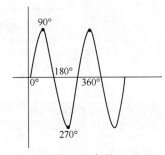

图 0-7　相位

相位也可反映两个射频信号之间的关系。频率相同的两个射频信号，如果在同一时刻均处于相同位置，则被称为同相信号；若同一时刻两个信号没有精确对齐，则被称为异相信号。

0.2.2　无线射频工作原理

无线射频的工作原理就是通过发送端的调制技术和接收端的解调技术来实现的。调制是用基带信号来控制载波信号的某个或几个参量的变化，从而生成已调信号进行传输的过程。解调是调制的逆过程，通过具体方法从已调信号的参量变化中恢复原始的基带信号。根据所控制载波参量的不同，调制可分为调幅、调频和调相，如图 0-8 所示。

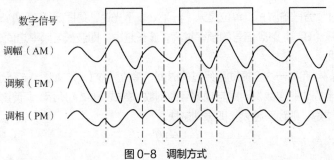

图 0-8　调制方式

1. 调幅

调幅是使载波信号的振幅随调制信号的变化而变化的调制方式，即用调制信号来改变载波信号的振幅大小，使得调制信号的信息包含到载波信号中。接收端通过分析已调信号的振幅变化情况，可将调制信号解调出来，从而完成解调。例如数字信号 1 对应振幅 $2A$，数字信号 0 对应振幅 A。

2. 调频

调频是指使载波信号的频率随调制信号的变化而变化的调制方式，即用调制信号来改变载波信号的频率大小。与调幅信号不同，调频信号振幅保持不变。例如数字信号 1 对应频率 $2f$，数字信号 0 对应频率 f。

3. 调相

调相是指使载波信号的相位对其参考相位的偏离值随调制信号的瞬时值成比例变化的调制方式，即载波信号的初始相位随着基带信号的变化而变化。例如数字信号 1 对应相位 180°，数字信号 0 对应相位 0°。

0.2.3 无线射频工作特性

射频信号在自由空间中传播时，会有不同的传播现象发生。这些传播现象由吸收、反射、散射、折射、衍射、多径等特性造成，有时由一种特性造成，有时由两种或多种特性造成。

1. 吸收

当射频信号遇到障碍物时，如果没有从物体上反射，也没有绕开或者穿透物体，那么就是被 100% 吸收了。大部分物质会吸收射频信号，只是因材质不同而吸收的程度不同，如图 0-9 所示。

砖墙和混凝土墙会明显地吸收信号，而石膏板只会吸收很小部分的信号。障碍物材质的密度越高，信号衰减就越严重，将直接影响接收端的信号质量。吸收特性常表现在无线信号穿过水分（水分可能包含在无线传输路径中的树叶或无线设备附近的人体中）时其能量被吸收导致衰减。成人人体内水分占比可达 55%～65%。水可以吸收能量，从而导致信号衰减。用户密度是设计无线网络的重要参考因素，主要原因之一就是要考虑吸收的影响，另一个原因是考虑可用带宽。

2. 反射

在射频信号传播过程中遇到密集材质时会发生反射。当载波撞击到一个比自身更大的光滑物体时，可能会往另一个方向传递，如图 0-10 所示。

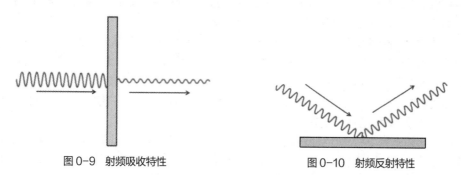

图 0-9　射频吸收特性　　　　　　图 0-10　射频反射特性

房间内的物体（如金属家具、文件柜和金属门等）都可能会导致反射。室外的无线信号在遇到水面或大气层时，也会发生反射。由于反射的射频信号会对原始信号造成一定的干扰，导致原始信号失真，所以在射频信号的传播过程中，要尽量避开障碍物。

3. 散射

当射频信号遇到粗糙、不均匀的材质或由细小颗粒组成的材质时，可能会向不同的方向发生散射。

这是因为材质不规则的细微表面产生了不同方向上的反射信号。散射在很多时候被描述成多路反射，其一般有两种不同的类型。

第一类散射是指当射频信号穿过媒介时，只有少量电磁波被媒介中的微小颗粒反射，对信号的质量和强度影响不大。例如大气中的烟雾和沙尘会导致这种类型的散射发生。

第二类散射是指当射频信号入射到某些粗糙不平的表面时，将会被反射到多个方向，如图 0-11 所示。例如铁丝网围栏、树叶和岩石地形等通常会引起这种类型散射的发生。入射到粗糙表面的主信号被分解为多路反射信号，这将会导致主信号的质量下降，甚至破坏接收信号。

4. 折射

射频信号传播到两种密度不同的介质边界时，除了可能被吸收、反射或散射外，在特定条件下，还会发生弯曲，即折射。折射是射频信号在穿越不同密度媒介时发生弯曲，致使传播方向发生变化，如图 0-12 所示。射频信号在发生折射之后，不仅其方向会发生改变，其强度也会受到一定的影响。

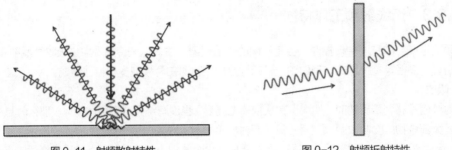

图 0-11　射频散射特性　　　　　　　　图 0-12　射频折射特性

受大气环境的影响，射频信号的折射经常发生。水蒸气、空气温度变化和空气压力变化是发生折射最重要的三个原因。在室外，射频信号通常会轻微地向地球表面发生折射，同时大气的变化也可能会导致信号远离地球。在长距离的室外无线桥接项目中，折射是需要重点关注的因素。另外，室内的玻璃和其他材料也可能会使射频信号发生折射。

5. 衍射

衍射是指当射频信号遇到其不能穿过或能够吸收其能量的物体时发生的弯曲和扩展。射频信号会绕过障碍物组合成完整的电波，如图 0-13 所示。发生衍射的条件完全取决于障碍物的材质、形状、大小以及射频信号的其他特性，如射频极化、相位和振幅等。

衍射通常是由射频信号被局部阻碍所致，例如射频发射器与接收者之间有建筑物。遇到阻碍物的射频载波会沿着障碍物弯曲并绕过障碍物，此时会沿着不同且更长的路径进行传输。没有遇到阻碍的射频载波不会发生弯曲，仍然保持原来的路径传输。衍射导致信号能够绕过吸收它的物体，并完成自我修复。这种特性使得当发送方和接收方之间有建筑物时，接收端仍能够接收到信号。同时无线载波在通过衍射物体后可能发生改变，并造成信号失真。

另外，位于障碍物正后方的区域被称为射频阴影。根据衍射信号方向的变化，射频阴影可能会成为信号覆盖的盲区或只能接收到微弱信号。了解射频阴影，有助于工程师正确选择天线的安装位置。

6. 多径

多径是指两路或多路信号同时或相隔极短的时间到达接收天线。射频信号在传播过程中由于反射、衍射等因素导致存在许多时延不同、损耗各异的传输路径。这些经由不同路径的相同信号在接收端发生叠加会减弱或增强接收信号的能量，如图 0-14 所示。

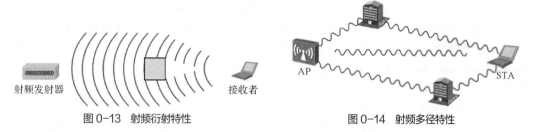

图 0-13　射频衍射特性　　　　　　　　　图 0-14　射频多径特性

　　从无线信号的发射点到接收点的传播路径上，既有直射波，又有反射波等。在接收端，如果反射波的电场方向正好与直射波相反，即相位相差 180°，则反射波将会减弱直射波的信号强度，对传播效果产生影响。如果反射波的电场方向正好与直射波相同，即相位保持一致，则反射波将会增强直射波的信号强度。

0.2.4　WLAN 工作频段

　　在 WLAN 中，采用的载波频率仅仅是无线电波频谱中很小的一部分。下面将对 WLAN 的工作频段与信道相关知识进行介绍。

WLAN 频段介绍

1. 频段与信道

　　ISM 频段（Industrial Scientific Medical Band）主要开放给工业、科学、医疗三个领域使用，如图 0-15 所示。该频段是依据 FCC 定义出来的，并没有使用授权的限制，属于无须牌照的频段。各频段可以使用的设备不限，只要遵循一定的发射功率（一般低于 1W），并且不会对其他频段造成干扰即可。ISM 频段在各国的规定并不统一，具体情况如下。

　　① 工业频段：美国在工业领域使用频段范围为 902～928MHz，欧洲 900MHz 的频段则有部分用于 GSM 通信。工业频段的引入避免了 2.4GHz 频段附近各种无线通信设备之间的相互干扰。

　　② 科学频段：2.4GHz 频段是各国在科学领域共同使用的 ISM 频段，其频段范围为 2.4～2.4835GHz。无线局域网、蓝牙、ZigBee 等无线网络都可以工作在 2.4GHz 频段。

　　③ 医疗频段：该频段范围为 5.725～5.875GHz，与 5.15～5.35GHz 一起作为 IEEE 802.11 中 5GHz 的工作频段。

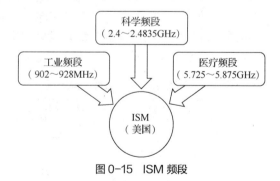

图 0-15　ISM 频段

　　WLAN 信道是指以无线射频信号作为传输载体的传送通道，具有一定频带宽度，就像公路要有一定的宽度一样，以便可以承载要传输的信息。其中，WLAN 中使用的 2.4GHz 频段和 5GHz 频段都属于 ISM 频段。对于 2.4GHz 频段来讲，其带宽为 2.4835GHz-2.4GHz=0.0835GHz=83.5MHz。WLAN 是不是使用全部的 83.5MHz 带宽作为一个信道呢？这里使用一个比喻，以助于对 WLAN 信道做进一步的理解。

为了提高高速公路的运载能力，高速公路管理局会规划多个车道。例如，单方向规划有 5 个车道，每个车道的车辆需各行其道。如果车道 1 的车辆突然行驶到了车道 2 中，会发生车辆碰撞事故。每个车道需有固定线路，互不干扰。所以，WLAN 工作频段会根据标准划分为不同的信道，每个信道拥有各自固定的频率，每个信道传输各自的数据，互不影响。

2. 2.4GHz 频段

2.4GHz 频段无线技术是一种短距离无线传输技术。2.4GHz 频段是全世界公开通用的无线频段，在该频段下工作可以获得更大的使用范围和更强的抗干扰能力，目前被广泛应用于家庭及商业领域。它整体的带宽优于其他 ISM 频段，这就提高了传输数据的速率。该频段允许系统共存和双向传输，且抗干扰性强，在短距离无线技术范围内传输距离远。随着越来越多的技术选择了 2.4GHz 频段，该频段日益拥挤。

如果 2.4GHz 频段只有一个信道，当同一覆盖范围内有两个及两个以上的无线接入点（Access Point，AP）时会造成严重的信号干扰，无法给用户提供有效的 WLAN 服务。因此在 WLAN 的标准协议里，将 2.4GHz 频段划分为 14 个相互交叠、错列的信道。每个信道的带宽是 20MHz（IEEE 802.11g、IEEE 802.11n 中每个信道占用 20MHz，IEEE 802.11b 中每个信道占用 22MHz），且都有各自的中心频率，相邻两个信道之间的中心频率间隔 5MHz，如图 0-16 所示。

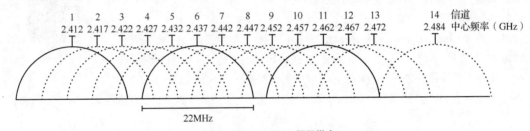

图 0-16　2.4GHz 频段带宽

2.4GHz 频段在各个国家开放的信道不一样，具体的配置情况如表 0-1 所示。日本规定 2.4GHz 工作频率为 1～14 信道，其中 14 信道只能用于 IEEE 802.11b 标准；美国和加拿大则是支持 1～11 信道被使用；中国及欧洲国家和地区支持 1～13 信道被使用。一般情况下，讲述较多的是 2.4GHz 频段被分为 13 个相互交叠的信道。这 13 个信道可以最多找出 3 个独立信道，即没有相互交叠的信道。由于独立信道没有频率的交叠区，相邻 AP 使用这 3 个独立信道就不会产生干扰。例如，1、6、11 就是三个互不交叠的独立信道。运营商为了避免相邻信道之间的干扰，一般都使用这 3 个信道进行 WLAN 网络的频率规划。不过，在 AP 杂散指标很差、有较高网络容量需求或频率复用困难的情况下，运营商也可采用 1、7、13 信道或 1、5、9、13 信道进行复用。

表 0-1　各国 2.4GHz 频段信道配置

信道	频率（MHz）	中国	美国、加拿大	欧洲国家和地区	日本	澳大利亚
1	2412	是	是	是	是	是
2	2417	是	是	是	是	是
3	2422	是	是	是	是	是
4	2427	是	是	是	是	是
5	2432	是	是	是	是	是
6	2437	是	是	是	是	是
7	2442	是	是	是	是	是
8	2447	是	是	是	是	是

续表

信道	频率（MHz）	中国	美国、加拿大	欧洲国家和地区	日本	澳大利亚
9	2452	是	是	是	是	是
10	2457	是	是	是	是	是
11	2462	是	是	是	是	是
12	2467	是	否	是	是	是
13	2472	是	否	是	是	是
14	2484	否	否	否	只用于802.11b	否

对于无线技术来说，提高所用频谱的宽度可以最直接地提高吞吐量。就好比是马路变宽了，车辆的通行能力自然会提高。IEEE 802.11n引入信道绑定技术，将两个相邻的20MHz信道绑定成一个40MHz信道，使传输速率成倍提高。如图 0-17 所示，信道绑定技术可以将 1、6 信道或 6、11 信道绑定为一个 40MHz 信道。在实际工程中，被绑定使用的两个相邻 20MHz 信道，一个为主信道，另一个为辅信道，收发数据时既可以用 40MHz 的带宽工作，又可以用单个 20MHz 的带宽工作。同时为避免相互干扰，原本每 20MHz 信道之间都会预留一小部分的带宽，当采用信道绑定技术工作在 40MHz 带宽时，这一部分预留的带宽也可以被用来通信，进一步提高吞吐量。实际上，由于 2.4GHz 频段的信道较拥挤，会降低信道绑定的实用性，一般不推荐使用 2.4GHz 频段的信道绑定技术。

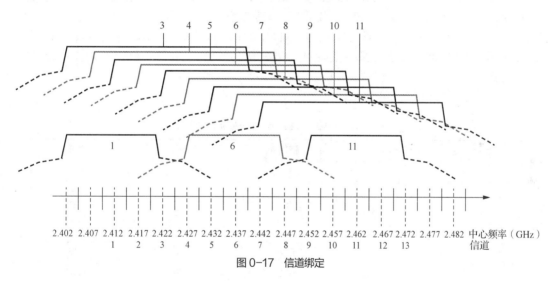

图 0-17 信道绑定

3. 5GHz 频段

WLAN 使用的另一个频段是 5GHz 频段，它拥有更高的频率和带宽，可以提供更高的速率和更小的信道干扰。由于 2.4GHz 频段已经被广泛使用，5GHz 频段的采用可以减少信道干扰。不过高载波频率也给 5GHz 带来了负面效果，几乎被限制在直线范围内使用。这导致在工程中必须使用更多的接入点，同样还意味着 5GHz 频段不能传播得像 2.4GHz 频段那么远，因为它更容易被吸收。

根据标准，802.11 工作组定义信道的中心频率位于 5GHz 以上，且相邻信道的中心频率之间相隔 5MHz。IEEE 802.11a/n/ac 可以使用未经授权（许可）的国家信息基础结构（Unlicensed National Information Infrastructure，UNII）的 UNII-1（5.15～5.25GHz）、UNII-2（5.25～5.35GHz）、UNII-3（5.725～5.825GHz）和 UNII-2e（5.470～5.725GHz）频段总共 555MHz 的射频信道。UNII 频段如图 0-18 所示，每相邻非

重叠信道间的中心频率相隔 20MHz。其中，每个 UNII 频段都有 4 个信道带宽，UNII-1 频段采用 36、40、44 和 48 号通道，UNII-2 频段采用 52、56、60 和 64 号通道，UNII-3 频段采用 149、153、157 和 161 号通道。

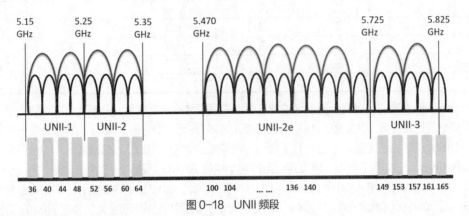

图 0-18　UNII 频段

我国一直使用的 5GHz 频段的频率范围是 5.725～5.850GHz，共 125MHz 带宽，包含 5 个信道，每个信道带宽为 20MHz。我国工业和信息化部于 2012 年 12 月 31 日发布了《工业和信息化部关于发布 5150～5350 兆赫兹频段无线接入系统频率使用相关事宜的通知》，将 5150～5350MHz 的 200MHz 频段资源开放用于无线接入系统。此频段被开放后，我国在 5GHz 频段可用于 WLAN 的频段总量可达到 325MHz。根据 IEEE 802.11a 标准协议规定，新开放频段划分为 8 个信道，每个信道带宽同样为 20MHz。到目前为止，我国 5GHz 频段已开放使用的信道有 36、40、44、48、52、56、60、64、149、153、157、161、165，具体信道配置情况见表 0-2。

表 0-2　中国和美国 5GHz 频段信道配置

信道编号	频段（GHz）	中心频率（MHz）	美国	中国
36	5.15～5.25 UNII-1 低频段	5180	是	仅室内
40		5200	是	仅室内
44		5220	是	仅室内
48		5240	是	仅室内
52	5.25～5.35 UNII-2 中频段	5260	是	仅室内
56		5280	是	仅室内
60		5300	是	仅室内
64		5320	是	仅室内
149	5.725～5.825 UNII-3 高频段	5745	是	是
153		5765	是	是
157		5785	是	是
161		5805	是	是
165	5.825～5.850	5825	是	是

在我国 WLAN 中，常用的 5GHz 频段有 5 个非重叠信道，分别为 149、153、157、161、165，如图 0-19 所示。

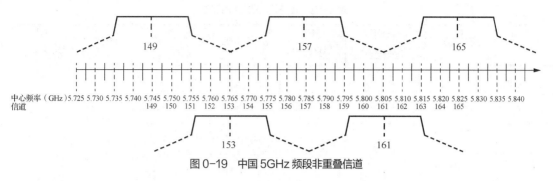

图 0-19 中国 5GHz 频段非重叠信道

信道绑定技术同样适用于 5GHz 频段。在被绑定的两个相邻信道中，其中一个是主信道，另一个是辅信道。主信道用于发送管理报文和控制报文，辅信道用于发送数据报文等其他报文。40MHz 信道模式虽然可以获得更多的频谱利用率，获得 20MHz 模式的两倍吞吐量，但是对于 2.4GHz 频段有限的频谱资源来说，有一些尴尬，因为在 2.4GHz 频段的频谱中无法实现两个相互不干扰的 40MHz 信道的划分。然而 5GHz 频段具有丰富的频谱资源，FCC 分配了 13 个互不重叠 20MHz 信道，在我国也有 5 个常用的互不重叠 20MHz 信道，有足够的信道来实现 40MHz 信道的捆绑。因此，40MHz 带宽的 802.11n 模式基本不建议在 2.4GHz 频段使用，即 802.11g/n 模式一般采用 40MHz 带宽进行部署，以获取更多的信道资源来满足蜂窝覆盖的需要。如图 0-20 所示，为了获得更多的 40MHz 带宽，IEEE 标准建议 5GHz 频段将相邻的 149+153 和 157+161 信道绑定，配置成（149，157）信道模式。同样，5GHz 频段也可以将相邻的 153+157 和 161+165 绑定，配置成（153，161）信道模式。当采用（149，157）配置时，表示主信道在前；当采用（153，161）配置时，表示主信道在后，配置范围其实是一样的。

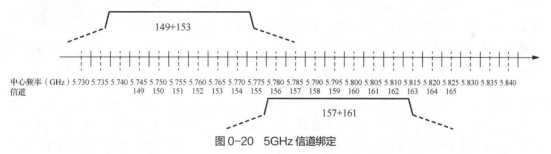

图 0-20 5GHz 信道绑定

在 IEEE 802.11n 协议中，支持 20MHz 和 40MHz 两种带宽模式。其中，20MHz 信道带宽是必选的，40MHz 信道带宽是可选的。在 IEEE 802.11ac 协议中，支持 20MHz、40MHz、80MHz、（80+80）MHz（不连续，非重叠）和 160MHz 等多种带宽模式。其中，20MHz、40MHz、80MHz 是必选模式，（80+80）MHz 和 160MHz 是可选模式。

4. 总结

在 WLAN 的系列标准技术中，IEEE 802.11b/g/n 工作在 2.4GHz 频段，其频段被划分为 14 个交叠、错列的 20MHz 带宽的无线载波信道，相邻的中心频率间隔为 5MHz。IEEE 802.11a/n/ac 工作在有更多信道的 5GHz 频段中，其频段也被划分为交叠、错列的 20MHz 带宽的无线载波信道，相邻的中心频率间隔为 5MHz。各种 IEEE 802.11 标准在带宽、频率范围、非重叠信道、调制技术和速率等方面都有所不同，具体情况如表 0-3 所示。

表 0-3　IEEE 802.11 标准

	IEEE 802.11	IEEE 802.11b	IEEE 802.11g	IEEE 802.11a	IEEE 802.11n	IEEE 802.11ac
标准发布时间	1997	1999	2003	1999	2009	2013
合法带宽	83.5MHz	83.5MHz	83.5MHz	325MHz	83.5MHz&325MHz	83.5MHz&325MHz
频率范围	2.4~2.4835GHz	2.4~2.4835GHz	2.4~2.4835GHz	5.150~5.350GHz 5.725~5.850GHz（中国）	2.4~2.4835GHz 5.150~5.350GHz 5.725~5.850GHz	5.150~5.350GHz 5.725~5.850GHz
非重叠信道	3	3	3	13（中国 5 个）	2.4GHz 3 个 5GHz 13 个	13（中国 5 个）
调制技术	FHSS DSSS	CCK DSSS	CCK OFDM	OFDM	MIMO OFDM	MIMO OFDM
速率（Mbit/s）	1，2	1，2，5.5，11	1，2，5.5，11，6，9，12，18，24，36，48，54	6，9，12，18，24，36，48，54	6.5，7.2，…，65，72.2，…，130，135，144.4，150，…，270，300，…，600	293，433，867，1300，3470

0.2.5　WLAN 天线技术

无线电波是指在自由空间（包括空气和真空）中传播的电磁波。在传播过程中，电场和磁场在空间上是相互垂直的，同时两者又都垂直于传播方向。无线电波是通过无线设备上的天线装置完成发射和接收的。天线向自由空间辐射出的电磁波的电场方向也是按一定规律变化的。下面将对天线的定义、极化、分类、参数及其他相关器件进行介绍。

天线的原理

1. 天线的定义

天线是能够有效地向空间某特定方向辐射电磁波或能够有效地接收空间中来自某特定方向的电磁波的装置。一般天线都具有可逆性，即同一副天线既可用作发射天线，又可用作接收天线。同一天线作为发射天线或接收天线的基本特性参数是相同的。如图 0-21 所示，天线可以将无线电发信机送来的高频电流有效地转换为无线电波并传送到特定的空间区域，或者将特定空间区域发送过来的无线电波有效地转换为高频电流并传送给无线电收信机。前者称为发射天线，后者称为接收天线，这取决于无线电系统的功能要求。

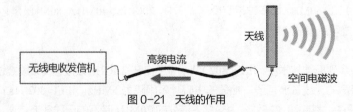

图 0-21　天线的作用

天线的基本辐射单元是半波对称振子，其中两臂长度相等的振子叫作对称振子，如图 0-22 所示。每臂长度为 1/4 波长、全长为 1/2 波长的振子，被称为半波对称振子。波长越长，天线半波对称振子越大。单个半波对称振子可作为抛物面天线的馈源独立使用，也可采用多个半波对称振子组成天线阵列。

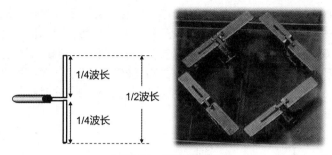

图 0-22　半波对称振子

2. 天线极化

天线对空间不同方向具有不同的辐射或接收能力，这就是天线的方向性。对于接收天线而言，方向性表示天线对来自不同方向的电磁波所具有的接收能力。衡量天线方向性通常使用方向图。方向图用于说明天线在空间各个方向上所具有的发射或接收电磁波的能力，一般可以分为水平方向图和垂直方向图，如图 0-23 所示。在水平方向图中，在振子的轴线方向上辐射为零，在水平面各个方向上的辐射一样大，并且辐射距离最大。垂直放置的半波对称振子具有平放的"面包圈"形的立体方向图。"面包圈"越扁，信号越集中，在特定方向上的辐射能力更强。

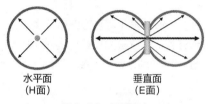

水平面　　　　　　垂直面
（H面）　　　　　　（E面）
图 0-23　天线方向

在水平面上，辐射与接收无最大方向的天线称为全向天线，有一个或多个最大方向的天线称为定向天线。全向天线由于其无方向性，所以多用在点对多点通信的中心台。定向天线由于具有最大辐射或接收方向，因此能量集中，增益比全向天线要高，适合于远距离点对点通信，同时由于其具有方向性，故抗干扰能力比较强。

天线极化是描述天线辐射电磁波矢量空间指向的参数。由于电场和磁场有恒定关系，一般都以该天线最大辐射方向上的电场矢量的空间指向作为天线辐射电磁波的极化方向。如果极化电波的电场方向垂直于地面，则称为垂直极化波；如果极化电波的电场方向与地面平行，则称为水平极化波；类似地还可以定义+45° 极化波和-45° 极化波，如图 0-24 所示。

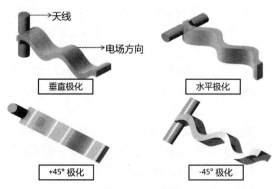

→天线
→电场方向
垂直极化　　　　　　水平极化
+45° 极化　　　　　　-45° 极化
图 0-24　极化波

把垂直极化和水平极化的两种天线组合在一起，或者把+45°极化和-45°极化的两种天线组合在一起，就构成了一种新的天线，被称为双极化天线，如图 0-25 所示。随着新技术的发展，现在无线产品大量采用双极化天线。目前，由于 ±45° 交叉双极化天线性能要优于垂直水平双极化天线，市场上的大部分产品采用了 ±45° 交叉双极化方式。双极化天线组合了两副极化方向相互正交的天线，并同时工作在双工模式下，大大节省了每个小区的天线数量；同时由于采用正交极化，有效保证了分集接收的良好效果。

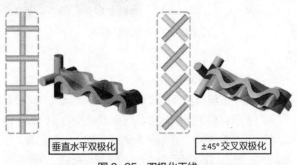

图 0-25　双极化天线

3. 天线分类

为便于分析和研究天线的性能，一般按其不同形态进行分类。天线的形态按方向性分类，可以分为全向天线、定向天线等；按外形分类，可以分为线状天线、面状天线等；按天线应用场所分类，可以分为室内天线、室外天线等。图 0-26 分别为全向天线、定向天线、面状天线。

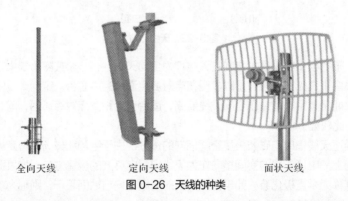

图 0-26　天线的种类

平时讨论最多的是室内天线和室外天线。室内天线常用类型有室内吸顶天线和室内壁挂天线。

室内吸顶天线具有结构轻巧、外形美观、安装方便等优点。室内吸顶天线属于低增益天线，一般为 2～5dBi，通常应用于室内分布系统中，安装在吊顶或龙骨上，通过馈线连接到信号源，如图 0-27 所示。

室内壁挂天线同样具有结构轻巧、外形美观、安装方便等优点。室内壁挂天线具有一定的增益，为 5～8dBi，可应用在室内分布系统中，也可以将信号源与室内壁挂天线直接相连提供定向覆盖，如图 0-28 所示。

室外天线是整个 WLAN 室外覆盖方案中最重要的部分。能否实现更远距离的稳定信号传送，依赖于天线的选型。室外天线选型主要考虑天线覆盖的距离和角度。在覆盖距离较近时，可选用低增益全向或定向天线；在覆盖距离较远时，应选择高增益定向天线；高增益小角度天线则适用于室外长距离点对点传输。

图 0-27　室内吸顶天线

图 0-28　室内壁挂天线

4．天线参数

天线参数是指表征天线性能的主要参数，主要包括增益、波瓣宽度、功率度量单位等。

天线的参数介绍

（1）增益

增益是指在输入功率相同时，天线在某一规定方向上的辐射功率密度与参考天线（通常采用理想辐射点源）辐射功率密度的比值。换句话理解，天线的增益就是其最大辐射方向上的辐射效果与无方向性的理想点源相比，其输入功率放大的倍数。

增益与天线方向图密切相关，方向图主瓣越窄，副瓣越小，增益越高。天线增益的选取应以波束和覆盖目标区相匹配为前提，进行合理选择。如覆盖距离较近时，为保证近点的覆盖效果，应选择垂直波瓣较宽的低增益天线。

（2）波瓣宽度

不同天线有不同的方向图。有些天线的方向图呈现出许多花瓣的形状，其中辐射强度最大的瓣称为主瓣，其余的瓣称为副瓣或旁瓣，主瓣与副瓣之间的凹陷区域是天线辐射非常弱的方向。在方向图主瓣范围内，相对最大辐射方向功率密度下降一半（3dB）的角度，被称为波瓣宽度或半功率角，可分为水平波瓣宽度和垂直波瓣宽度。波瓣宽度越窄，方向性越好，作用距离越远，抗干扰能力越强。由于副瓣通常会对周边小区形成干扰，所以在覆盖时主要考虑主瓣。一般在应用中都要增强主瓣，抑制副瓣。但在天线近点位置需要考虑借助副瓣来消除覆盖盲区。

（3）功率度量单位

为了衡量天线的性能，一般会采用某些参数作为其功率度量单位。其中，dB 是衡量天线性能的一个参数，被称为增益。常见的表示形式为 dBm、dB、dBi 和 dBd。

dBm 表示功率绝对值，其计算公式为 $10 \times \lg(P/1\text{mW})$，其中 P 表示信号功率。典型数值有 0dBm = 1mW，3dBm = 2mW，-3dBm = 0.5mW，10dBm = 10mW，-10dBm = 0.1mW 等。

dB 表示功率相对值，其计算公式为 $10 \times \lg(P_1/P_2)$，其中 P_1 和 P_2 表示两个不同信号的功率。如果甲功率比乙功率大一倍，那么 10×lg（甲功率/乙功率）=10×lg2=3dB。也就是说，甲的功率比乙的功率大 3dB。

dBi 和 dBd 是表征增益的值（功率增益），两者都是相对值，但参考基准不一样。dBi 的参考基准为全向天线，dBd 的参考基准为偶极子，所以两者略有不同。一般表示同一个增益时，用 dBi 表示出来的值要比用 dBd 表示出来的值大 2.14。

5．其他相关器件

在 WLAN 系统中，除了天线设备外，还有一些常见的器件设备，例如功分器、耦合器、合路器和天线馈线等。

（1）功分器

功分器是将一路输入信号能量等分成两路或多路输出的器件，常见类型有二功分器、三功分器、四功分器等，还可以分为微带功分器、腔体功分器等，如图 0-29 所示。腔体型器件工作稳定性优于微带型器件，在线路传输功率较大的场合应优先考虑使用腔体型器件。由于腔体功分器输出臂间无隔离度，因此在进行信源合路时必须采用微带功分器，不得采用腔体功分器。

微带功分器　　　　　　　　　腔体功分器

图 0-29　功分器

（2）耦合器

耦合器是将一路输入信号能量分成两路不等量输出的器件，如图 0-30 所示。根据其功率分配实现方式不同，可以分为腔体型耦合器和微带型耦合器。在工程应用中，应根据实际建设需要选择合适的类型。耦合器的常见规格有 5dB、6dB、7dB、10dB、15dB 等。其中，耦合器各个端口之间的参量关系如下。

耦合端输出功率（dBm）＝ 输入功率（dBm）－耦合度（dB）

直通端输出功率（dBm）＝ 输入功率（dBm）－插损（dB）

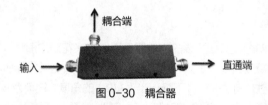

耦合端

输入→　　　　　　　　　　　→直通端

图 0-30　耦合器

（3）合路器

合路器用于将多个系统的发射信号互不干扰地合成一路输出，同时将在同一路中的接收信号互不干扰地分配给各个系统端口，可分为同频合路器和双频合路器，如图 0-31 所示。合路器不仅减少了馈线的数量，而且避免了在不同天线之间切换的麻烦。由于受端口隔离度的约束，WLAN 同频合路器在 2.4GHz 频段仅支持信道（Channel）1 和信道 11 的合路。

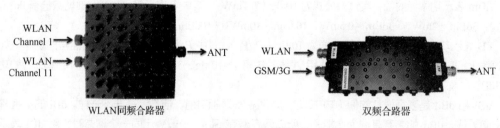

WLAN
Channel 1 →
WLAN
Channel 11 →
→ANT
WLAN同频合路器

WLAN →
GSM/3G →
→ANT
双频合路器

图 0-31　合路器

（4）天线馈线

天线馈线是指连接天线与收发信机之间传送射频能量的传输线，要求与天线有良好的阻抗匹配、传输损耗小、辐射效应小、有足够的频带宽度和功率容量。天线馈线一般采用同轴电缆，常用的有 50Ω 和 75Ω 两类同轴电缆。75Ω 同轴电缆常用于 CATV（有限电视网）系统，50Ω 同轴电缆常用于无线电通信。信号在馈线里传输，除了导体的电阻性损耗外，还有绝缘材料的介质损耗。这两种损耗随馈线长度的增加和工作频率的提高而增加。因此，在进行 WLAN 系统设计时应合理布局，尽量缩短馈线长度。

0.3 IEEE 802.11 协议

IEEE 802.11 是由美国电气与电子工程师协会（IEEE）所定义的无线网络通信标准。IEEE 802.11 无线局域网工作组制定的规范分为 802.11 PHY 层相关标准和 802.11 MAC 层相关标准两部分，如图 0-32 所示。802.11 PHY 层标准定义了无线协议的工作频段、调制编码方式和支持的最高速率。802.11 MAC 层主要负责控制与连接 PHY 层的物理介质，定义了无线网络在 MAC 层的一些常用操作，如 QoS、安全、漫游等。

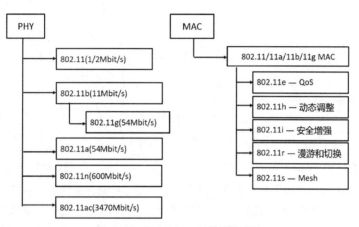

图 0-32 IEEE 802.11 协议族成员

0.3.1 PHY 层技术

与一般的通信系统一样，WLAN 系统的 PHY 层主要解决数据传输的问题。数字信源经信源编码（主要是数据压缩）处理后进行的另外一种编码处理称为信道编码。它用于引入冗余设计，使得在接收端能够检测和纠正传输错误。无线信道中的错误通常以突发形式出现。为了将此类突发错误变换成随机错误，便于信道编码进行纠正，一般要对数据进行交织处理。因此，通常将信道编码和交织技术统称为控制编码。如果采用加密技术，那么只有授权的用户能正确地检测和解

802.11 物理层技术

密处理后的数据。为了适应无线信道的特性并进行有效传播，需要将加密后的信号进行调制和放大，以一定的频率和一定的功率通过天线或发射器辐射出去。如果有多个信源共用此无线链路，通常还需进行多路复用处理。接收端的处理过程刚好相反，但经常需要用均衡机制来校正信号在传输过程中可能产生的相位和幅度失真。为了更好地掌握 PHY 层的相关技术，下面将分别对 PHY 层结构、扩频技术和关键技术进行介绍。

1. PHY 层结构

从纵向层次来看，WLAN 的 PHY 层结构如图 0-33 所示，PHY 层被分成两个子层。一个是物理层汇聚过程（Physical Layer Convergence Procedure，PLCP）子层，负责将 MAC 帧映射到传输媒介；另一个是物理媒体相关（Physical Medium Dependent，PMD）子层，负责传送这些帧。

PLCP 的功能是结合来自 MAC 层的帧与空中所传输的无线电波，将帧加上自己的报头。通常，帧中会包含前导码（Preamble），以协助接收数据的同步操作。因为每种调制方式所采用的前导码均不相同，所以 PLCP 会为准备传送的所有帧加上自己的报头。接着由 PMD 负责将 PLCP 所传来的每个比特

位利用天线传送至自由空间。

2. 扩频技术

在通信系统中，带宽是指能够有效通过该信道的信号最大频带宽度，以赫兹（Hz）为单位。带宽的大小是依据要传送的信息量而定的。随着越来越多的信息在无线信号中传输，无线带宽的使用率也越来越高。如图 0-34 所示，调频广播信号提供高品质的音频，需要 175kHz 的带宽消耗；电视信号包含音频和视频，需要 4500kHz 的带宽消耗；无线局域网包含多种类型信息，需要 20MHz 的带宽消耗。

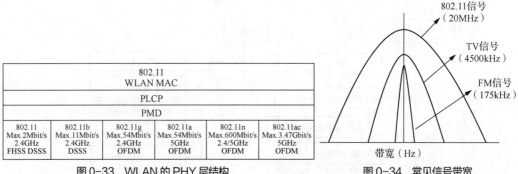

图 0-33　WLAN 的 PHY 层结构　　　　　　图 0-34　常见信号带宽

无线局域网通过射频传输信息的主要方式有窄带传输和扩频传输两类。窄带传输采用极窄的带宽来发送数据，由于占据的频率范围极窄，针对该频率范围的蓄意干扰或非蓄意干扰很容易破坏信号，如图 0-35 所示。扩频传输采用超出实际所需的带宽来发送数据，将需要传输的数据扩展到所使用的频率范围内。由于扩频信号占据的频率范围很宽，一般来说，除非干扰信号也扩展到与扩频信号相同的频率范围内，否则外界的蓄意干扰或非蓄意干扰很难影响到扩频信号，如图 0-36 所示。扩频技术是无线局域网数据传输使用的技术，最初应用于军事部门以防止窃听或信号干扰。

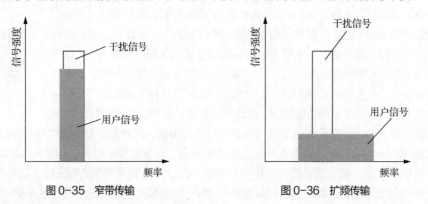

图 0-35　窄带传输　　　　　　　　　　　图 0-36　扩频传输

扩频技术在具体实施上有多种方案，但基本思路相同，都是将发射信号的能量扩展到一个更宽的频带内，使其看起来如同噪声信号一样。扩频后的带宽与初始信号带宽之比被称为处理增益。典型的扩频处理增益范围为 20～60dB。扩频通信的理论基础是信息论中著名的香农定理。

$$C = W \log_2 (1 + S/N) \qquad (0\text{-}3)$$

式中，C 为信道容量，W 为信道带宽，S 为信号功率，N 为噪声功率。当 S/N 值很小时，可以得到

$$W = \frac{C}{1.44} \times \frac{N}{S} \qquad (0\text{-}4)$$

可以看出，当无差错传输的信道容量 C 不变时，若 N/S 很大，则必须使用足够大的带宽 W 来传输信号。

3. 关键技术

在 IEEE 802.11 技术中，所采用的主要物理层扩频技术包括跳频扩频、直接序列扩频、正交频分复用技术、多入/多出技术和波束成形技术。

（1）跳频扩频（Frequency-Hopping Spread Spectrum，FHSS）

FHSS 是以一种预定的伪随机模式快速变换传输频率，使其不断地、随机地跳变。跳频可以避免设备干扰某个频带的主要用户，跳频用户对主要用户只会造成瞬间干扰。这样的通信方式比较隐蔽，也难以被截获，其原理如图 0-37 所示。图 0-37 中显示某个主要用户使用第 7 个频隙时所造成的影响，虽然第 4 个时隙的传送受到损毁，但前 3 个时隙还可以成功传送。将载波频率改变的规律称为跳频图案，它是时间与频率的函数。当通信收发双方的跳频图案完全一致时，就可以建立跳频通信了。一般来说，跳频速率越快抗干扰性越好，但相应设备的复杂度和成本也将越高。FHSS 系统具有以下主要特点。

① 容易与目前的窄带系统兼容。

② 拥有较强的抗干扰能力。

③ 具有码多址和频带共享的组网通信能力，可以提高频谱的利用率。

④ 具有抗多径、抗衰落的能力。

FHSS 技术只在早期的 IEEE 802.11 标准中被规定，在实际应用中已经很少见到。采用 FHSS 技术的无线局域网支持 1Mbit/s 和 2Mbit/s 两种速率。

（2）直接序列扩频（Direct-Sequence Spread Spectrum，DSSS）

DSSS 技术是通过精确控制将射频能量分散至某个宽频带。FHSS 发射机在不同频率之间跳变，而 DSSS 发射机只在一个信道上收发数据。DSSS 技术利用整个带宽来传输数据，其原理如图 0-38 所示。DSSS 系统具有以下主要特点。

① 有较强的抗干扰能力。

② 扩频信号的谱密度很低，占有频带宽，具有很强的抗截获和防侦查、防窃听能力。

③ 频带利用率高。

④ 抗多径干扰能力强。

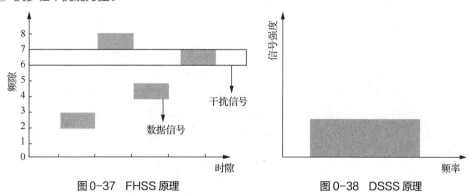

图 0-37 FHSS 原理　　　　　　　　图 0-38 DSSS 原理

DSSS 最初被定义在 802.11 原始标准中，工作频段为 2.4GHz，数据速率为 1Mbit/s 和 2Mbit/s。IEEE 802.11b 修正案也定义了 DSSS 技术，工作频段同样是 2.4GHz，数据速率为 5.5Mbit/s 和 11Mbit/s。不同标准之间之所以有速率的差异，是因为它们采用了不同的编码和调制技术。

基于 DSSS 的编码方式有巴克码（Barker Code）序列编码和补码键控（Complementary Code

Keying，CCK）编码。巴克码序列是将信源与一定的随机码进行整合，每个序列表示一个数据比特（1 或 0），被转换成可以通过无线方式发送的波形信号。例知，在发送端将"1"用"10110111000"代替，将"0"用"01001000111"代替，这个过程就实现了扩频；在接收端处，只要 11 位中的 2 位正确就能识别原来的数据，把"10110111000"恢复成"1"，"01001000111"恢复成"0"，这就完成了解扩。IEEE 802.11 采用 11 位巴克码，实际传输的信息量是有效传输的 11 倍，数据速率为 1Mbit/s 和 2Mbit/s。补码键控由若干个 8-bit 序列的码字组成。作为一个整体，这些码字具有自己的数据特性，即使在出现噪声和多径干扰的情况下，接收端也能够正确地予以区别。CCK 作为一种软扩频的调制方式，是一种（N，K）编码，即用 N 位长的伪随机序列来表示 K 位信息。IEEE 802.11b 规定，当速率为 5.5Mbit/s 时，使用 CCK 对每个载波进行 4-bit 编码；当速率为 11Mbit/s 时，对每个载波进行 8-bit 编码。

基于 DSSS 的调制方式有二进制相移键控（Binary Phase Shift Keying，BPSK）和正交相移键控（Quadrature Phase Shift Keying，QPSK）两种。BPSK 每次处理一个比特码元，如图 0-39 所示；QPSK 每次处理两个比特码元，称为双比特，如图 0-40 所示。相比较于 BPSK，QPSK 所具备的明显优势为四级编码机制，可以提供较高的吞吐量。在多径干扰十分严重的环境下，QPSK 会比 BPSK 更早崩溃。结合不同的编码类型和调制方式，DSSS 可以获得不同的数据速率，如表 0-4 所示。802.11b 采用 DSSS 技术可以实现 1Mbit/s、2Mbit/s、5.5Mbit/s、11Mbit/s 共 4 种不同的数据速率。

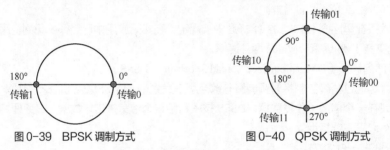

图 0-39　BPSK 调制方式　　　　　　图 0-40　QPSK 调制方式

表 0-4　DSSS 编码方式简表

数据速率	编码方式	调制方式
1Mbit/s	Barker	BPSK
2Mbit/s	Barker	QPSK
5.5Mbit/s	4-bit CCK	QPSK
11Mbit/s	8-bit CCK	QPSK

（3）正交频分复用（Orthogonal Frequency Division Multiplexing，OFDM）技术

正交频分复用技术是一种多载波调制技术。其主要思想是将信道分成若干正交子信道，将高速数据信号转换成并行的低速子数据流，在每个子信道上进行窄带调制和传输，频域中的正交性如图 0-41 所示。只要保证每个子信道上传输的信号带宽小于信道的带宽，就可以对多径延时扩展具有更高的容忍度，极大消除了信号间的干扰。

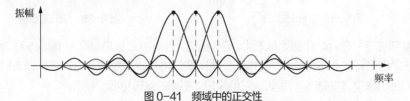

图 0-41　频域中的正交性

由于在 OFDM 系统中各个子载波相互正交，使得相邻载波互不干扰，故子载波可以互相靠得更近，具有更高的频谱效率。OFDM 技术具有非常广阔的发展前景，在 IEEE 802.11a、IEEE 802.11g、IEEE 802.11n、IEEE 802.11ac 标准中均采用该技术获得高速数据传输。以 5GHz 频段的 IEEE 802.11a 标准为例，OFDM 将 20MHz 带宽的信道划分为 52 个子信道，其中 4 个子信道用作相位参考，真正用作数据传输的有 48 个子信道，如图 0-42 所示。

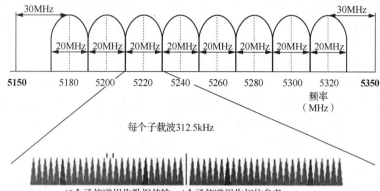

图 0-42　IEEE 802.11a 子载波

基于 OFDM 的调制方式包括二进制相移键控、正交相移键控和正交幅度调制（Quadrature Amplitude Modulation，QAM）。其中，QAM 同时利用了载波的振幅和相位这两个参量来传递信息。以 IEEE 802.11a 为例，通过不同的调制方式和编码率组合，物理层速率可以分为 6Mbit/s 与 9Mbit/s、12Mbit/s 与 18Mbit/s、24Mbit/s 与 36Mbit/s、48Mbit/s 与 54Mbit/s 共 4 个等级，如表 0-5 所示。其中，前三级的最低速率 6Mbit/s、12Mbit/s 与 24Mbit/s 是必要速率，在遇到干扰时最稳定。

表 0-5　IEEE 802.11a 调制方式与速率

调制方式	编码率（R）	速率（Mbit/s）
BPSK	1/2	6
BPSK	3/4	9
QPSK	1/2	12
QPSK	3/4	18
16-QAM	1/2	24
16-QAM	3/4	36
64-QAM	2/3	48
64-QAM	3/4	54
256-QAM	3/4	195
256-QAM	5/6	217

① 第一级速率采用 BPSK。在每个子信道编码 1 个比特位，相当于每个符号 48 个比特位，这些位中有 1/2 或 1/4 是用于纠错的多余位，因此每个符号中实际只包含了 24 或 36 个数据位。

② 第二级速率采用 QPSK。在每个信道编码 2 个比特位，相当于每个符号 96 个比特位，这些位中同样有 1/2 或 1/4 是用于纠错的多余位，因此每个符号中实际只包含了 48 或 72 个数据位。

③ 第三、四级速率采用了 QAM。16-QAM 是以 16 个符号编 4 个比特位，而 64-QAM 是以 64 个符号编 6 个比特位。不过为了达到更高的速率，64-QAM 采用了 2/3 或 3/4 的编码率。256-QAM 采用了 3/4 和 5/6 的编码率。

（4）多入多出（Multiple-Input Multiple-Output，MIMO）技术

在无线通信系统中，在发射机和接收机上使用多个天线开辟一个新的维度空间可以极大地提高性能，现在被广泛地称为多输入多输出系统。发射机的多个天线意味着有多个信号输入到无线信道中。接收机的多个天线是指有多个信号从无线信道输出。多天线接收机利用先进的空时编码处理技术能够分开并解码这些数据子流，从而实现最佳处理，并有效地抵抗空间选择性衰落。

MIMO 技术主要用于改进接收端的信噪比。采用 IEEE 802.11a/b/g 技术的无线接入点和客户端是通过单入单出（Single-Input Single-Output，SISO）的单个天线单个空间信道来实现数据传送的，如图 0-43 所示。IEEE 802.11n 网络融合了基于 MIMO 的接入点和无线客户端，从而能够提供极高的可靠性和数据吞吐量，如图 0-44 所示。即使只部署支持 MIMO 技术的无线接入点，而终端不支持 MIMO 技术，这项技术也能够提供高出 IEEE 802.11a/b/g 网络 30%的性能。

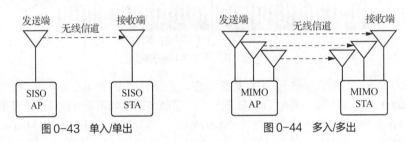

图 0-43　单入/单出　　　　　　　　图 0-44　多入/多出

在 AP 产品介绍中，MIMO 的天线配置通常表示成"$M*N$"，其中 M 和 N 均为整数。M 表示传输天线的数量，N 表示接收天线的数量。例如：MIMO 2*2，即两组传输链路、两组接收链路以及两条经过多任务处理的无线链路空间信息流。AP 可以通过不同的空间信息流来承载不同的信息，从而提高了数据传输速度。从 MIMO 2*1 到 MIMO 4*4，AP 每增加一个，发射天线和接收天线都会提高 AP 的信噪比。

（5）波束成形技术

在天线技术中还可以通过波束成形技术来提升接收效果。波束成形技术是指当发送端有多个发射天线时，调整从各个天线发出的信号使接收端信号强度显著改善的技术。当从不同的天线发送两个信号时，由于传播的路径不同，这些信号在接收端天线进行叠加时存在相位差，会直接影响接收端的信号强度。通过调整发送端无线信号的相位，可以使接收信号强度最大化，即增加信噪比。波束成形技术应用在接收端只有一个天线且没有障碍物的环境。如果不采用波束成形技术，接收端接收到的相位可能发生反相，如图 0-45 所示。采用了波束成形技术后，接收端能收到同相相位，使信号强度最大化并提高信噪比，如图 0-46 所示。

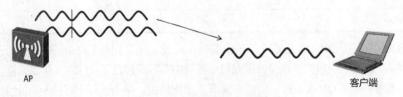

图 0-45　未采用波束成形技术

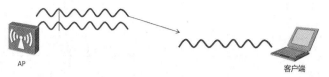

图 0-46　采用波束成形技术

0.3.2　MAC 层技术

在数据传输时，首先需要按照 OSI 模型完成自上而下的逐层封装，在每层添加该层的报头信息。在数据链路层，IP 数据包被封装在帧内并添加了 MAC 帧头和帧尾。IEEE 802.11 数据链路层被分为两个子层，上层为逻辑链路控制（Logical Link Control，LLC）子层，下层为介质访问控制（Media Access Control，MAC）子层。IEEE 802.11 标准主要定义了 MAC 子层的操作功能。

802.11MAC 层介绍

1. IEEE 802.11 帧封装

当网络层的数据包自上而下移交到数据链路层时，首先抵达 LLC 子层后被封装为 MAC 服务数据单元（MAC Service Data Unit，MSDU）。MSDU 包含了 LLC 及以上所有层的数据。LLC 子层将 MSDU 发送到 MAC 子层，然后给 MSDU 增加上 MAC 报头信息。被封装后的新 MSDU 被称为 MAC 协议数据单元（MAC ProtocoI Data Unit，MPDU），即 IEEE 802.11 MAC 帧。MPDU 包含了数据链路层帧头、帧主体和帧尾。

根据前文所述，PHY 层也被分为两个子层，分别为上层的 PLCP 子层和底层的 PMD 子层。PLCP 子层将来自数据链路层 MAC 子层的数据帧封装为 PLCP 协议数据单元（PLCP ProtocoI Data Unit，PPDU）。PMD 子层进行数据调制处理并按比特方式进行传输。在 IEEE 802.11 标准中，完整的数据封装流程如图 0-47 所示。

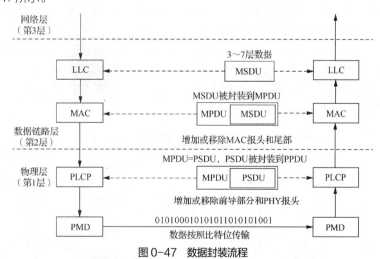

图 0-47　数据封装流程

2. IEEE 802.11 帧格式

不管是哪种类型的 IEEE 802.11 MAC 帧，其结构均由帧头、帧主体和帧尾 3 个部分组成，如图 0-48 所示。MAC 帧头最大长度为 30B，是 MAC 帧最复杂的位置。帧主体就是封装数据部分，长度可变，最大长度为 2312B。帧尾是长度为 4B 的校验序列，包含 32bit 的循环冗余校验。下面将对 MAC 帧中关键字段的含义和使用方法进行介绍。

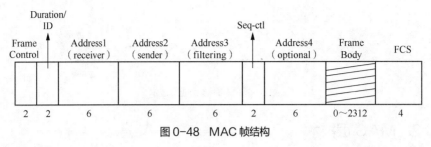

图 0-48　MAC 帧结构

（1）帧控制字段（Frame Control）

所有帧的开头均是长度为 2B 的 Frame Control（帧控制）位，由多个子字段组成，如图 0-49 所示。

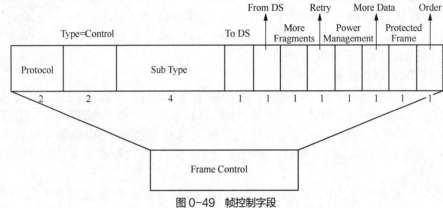

图 0-49　帧控制字段

Protocol（协议版本）：占用 2bit，协议版本的值为 0，这是目前唯一的版本，未来可能会出其他新版本。

Type（类型）：占用 2bit，用于区分帧类型。Type 值为 00，表示管理帧；Type 值为 01，表示控制帧；Type 值为 10，表示数据帧；帧类型 11 保留尚未使用。

Sub Type（子类型）：此位表示发送帧的子类型。例如，请求发送帧 RTS 的 Type=01，Sub Type=1011；允许发送帧 CTS 的 Type=01，Sub Type=1100。

To DS 与 From DS：分别表示无线链路向无线工作站（如 AP）发送的帧和无线工作站向无线链路发送的帧，具体含义如表 0-6 所示。

表 0-6　To DS 与 From DS 字段组合的含义

To DS	From DS	含义
0	0	在同一个 IBSS（Independent Busic Service Set，独立基本服务集）中，从一个 STA 直接发往另一个 STA 数据帧相关的管理与控制帧
0	1	一个离开 DS 或者由 AP 中端口接入实体所发送的数据帧
1	0	一个发往 DS 或者与 AP 相关联的 STA 发往 AP 中端口接入实体的数据帧
1	1	使用第四个地址的帧，如 WDS（Wireless Distribution System，无线分布系统）结构之间的数据帧

More Fragments（更多片段）：用于说明长数据帧被分段的情况，以及是否还有其他的片段帧。若上层的封包经过 MAC 分段处理，除最后一个片段外，其余片段均会将此位设定为 1。

Retry（重试）：有时候可能需要重传帧。任何重传的帧都会将此位设定为 1，以协助接收端剔除重复的帧。

Power Management（电源管理）：此位用于指示完成当前的帧交换过程后发送端的电源管理状态。若此值为 1，表示 STA 处于 Power_save 模式；若此值为 0，表示 STA 处于 Active 模式。

More Data（尚有数据）：此位只用于管理数据帧，在控制帧中此位必然为 0。

Protected Frame（受保护帧）：此位为 1，表示帧主体部分包含加密处理过的数据；此位为 0，则表示帧主体数据没有进行过加密处理。

Order（次序）：帧与帧片段可依序传送，不过发送端与接收端的 MAC 帧必须付出额外的代价，对帧片段进行严格编号。一旦进行严格依序传送，此位将被设定为 1。

（2）时长/ID 字段（Duration/ID）

时长用于记载网络分配矢量（Network Allocation Vector，NAV）的值。访问介质的时间限制是由 NAV 指定的，即此数值代表目前所进行的传输预计使用介质多少微秒。当第 15 个 bit 被设定为 0 时，Duration/ID 位就会被用于设定 NAV。工作站必须监视所接收到的所有帧头，并根据其中的信息来更新 NAV。任何超出预计使用介质时间的数值均会更新 NAV，同时阻止其他工作站访问介质。

（3）地址字段（Address）

地址字段包含不同类型的 MAC 地址，地址的类型取决于发送帧的类型。网络节点按照功能和位置可以分为源端、传输端、接收端和目的端，与之对应的 4 类地址分别为源地址（Source Address，SA）、传输地址（Transmitter Address，TA）、接收地址（Receiver Address，RA）和目的地址（Destination Address，DA）。

IEEE 802.11 数据帧中有 4 个地址字段与这 4 类地址相对应。如图 0-50 所示，Address 1 是帧接收端的地址；Address 2 是发送端的地址，用于发送应答信息；Address 3 是供基站与传输系统过滤用的，不过该位的用法取决于所使用的网络类型；Address 4 一般不使用，只有在 WDS 中才使用。地址字段的内容也取决于控制字段中"To DS"和"From DS"这两个子字段的数值，具体使用方法如表 0-7 所示。

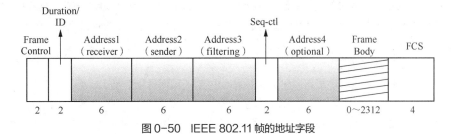

图 0-50　IEEE 802.11 帧的地址字段

表 0-7　IEEE 802.11 帧的地址字段的使用方法

场景	To DS	From DS	Address 1	Address 2	Address 3	Address 4
IBSS	0	0	DA/RA	SA/TA	BSSID	未使用
From AP	0	1	DA/RA	BSSID/TA	SA	未使用
To AP	1	0	BSSID/RA	SA/TA	DA	未使用
WDS	1	1	BSSID/RA	BSSID/TA	DA	SA

（4）序列控制字段（Seq-ctl）

序列控制字段长 16bit，用于重组帧片段和丢弃重复帧。如图 0-51 所示，它由 4bit 的 Fragment Number（片段编号）位以及 12bit 的 Sequence Number（顺序编号）位组成。

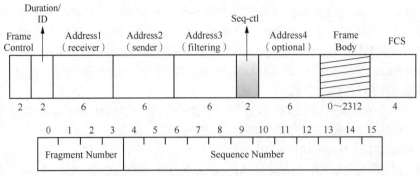

图 0-51　IEEE 802.11 帧的序列控制字段

Sequence Number 位的作用是使接收方能够区分是新传的帧还是因为出现差错而重传的帧,相当于已传帧的计数器取 4096 的模。此计数器初始值为 0,MAC 层每处理一个上层封包就会累加 1。如果发生重传,顺序编号不变,为了便于进行帧处理,会丢弃重复帧。

Fragment Number 位在上层封包被切割处理时使用,第一个片段的编号为 0,其后每个片段依序累加 1,便于帧进行重组。所有帧片段都会具有相同的顺序编号。如果是重传帧,则顺序编号不会有任何改变。

（5）帧主体（Frame Body）

帧主体被称为数据位,负责在工作站间传送上层数据（Payload）。IEEE 802.11 帧最多可以传送 2312 bit 的上层数据。

（6）帧校验序列（Frame Check Sequence,FCS）

IEEE 802.11 帧是以帧校验序列（FCS）作为结束,以便让工作站检查所收到帧的完整性。

在以太网中,如果帧的 FCS 有误,则随即予以丢弃,否则就会传送给上层协议处理。在 IEEE 802.11 网络中,通过完整性检验后的帧还需要接收端送出应答。例如,接收无误的数据帧必须得到正面应答,否则就必须重传。对于未能通过 FCS 检验的帧,IEEE 802.11 并未提供负面应答机制。在重传之前,工作站必须等候应答超时。

3. IEEE 802.11 帧类型

IEEE 802.11 MAC 帧按照功能可以分为数据帧、控制帧和管理帧三类。

（1）数据帧

数据帧是用户之间交互数据的报文,会将上层协议的数据放置于帧主体中进行传递。数据帧会用到哪些位,取决于该数据帧所属的类型,与帧控制字段、地址字段等配合使用。

（2）控制帧

控制帧均使用相同的帧控制位,是协助发送数据帧的控制报文,包括 RTS（请求发送）、CTS（允许发送）、ACK（应答）、PS-Poll 等常用控制报文。

RTS（请求发送）：当 AP 向某个客户端发送数据时,AP 会向客户端发送一个 RTS 报文,这样在 AP 覆盖范围内的所有设备收到 RTS 后都会在指定的时间内不发送数据。

CTS（允许发送）：当目的客户端收到 RTS 后,会发送一个 CTS 报文,这样在该客户端覆盖范围内的所有设备都会在指定时间内不发送数据。

ACK（应答）：对于每个发送的单播报文,接收者在成功接收到报文后,都要发送一个应答 ACK 进行确认。

PS-Poll：帧的 Sub Type 位被设定为 1010,代表 PS-Poll 帧。当客户端从省电模式中苏醒,便会发送一个 PS-Poll 帧给 AP,可让 AP 找出为其所暂存的帧。

（3）管理帧

管理帧的目的是通过帧的使用，完成 STA 和 AP 之间的交互、认证、关联等管理工作，为网络提供相对简单的服务，包括 Beacon、Probe Request、Probe Response、Authentication、Deauthentication、Association Request、Disassociation 等帧。

① Beacon（信标）帧

Beacon 帧主要用于声明网络的存在。定期传送的 Beacon 帧可以让移动式工作站获知网络的存在，从而调整加入该网络所必需的参数。在基础架构网络中，AP 负责传送 Beacon 帧。在 IBSS 网络中，工作站轮流送出 Beacon 帧。

② Probe Request、Probe Response 帧

工作站通过 Probe Request 帧来扫描所在区域内的 802.11 网络。如果 Probe Request 帧探查的网络与之兼容，该网络就会回复 Probe Response 帧给予应答。

③ Authentication、Deauthentication 帧

工作站通过共享密钥以及 Authentication 帧进行身份验证。Deauthentication（解除身份验证）帧用于终结认证关系。

④ Association Request（关联请求）帧

一旦工作站找到兼容网络并且通过身份验证，便会发送 Association Request 帧试图加入网络。

⑤ Disassociation（取消关联）帧

Disassociation 帧用于终结一段关联关系。

4．MAC 层相关技术

IEEE 802.11 的 MAC 层协议耗费了过多资源用于链路的维护，从而大大降低了系统的吞吐量。在 MAC 层协议中有很多固定的开销，在最高数据速率模式下，这些多余的开销甚至比需要传输的数据帧还要长。例如，IEEE 802.11g 理论传输速率为 54Mbit/s，实际上却只有 22Mbit/s，将近有一半的速率被浪费了。无线网络的冲突以及空中的拥堵也会降低 IEEE 802.11 的有效吞吐量。IEEE 802.11n 通过改善 MAC 层来减少固定的开销及拥堵所造成的损失。

（1）帧聚合技术

IEEE 802.11n 引入帧聚合技术，用于提高 MAC 层效率。报文帧聚合技术包括 MAC 服务数据单元（MSDU）聚合和 MAC 协议数据单元（MPDU）聚合两种。两种不同的帧聚合方式会有不同的效率提升，但共同点是减少负载，且只能聚合同一 QoS 级别的帧，等待需要聚合的报文可能造成延时。

MSDU 允许对目的地和应用都相同的多个帧进行聚合，聚合后的多个帧共用一个 MAC 帧头。当多个帧聚合到一起后，帧头的负载、传播的时间和确认帧都会相应减少，从而提高无线传输效率。MSDU 最大长度为 7935B，其汇聚过程包括收集以太网帧和转换成 IEEE 802.11 无线帧两个步骤，如图 0-52 所示。

MPDU 允许对目的地相同但应用不同的多个帧进行聚合，其效率不如 MSDU，但还是会减少帧头负载和空间传播时间。MPDU 的最大长度为 65535B，其汇聚过程包括转换成 IEEE 802.11 无线帧和将 IEEE 802.11 无线帧进行汇聚两个步骤，如图 0-53 所示。

（2）块确认技术

为了保证数据传输的可靠性，IEEE 802.11 协议规定每收到一个单播数据帧，都必须立即回应 ACK 帧。块确认机制通过使用一个 ACK 帧来完成对多个 MPDU 的应答，以降低 ACK 帧的数量，如图 0-54 所示，只有 MPDU 才使用块确认。另外，仅对没有收到确认的帧进行选择性重发。在高错帧的环境下，MPDU 汇聚的选择重传机制能够提供比 MSDU 汇聚更高的利用率，因为只有出错的帧才会被重传，而不是重传整个汇聚帧，从而大大减少了需要重传的数据。

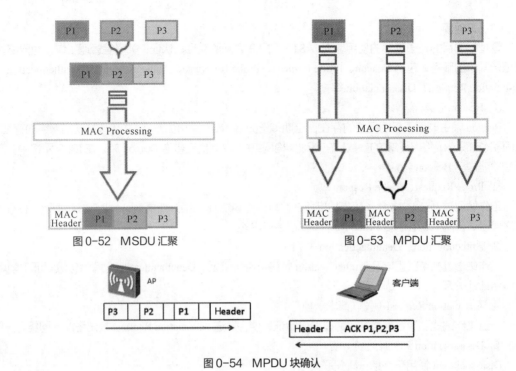

图 0-52 MSDU 汇聚   图 0-53 MPDU 汇聚

图 0-54 MPDU 块确认

0.3.3 主要协议标准

802.11 协议介绍

1985 年，FCC 允许在 ISM 无线电频段进行商业扩频技术的使用，成为 WLAN 发展的一个里程碑。1990 年，IEEE 802 标准化委员会成立了 IEEE 802.11 标准工作组，陆续制定并发布了一系列的协议标准，其中主要包括 IEEE 802.11、IEEE 802.11b、IEEE 802.11a、IEEE 802.11g、IEEE 802.11n 和 IEEE 802.11ac 等。

1. IEEE 802.11

在第一代 IEEE 802.11 标准问世之前，无线局域网发展缓慢，推广应用也十分困难。这其中有传输速度低、成本高等原因，但最主要的原因是产品之间不兼容和没有统一的标准。IEEE 802.11 标准从根本上解决了这一问题，加快了无线网络发展的步伐。

1997 年，IEEE 制定了第一个无线局域网标准 IEEE 802.11，主要用于解决办公室局域网和校园网终端之间的无线接入问题，其业务局限于数据存取。IEEE 802.11 标准工作在 2.4GHz 频段，根据调制方式的不同，最高传输速率可以是 1Mbit/s 和 2Mbit/s。

2. IEEE 802.11b

1999 年，具备更高传输速率的 IEEE 802.11b 标准问世了，将传输速率直接提升约 5 倍，最高速率可达 11Mbit/s，实际工作速率也达到了 5Mbit/s 左右，基本可以满足使用需求。除了速率大幅提升外，IEEE 802.11b 在使用范围和可靠性上也取得了长足的进步，支持以百米为单位的范围，能够在一些不易接线或接线费用较高的区域（如古建筑、教室等）中提供网络服务。

IEEE 802.11b 也工作在 2.4GHz 频段，最大的贡献就是在 IEEE 802.11 的 PHY 层基础上增加了 5.5Mbit/s 和 11Mbit/s 两个新的高速接入速率。为了达到这两个速率，IEEE 802.11b 采用了以互补码为基础的一种 DSSS 方式。由于互补码具有良好的自相关特性，信号的带宽可以通过扩频获得增益。IEEE 802.11b 还有其他的调制方式，包括基于 1Mbit/s 的 BPSK 调制和基于 2Mbit/s 的 QPSK 调制，它们与

30

DSSS 系统都是兼容的。另外，IEEE 802.11b 的自适应速率选择机制可以确保当站点之间距离过长、干扰太大或信噪比低于某个门限时，传输速率能够从 11Mbit/s 自动降到 5.5Mbit/s，或者根据 DSSS 技术调整到 2Mbit/s 和 1Mbit/s。

3. IEEE 802.11a

IEEE 802.11a 作为 IEEE 802.11b 的继承者，在许多方面做了改进。第一，IEEE 802.11a 安全性能较好，有 13 个非重叠信道可以利用，能减少干扰问题；第二，IEEE 802.11a 传输速度比 IEEE 802.11b 快 4 倍，能让更多用户同时使用，最高理论速率可达到 54Mbit/s。第三，IEEE 802.11a 开创性地采用了 5GHz 的工作频段，比 IEEE 802.11b 具备更强的抗干扰性。

但是，由于 5GHz 频段的电磁波在碰到墙壁、地板、家具等障碍物时，其反射与衍射效果都不如 2.4GHz 频段好，因而 IEEE 802.11a 存在覆盖范围偏小的缺陷。同时，由于设计复杂，基于 IEEE 802.11a 标准的无线产品的成本要比 IEEE 802.11b 高得多。此外，它还有一个致命的弱点，即 IEEE 802.11a 设备与 IEEE 802.11b 网络不兼容。

IEEE 802.11a 采用了与 IEEE 802.11 基本相同的核心协议，不同点是工作频段不同，并且 PHY 层采用的是 OFDM 技术。IEEE 802.11a 采用的调制方式有 BPSK、QPSK、16-QAM 和 64-QAM，还采用了编码率为 1/2、2/3、3/4 的卷积编码来实现前向纠错，最大数据速率可达 54Mbit/s，实际净吞吐量在 20Mbit/s 左右。根据不同的接收电平值，数据速率可自适应调整为 48Mbit/s、36Mbit/s、24Mbit/s、18Mbit/s、12Mbit/s、9Mbit/s 或 6Mbit/s。各速率对应的调制参数如表 0-8 所示。

表 0-8　IEEE 802.11a 速率及调制参数

速率（Mbit/s）	调制方式	编码率	每个子载波的编码比特	每个 OFDM 符号的编码比特	每个 OFDM 符号的数据比特
6	BPSK	1/2	1	48	24
9	BPSK	3/4	1	48	36
12	QPSK	1/2	2	96	48
18	QPSK	3/4	2	96	72
24	16-QAM	1/2	4	192	96
36	16-QAM	3/4	4	192	144
48	64-QAM	2/3	6	288	192
54	64-QAM	3/4	6	288	216

4. IEEE 802.11g

2003 年，IEEE 制定了新的 IEEE 802.11g 标准。这项标准在提供 54Mbit/s 高速率的同时，还采用了与 IEEE 802.11b 相同的 2.4GHz 频段，因而不存在升级后兼容性的问题。同时，IEEE 802.11g 也继承了 IEEE 802.11b 覆盖范围广的优点，价格也相对较低。唯一的缺点是 IEEE 802.11g 采用了与 IEEE 802.11b 一样的 3 个非重叠信道。由于信道线路过少，其安全性与 IEEE 802.11a 相比还是略逊一筹。

IEEE 802.11g 可实现 6Mbit/s、9Mbit/s、12Mbit/s、18Mbit/s、24Mbit/s、36Mbit/s、48Mbit/s 和 54Mbit/s 的传输速率。如果采用 DSSS、CCK 或 PBCC 等调制方式，IEEE 802.11g 也可以实现 1Mbit/s、2Mbit/s、5.5Mbit/s 和 11Mbit/s 的传输速率。由于它仍然工作在 2.4GHz 频段，并且保留了 IEEE 802.11b 所采用的 CCK 技术，因此可与 IEEE 802.11b 的产品保持兼容。高速率和兼容性好是它的两大特点。由于对帧不同部分所采用的调制方式不同，IEEE 802.11g 规定了调制方式的可选项和必选项。IEEE 802.11g 的帧结构调制方式、速率和兼容性的关系如表 0-9 所示。

表 0-9　IEEE 802.11g 的帧结构调制方式、速率和兼容性

帧结构调制方式	载波方式	可选或必选项	支持的传输速率（Mbit/s）	是否与 IEEE 802.11b 兼容
OFDM	多载波	必选	6、9、12、18、24、36、48、54	不可以（但可共存）
CCK	单载波	必选	5.5、11	可以
CCK/OFDM	多载波	可选	6、9、12、18、24、36、48、54	可以
CCK/PBCC	单载波	可选	5.5、11、22、33	可以

5. IEEE 802.11n

IEEE 802.11n 是 2004 年 1 月 IEEE 宣布发展的新 802.11 标准，并于 2009 年 9 月正式批准。IEEE 802.11n 标准全面改进了 IEEE 802.11 标准，不仅涉及 PHY 层标准，同时也采用新的高性能无线传输技术提升了 MAC 层的性能，优化了数据帧结构，提高了网络的吞吐量性能。与 IEEE 802.11a/b/g 标准不同，IEEE 802.11n 标准为双频工作模式（工作于 2.4GHz 和 5GHz 两个频段），可与 IEEE 802.11a/b/g 标准兼容。IEEE 802.11n 将 MIMO 与 OFDM 技术相结合，使传输速率成倍提高。另外，天线技术及传输技术的提升使无线局域网的传输距离大大增加，可以达到几公里，并且能够保证 100Mbit/s 的传输速率。

IEEE 802.11n 的调制方式有 BPSK、QPSK、16-QAM 和 64-QAM，还采用了编码率为 1/2、2/3、3/4、5/6 的卷积编码来实现前向纠错。在传输速率方面，IEEE 802.11n 可以将 WLAN 的传输速率由 IEEE 802.11a/g 提供的 54Mbit/s 提高到 300Mbit/s，甚至 600Mbit/s。

通过向 PHY 层及 MAC 层引入新的关键技术（如图 0-55 所示），IEEE 802.11n 可以向用户提供高达 600Mbit/s 的 PHY 层峰值速率和高于 100Mbit/s 的 MAC 层服务接入点（Service Access Point，SAP）吞吐率。

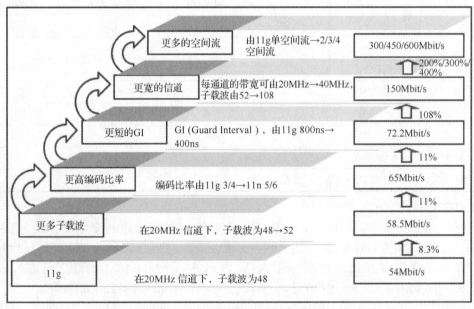

图 0-55　IEEE 802.11n 速率提升技术

① IEEE 802.11a/g 在 20MHz 模式下有 52 个子载波（其中 48 个可用），速率可达到 54Mbit/s。802.11n 在 20MHz 模式下有 56 个子载波（其中 52 个可用），速率可以提升约 8.3%，可达到 58.5Mbit/s。

② 当无线设备在传送数据过程中因衰减、干扰等因素导致数据发生错误时，可以通过更错码将数

据更正、还原成正确数据。码元由有用信息码和更错码组成，其中有用信息在码元中所占的比例被称为编码率（Code Rate）。IEEE 802.11n 更错码占用较小带宽，却能维持相同的错误更正能力。将编码率由 3/4 提升至 5/6，速率可以提升约 11%，由 58.5Mbit/s 提升至 65Mbit/s。

③ 在无线收发过程中或多次传发过程中，为了保证数据传输的可靠性，数据块之间需要插入一定的间隔时间，用以保证接收侧能够正确地解析出各个数据块。这个被插入的间隔时间被称为 Guard Interval，简称 GI。IEEE 802.11a/b/g 标准要求数据之间保留 800ns 的间隔时间。IEEE 802.11n 仍然默认使用 800ns 的间隔时间。当多径效应不严重时，将间隔时间配置为 400ns，可以将吞吐提高约 11%，速率由 65Mbit/s 提升至 72.2Mbit/s，此技术被称为 Short GI。Short GI 多用于多径情况较少、射频环境较好的应用场景。在受多径效应影响较大时，应该关闭 Short GI 功能。

④ IEEE 802.11n 同时定义了 2.4GHz 频段和 5GHz 频段的 WLAN 标准。与 IEEE 802.11a/b/g 不同，IEEE 802.11n 定义了 20MHz 和 40MHz 两种带宽模式。采用 40MHz 带宽模式可以让无线网络子载波数由 52 个增加至 108 个，速率提升约 108%，由 72.2Mbit/s 提升至 150Mbit/s。

⑤ 采用 IEEE 802.11a/b/g 技术的无线 AP 和客户端是通过单个天线单个空间信道（SISO）来实现数据传送的。采用 IEEE 802.11n 技术的无线 AP 和客户端还可以利用两个或者更多的空分信道同时传送数据。如果终端也支持 MIMO 技术，能够采用多个接收天线和高级信号处理技术来重建从多个信道发送过来的数据，便可进一步提高传输速率。IEEE 802.11n 采用 MIMO 技术可以将信号从单空间流提升至 2/3/4 空间流，速率会相应地提升至 300/450/600Mbit/s。

6. IEEE 802.11ac

IEEE 802.11ac 是一个正在发展中的 IEEE 802.11 无线网络标准，可通过 5GHz 频段进行无线网络通信。由于 IEEE 802.11ac 进行了众多的技术革新，如果将这些革新从技术标准一次性地变成 Wi-Fi 产品推向市场，需要等待较长的时间。因此，在第五代 IEEE 802.11 标准 IEEE 802.11ac 走向市场的过程中，Wi-Fi 联盟将它拆分成了 Wave1 和 Wave2 两个阶段。这两个阶段的关键特性对比如表 0-10 所示。这种方式既能将 IEEE 802.11ac 技术快速推向市场，满足当前迅速增长的流量需求，又可以带来 IEEE 802.11ac 技术的可演进性，保持 Wi-Fi 的竞争力。IEEE 802.11ac 还将向后兼容 IEEE 802.11 全系列现有和即将发布的所有标准和规范，包括即将发布的 IEEE 802.11s 无线网状架构等。在安全性方面，它将完全遵循 IEEE 802.11i 安全标准的所有内容，使得 Wi-Fi 能够达到企业级用户的安全需求。根据规划目标，未来 IEEE 802.11ac 将可以帮助企业或家庭实现无缝漫游，并且在漫游过程中能支持 Wi-Fi 产品相应的安全、管理和诊断等应用。

表 0-10　IEEE 802.11ac Wave1 和 Wave2 关键特性对比

特性	IEEE 802.11ac Wave1（Wi-Fi）	IEEE 802.11ac Wave2（Wi-Fi）
信道带宽	20/40/80MHz	20/40/80/80-80/160MHz
调制方式	256QAM	256QAM
空间流数量	3	4
载频波段	5GHz	5GHz
理论速率	1.3Gbit/s	3.47Gbit/s

与 IEEE 802.11a/b/g/n 相比，IEEE 802.11ac 具有明显的技术优势。IEEE 802.11ac 具有更高的吞吐率，IEEE 802.11ac Wave2 最大速率可达 3.47Gbit/s；IEEE 802.11ac 的承载频率在 5GHz 频段，所受干扰少；IEEE 802.11ac 提供了更大的吞吐率并支持多用户-多输入多输出，在客观上提高了多用户接入能力。

为了增加吞吐率或接入用户数，IEEE 802.11ac 标准引入了新的技术或者扩展了原有的技术，例如多用户-多输入多输出、MPDU 扩展、信道带宽、RTS/CTS 扩展等。

（1）多用户-多输入多输出（Multi-User Multiple-Input Multiple-Output，MU-MIMO）

802.11n 技术优势

MU-MIMO 采用显式波束成形技术，可实现对信号的传播方向和接收的控制，并向多个终端发送数据，同时保证终端彼此不受干扰。它可以将 AP 空间流灵活地分配给多个终端进行数据传送，并缓解 AP 和终端空间流能力不匹配的问题，可充分发挥 AP 的性能。

如图 0-56 所示，在单用户 MIMO 场景下，AP 的每根天线上发送的都是相同的数据。虽然不同天线发送相同的数据会带来分集增益，但增益是有限的。而在多用户 MIMO 场景下，如图 0-57 所示，AP 的每根天线上发送不同的数据，不同的天线对应不同的用户，即一个 AP 可以发送 4 份不同的数据，效率比单用户 MIMO 提升了 4 倍。

图 0-56 单用户 MIMO

图 0-57 多用户 MIMO

IEEE 802.11ac Wave1 只支持单用户 MIMO，一次只能与一个用户通信。而 IEEE 802.11ac Wave2 可以支持多用户 MIMO，一次可以与几个用户同时通信。

（2）MPDU 扩展

从 IEEE 802.11n 开始，MAC 层引入了帧聚合技术，将 MSDU 或 MPDU 聚合后，让多个帧共用一个物理头部，提高了封装效率，减少了对空口的占用和争抢次数。当传输过程中发生错误时，MSDU 需要对整个聚合的帧进行重传。在 MPDU 帧聚合中，每个 MPDU 都有自己的 MAC 头，发生错误时只需要对错误的数据帧进行重传，而无须对整个聚合帧进行重传。

在 IEEE 802.11ac 中，为了进一步提高效率和可靠性，增加了 MPDU 帧的大小，长度限制从 64KB 增加到 1MB。IEEE 802.11ac 只支持 MPDU 帧聚合，即数据帧必须使用 MPDU 模式来发送，而且 MPDU 模式不能关闭。

（3）信道带宽

IEEE 802.11ac 引入了 80MHz 和 160MHz 两种新的带宽模式，支持 20MHz、40MHz、80MHz、160MHz 和（80+80）MHz 等带宽模式，其中 20MHz、40MHz、80MHz 是必选的，160MHz 和（80+80）MHz 是可选的。图 0-58 中以北美频谱为例，给出了 IEEE 802.11ac、IEEE 802.11n 和 IEEE 802.11a 这 3 种标准的信道带宽对比。需要说明的是，160MHz 带宽的信道可以支持连续的 2 个 80MHz 信道和不连续的 2 个 80MHz 信道。这种可变带宽的设计在信道带宽上保留了对小带宽信道的兼容性，同时也极大地提升了吞吐率，给用户带来更好的体验。

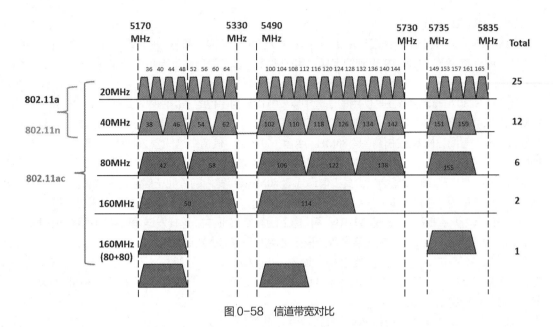

图 0-58 信道带宽对比

IEEE 802.11ac 中的调制方式有 BPSK、QPSK、16-QAM、64-QAM 和 256-QAM，采用编码率为 1/2、2/3、3/4、5/6 的卷积编码来实现前向纠错。在 80MHz 带宽和 160MHz 带宽中，速率对应的调制参数如表 0-11 所示。

表 0-11　IEEE 802.11ac 速率和调制参数

空间流数量	调制方式	编码率	带宽（80MHz）		带宽（160MHz）	
			GI=800ns	GI=400ns	GI=800ns	GI=400ns
1	BPSK	1/2	29.3	32.5	58.5	65
1	QPSK	1/2	58.5	65	117	130
1	QPSK	3/4	87.8	97.5	175.5	195
1	16-QAM	1/2	117	130	234	260
1	16-QAM	3/4	175.5	195	351	390
1	64-QAM	2/3	234	260	468	520
1	64-QAM	3/4	263.3	292.5	526.5	585
1	64-QAM	5/6	292.5	325	585	650
1	256-QAM	3/4	351	390	702	780
1	256-QAM	5/6	390	433	780	866.7
3	BPSK	1/2	87.8	97.5	175.5	195
3	QPSK	1/2	175.5	195	351	390
3	QPSK	3/4	263.3	292.5	526.5	585
3	16-QAM	1/2	351	390	702	780
3	16-QAM	3/4	526.5	585	1053	1170
3	64-QAM	2/3	702	780	1404	1560
3	64-QAM	5/6	877.5	975	1579.5	1755
3	256-QAM	3/4	1053	1170	1755	1950
3	256-QAM	5/6	1170	1300	2106	2340

（4）RTS/CTS 扩展

RTS/CTS（请求发送/允许发送）握手协议可以避免信道冲突所导致的数据传输失败。在 IEEE 802.11ac 中，增强了 RTS/CTS 机制的定义，用于协调什么时候信道可用和哪些信道可用。具体的协调机制如下。

① IEEE 802.11ac 设备在其使用的信道中以 20MHz 为单位的子信道内发送 RTS，当信道带宽为 80MHz 时，再复制 3 份并充满 80MHz；当信道带宽为 160MHz 时，再复制 7 份充满 160MHz。这样做的好处是，不管周边设备的主信道是 80MHz 或者 160MHz，信道中的任意 20MHz 都可以侦听到这个 RTS 报文。每个收到 RTS 报文的设备将虚拟载波侦听状态设为忙碌。

② 收到 RTS 报文的设备会检测其主信道或者 80MHz 带宽内的其他子信道是否忙碌。如果信道带宽的一部分被使用，则接收设备只会在 CTS 帧内响应可用的 20MHz 子带宽，并报告重复的带宽。

③ 接收设备会在每个可用的 20MHz 子信道上回复 CTS 报文。这样发送设备就知道哪些信道是可用的，哪些信道是不可用的。最终通信双方只在可用的子信道上发送数据。

④ RTS 帧和 CTS 帧支持"动态带宽"模式。在此模式下，假如部分频带已被占用，通信双方只能在主用信道上发送 CTS 帧。发送 RTS 帧的客户则可以回落到一个较低的带宽模式。这将对降低隐藏节点的影响有所帮助。

综上所述，IEEE 802.11a/b/g/n/ac 标准各有自己的技术特点和产品。另外，各类产品的实际传输速率远远达不到对应标准的理论速率，因为在实际应用中，通常有一半左右的带宽被分组负载、校验、帧位、错误恢复数据等信息占用，而且还要考虑信号强度和障碍物等因素的影响。总结对比各类标准的关键技术，如表 0-12 所示。

表 0-12　IEEE 802.11 系列标准技术标准

协议	使用频段	兼容性	理论最高速率	实际速率
IEEE 802.11a	5GHz		54Mbit/s	22Mbit/s 左右
IEEE 802.11b	2.4GHz		11Mbit/s	5Mbit/s 左右
IEEE 802.11g	2.4GHz	兼容 IEEE 802.11b	54Mbit/s	22Mbit/s 左右
IEEE 802.11n	2.4GHz&5GHz	兼容 IEEE 802.11a/b/g	600Mbit/s	100Mbit/s 以上
IEEE 802.11ac Wave1	5GHz	兼容 IEEE 802.11a 和 IEEE 802.11n	1.3Gbit/s	800Mbit/s 左右
IEEE 802.11ac Wave2	5GHz	兼容 IEEE 802.11a 和 IEEE 802.11n	3.47Gbit/s	2.2Gbit/s 左右

0.4　WLAN 产品

经过几十年的技术发展，WLAN 产品主要经历了三个阶段的变革。

第一代 WLAN 主要采用的 AP 是 FAT AP（胖 AP），需要对每一个 AP 进行单独配置，费时、费力且成本较高。

第二代 WLAN 融入了无线网关功能，但还不能实现集中管理和配置。管理能力、安全性以及对有线网络的依赖成为第一代和第二代 WLAN 产品发展的瓶颈。由于第二代 AP 存储了大量的网络和安全的配置，且分散在建筑物的各个位置，一旦其配置被盗取读出并修改，那么无线网络系统将失去安全性。在这样的背景下，基于无线网络控制器技术的第三代 WLAN 产品应运而生。

第三代 WLAN 采用接入控制器（Access Control，AC）和 FIT AP（瘦 AP）的架构，对传统 WLAN

设备的功能做了重新划分，将密集型的无线网络安全处理功能转移到集中的 AC 中实现，同时加入了许多重要的新功能，使得 WLAN 的网络性能、网络管理和安全管理能力得到大幅度提高。

0.4.1 WLAN 基本架构

在应用市场中，WLAN 的基本架构有 3 种：第一种架构是 FAT AP 架构，又叫自治式网络架构；第二种架构是 AC+FIT AP 架构，又叫集中式网络架构；第三种架构是敏捷分布式架构。

1. FAT AP 架构

FAT AP 架构中采用的主要设备为 FAT AP，该架构又称为胖 AP 架构。FAT AP 设备不仅可以提供无线信号用于无线终端的接入，而且能独立完成安全加密、用户认证和用户管理等管控功能。家里使用的无线路由器就是一种典型的 FAT AP 设备。在该设备上，可以设置接入密码，配置黑名单或白名单来控制用户接入，还可以管理接入用户（如设置用户的接入速率）等。图 0-59 为一个简单的基于 FAT AP 架构的组网应用示意图。

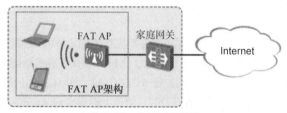

图 0-59　FAT AP 架构

FAT AP 架构功能强大、独立性强、具备自治能力，因此被称为自治式网络架构。它不需要专门管控设备的配合，独自就可以完成无线用户的接入、业务数据的加密和业务数据报文的转发等功能。独立自治是 FAT AP 架构的特点，也是它的缺点。当 FAT AP 设备单个部署时，由于其具备较好的独立性，不需要部署管控设备，因此部署起来很方便。在家庭或者小型企业 WLAN 的使用场景中，FAT AP 架构往往是最适合的选择。但是，在候车厅、校园等大型应用场景中，FAT AP 架构的独立自治特点就变成了缺点。大型应用场景的覆盖面积较大、接入用户较多，需要部署大量 AP。由于每个 FAT AP 设备是独立自治的，同时又缺少统一的管控设备，所以统一管理这些设备的工作就变得十分麻烦。仅仅为这些 FAT AP 设备做一次升级就是一场"灾难"。可见，在大量部署的情况下，FAT AP 架构会带来巨大的管理维护成本。另外，由于 FAT AP 架构独自控制用户的接入，所以无法解决用户的漫游问题。

2. AC+FIT AP 架构

AC+FIT AP 架构中需要 AC 和 FIT AP 两种设备的配合，该架构又被称为瘦 AP 架构。与 FAT AP 不同的是，FIT AP 除了提供无线射频信号外，基本不具备管控功能。为了实现 WLAN 的功能，除了 FIT AP 外，还需要具备管理控制功能的设备，这就是无线接入控制器（AC）。AC 不具备射频功能，主要功能是对 WLAN 中的所有 FIT AP 进行管理和控制，并与 FIT AP 配合共同完成 WLAN 功能。图 0-60 为基于 AC+FIT AP 架构的典型 WLAN 组网示意图。根据管控区域和吞吐量的不同，AC 可以部署在汇聚层，也可以部署在核心层，一般情况下是部署在接入层和企业分支位置。这种层级分明的协同分工，更能体现 AC+FIT AP 架构集中控制的特点，所以这种架构又被称为集中式网络架构。由于 AC+FIT AP 架构是目前 WLAN 市场中应用最为广泛的方式，所以本书后续的内容均是基于 AC+FIT AP 架构进行介绍的。

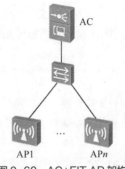

图 0-60 AC+FIT AP 架构

例如在候车厅这类大型场所部署 WLAN 时，AC+FIT AP 架构比 FAT AP 架构更经济、高效。在 AC+FIT AP 架构下，AC 可以统一为所有的 FIT AP 下发配置、软件升级，还可以按照时段控制 FIT AP 的工作数量等。这些操作都大大降低了 WLAN 的管控和维护成本。另外，由于用户的接入认证也可以由 AC 统一管理，故用户的漫游问题就变得非常容易解决。

3. 敏捷分布式架构

随着各种智能终端的普及，Wi-Fi 进入了爆发性的增长阶段。Wi-Fi 爆发性的增长带来了海量用户的接入与漫游，同时各种应用场景对 Wi-Fi 也提出了各种功能和性能的新需求。在某些场景中，现有的 AC+FIT AP 架构显得有些无法适应。例如，在 AC+FIT AP 架构中，用户关联请求/重关联请求报文都需要上送 AC 处理。当海量用户接入或者漫游时，这些上送报文对 AC 的冲击是巨大的，会造成 AC 出现性能瓶颈。如果把这些报文都放在每个 AP 中做本地处理，AP 的负担也会越来越重。再例如，在宿舍、酒店和病房等密集房间场景中，为了解决每个独立房间的信号覆盖问题，工程师通常会采用将 AP 的天线延伸的方式把信号引入各个房间。但这种方式存在延伸距离受限问题（距离延伸得越远，信号衰减越大），同时存在多个房间共享一个 AP 的性能瓶颈等问题。

为了应对网络规模和应用不断升级所带来的挑战，华为推出了敏捷分布式架构，如图 0-61 所示。敏捷分布式架构包括 AC、中心 AP 和远端单元（Remote Radio Unit，RRU）3 个部分，将传统的 AP 创新性地分解为中心 AP 和 RRU 两个独立的设备，并将业务模型在 AC、中心 AP 和 RRU 上做了重新分配和部署。这种革新的架构减轻了传统 AC 和 AP 的负荷，提升了整体性能和组网能力，解决了密集房间场景中信号衰减导致的延伸距离受限和多个房间共用一个射频所带来的性能瓶颈等问题。

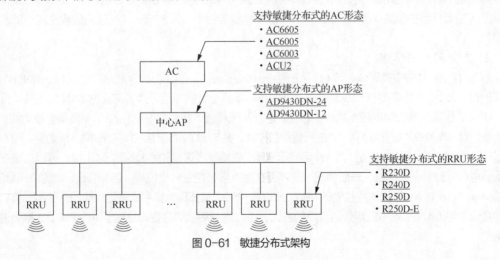

图 0-61 敏捷分布式架构

0.4.2 WLAN 产品介绍

通过对 WLAN 基本架构的了解可知，WLAN 网络中常用的产品包括无线控制器和无线接入点两大类。

WLAN 产品介绍

1. 无线控制器

华为目前提供的专业无线控制器产品有 4 款，分别是适用于中小型企业的 AC6005、适用于大中型企业的 AC6605、适用于大型企业的 ACU2 单板和 X1E 系列单板。

（1）AC6005

AC6005 是华为推出的针对中小型企业的小型盒式无线接入控制器，如图 0-62 所示。它有 AC6005-8 和 AC6005-8-PWR 两款产品形态，具有易安装、易维护、组网灵活、绿色节能等优势，可以提供高速、安全、可靠的 WLAN 业务。AC6005 具有以下特点。

① 提供 8 口 PoE（15.4W）或 4 口 PoE+（30W）供电能力，可直接接入 AP。

② 提供丰富灵活的用户策略管理和权限控制能力。

③ 可通过 eSight、WEB、命令行（CLI）等网管进行维护管理。

图 0-62 AC6005

（2）AC6605

AC6605 是华为针对大中型企业推出的无线接入控制器，如图 0-63 所示，同样具有易安装、易维护、组网灵活、绿色节能等优势，可以提供高速、安全、可靠的 WLAN 业务。AC6605 具有以下的良好性能和特点。

① 兼有接入和汇聚功能。

② 提供 24 口 PoE（15.4W）或 PoE+（30W）供电能力，可直接接入 AP。

③ 提供丰富灵活的用户策略管理和权限控制能力。

④ 支持双电源备份和热插拔功能，可保证设备长时间无故障运行。

⑤ 可通过 eSight、WEB、命令行（CLI）等网管进行维护管理。

图 0-63 AC6605

（3）ACU2 单板

华为 ACU2 是一块安插在交换机中用于实现 WLAN 无线接入控制器功能的单板，适用于华为 S12700、S9700、S7700 等系列交换机，如图 0-64 所示。ACU2 可以在大型企业以及园区中承担关键的无线服务，具有容量大、可靠性高、业务类型丰富等特点，配合无线 AP 使用可实现大规模、高密度的无线用户接入服务。该产品具有以下特点。

① 在有线网络中，可以通过在交换机中增加 ACU2 单板的方式快速搭建无线局域网，精简了无线网络建设的成本和时间。

② 目前 ACU2 可管理 2048 个 AP，具备业界单板最大管理规格。

③ ACU2 拥有灵活的数据转发模式、精细的用户组管理控制策略和完善的端到端 QoS 质量保证。

④ ACU2 兼容最新一代的 IEEE 802.11ac 的无线 AP，对无线网络的平滑延伸和扩展具有极高的投资保护价值。

图 0-64　ACU2 单板

（4）X1E 系列单板

X1E 系列单板内置华为公司首款以太网络处理器 ENP，其作为普通接口板在提供数据接入和交换的同时，还可以提供无线接入控制器功能，实现有线无线功能融合。该单板适用于华为 S12700、S9700、S7700 等敏捷框式交换机，如图 0-65 所示。

为了节省建网成本，X1E 系列单板将有线管理和无线管理集成在一块板卡上，无须额外购置 AC。为了提升无线转发容量，X1E 系列单板在框式交换机的板卡上处理 CAPWAP 报文。整机中的无线报文可以与有线报文一样转发，转发路径简单，可以提供高达 1Tbit/s 的转发容量。所以，X1E 系列单板也适用于大型企业园区。

图 0-65　X1E 系列单板

2. 无线接入点

根据不同的应用场景，无线接入点（AP）可分为室内放装型 AP、室内分布型 AP、室外型 AP 和敏捷分布式中心 AP。

（1）室内放装型 AP

室内放装型 AP 主要适用于建筑结构较简单、面积相对较小、用户相对集中且对容量需求较大的场景，例如多媒体教室、开放式办公区及会议室等。该类型设备可根据不同环境进行灵活分布，也可同时工作在 AP 和桥接等混合模式下。室内放装型 AP 加配全向天线，是一种常用的无线信号覆盖方式。其特点是放装方式简单、灵活，施工成本低，同时每个 AP 独立工作，根据布放区域需求可以灵活调整 AP 数量，以满足用户不同带宽要求。

室内放装型 AP 有一个共同的特点就是外观大方，不影响室内装潢的美观。例如 AP2010DN，绰号"面板 AP"，顾名思义，这种 AP 安装在室内就像个小面板，和墙面融为一体，如图 0-66 所示。

（2）室内分布型 AP

室内分布系统主要用于覆盖中等面积的盲区或重要的公用场所，满足宾馆、酒店、机场、会议中心等地区的覆盖要求，但不适合于有较高容量需求的网络。其中，室内分布型 AP（简称室分型 AP）设备可以与已有的 4G/5G/CATV 等信号合路共用一套室内分布系统。AP6310SN 就是一款典型的室内分布型 AP，可以作为室内分布系统的信号源，以实现对室内 WLAN 信号的覆盖，如图 0-67 所示。例如在快捷酒店，运营商为了保证服务品质会部署室内分布系统以保证 4G、5G 手机信号的覆盖。可以利用这套运营商的室内分布系统，将室内分布型 AP 与室内分布系统相连，这样一层楼仅需要一个 AP 即可。室内分布型 AP 利用馈线将天线延伸到各个房间，不需要每个房间都部署一个 AP，即可实现信号的全覆盖。除了 AP 外，室内分布系统还会用到合路器、功分器、耦合器、室分天线、射频电缆和射频连接器等设备，如图 0-68 所示。

（3）室外型 AP

室外覆盖主要包括公共广场、居民小区、学校、宿舍、园区、商业步行街等人口较聚集且业务需求量较大的室外场合。室外覆盖中多采用大功率室外型 AP，如图 0-69 所示的 AP6510DN，其覆盖情况受发射功率、天线形态、增益、放置高度、障碍等多种因素影响。此外，工程师建网时还需综合考虑系统容量与 AP 数量、天线增益与覆盖角度、信号穿透能力与功率预算、防护等级等问题。室外型 AP 都具有卓越的室外覆盖性能和超强的防护能力，能够适应复杂多变的室外环境，同时具有 IP67 的防护等级。

图 0-66　室内放装型 AP2010DN

图 0-67　室内分布型 AP6310SN

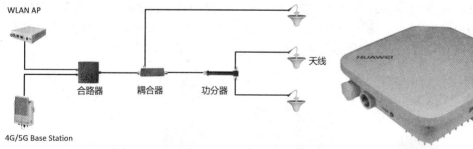

图 0-68　室内分布系统

图 0-69　室外型 AP6510DN

（4）敏捷分布式中心 AP

敏捷分布式中心 AP 产品主要有 AD9430DN-24、AD9430DN-12 等。AD9430DN-24 具有最大并发用户数 1024 个、最大关联用户数 4096 个、下行 PoE 口 24 个、可管理 24 个远端单元等特性，如图 0-70 所示。

另外，与中心 AP 配合使用的 RRU 的产品主要有 R240D&R230D、RD250、RD250-E 等。RD250 支持 MU-MIMO，具有 2.4GHz&400Mbit/s+5GHz&867Mbit/s 速率模式、2.4GHz&5GHz 双频工作频段、PoE 供电、内置天线等特性，如图 0-71 所示。

图 0-70　敏捷分布式中心 AP AD9430DN-24

图 0-71　RD250 远端单元

3. PoE 供电方式

随着网络 IP 电话、视频监控和无线以太网的广泛应用，在多数情况下，接入点设备需要直流供电。但是，接入点设备通常安装在距离地面比较高的天花板等处，附近很难有合适的电源插座。即使有插座，接入点设备需要的交直流转换器安置在何处也令网络管理员头疼。在很多大型局域网应用中，管理员需要同时管理多个接入点设备。这些设备又需要统一的供电和统一的管理，给供电管理带来极大的不便，通过以太网供电可以解决这一问题。

PoE 全称为 Power over Ethernet，是指通过以太网网络进行供电，也被称为基于局域网的供电系统（Power over LAN，PoL）或有源以太网（Active Ethernet）。通过 10BASE-T、100BASE-TX、1000BASE-T 以太网网络供电，其可靠供电的最长距离为 100m。通过这种方式，管理员可以有效解决 IP 电话、无线 AP、便携设备充电器、刷卡机、摄像头、数据采集器等终端的集中式电源供电。对于这些终端而言，不需要再考虑其室内电源系统布线的问题，在接入网络的同时就实现了对设备的供电。PoE 供电方式实现了节省电源布线成本、结合 UPS 可提高可用性和方便统一管理等目的。

PoE 供电方式一般可分为 PoE 供电模块和 PoE 交换机两种。PoE 供电模块主要是配合交换机/ONU（Optical Network Unit，光纤网络单元）使用。PoE 交换机是指内置了 PoE 供电模块的以太网交换机。PoE 供电系统中的组件包括供电设备（Power Sourcing Equipment，PSE）、电源（Power Supply Unit，PSU）、受电设备（Powered Device，PD）和供电端口（Power Interface，PI）。PoE 供电系统的组件及所处位置如图 0-72 所示。PSE 主要是用于给其他设备进行供电的设备，可以分为 Midspan（PoE 功能在交换机外）和 Endpoint（PoE 功能集成到交换机内）两种。华为支持的 PoE 供电设备的供电系统全部集成在设备内部，属于 Endpoint 的 PSE 设备。PD 是在 PoE 供电系统中用于受电的设备，主要是指一些 IP 电话、AP、IP 摄像头等设备。

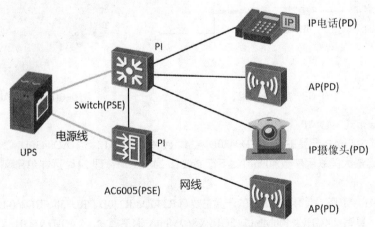

图 0-72　PoE 供电系统及所处位置

IEEE 定义了 IEEE 802.3af 和 IEEE 802.3at 两种 PoE 供电标准。IEEE 802.3af 标准规定供电设备可通过以太网向功率低于 13W 的受电设备供电。随着双频段接入、视频电话等高功率应用的出现，13W 的供电功率显然不能满足需求。为此，IEEE 在 2005 年开发了 IEEE 802.3at 新 PoE 标准，提升了可传送的供电功率。与 IEEE 802.3af 相比，IEEE 802.3at 可输出 2 倍以上的功率，达到 30W 以上，拓宽了 PoE 的应用领域。PoE 供电共分为 5 个不同的供电级别，具体供电参数如表 0-13 所示。

表 0-13　标准 PoE 参数对比

供电参数	IEEE 802.3af	IEEE 802.3at
标准时间	2003	2009
PD 可用功率	12.95W	25.50W
PSE 提供的最大功率	15.40W	30W
电源管理	3 种功率等级	4 种功率等级

在 AP 选择配电方式时，应该遵循一定原则。首先，优先选择符合 IEEE 802.3af/802.3at 标准的 PoE 交换机供电；其次，如果附近没有交流电源，可以选择 PoE 电源适配器供电；最后，如果附近有交流电源，可以选择交流电源适配器供电。

0.4.3　WLAN 产品命名规范

通过对 WLAN 产品的简单介绍可知，同类产品有不同型号，如何在众多型号的产品中选择合适的设备呢？有时候，可以通过产品的名称做出初步选择。图 0-73 和图 0-74 分别为 WLAN 中 AP 和 AC 产品的命名规范，可以作为设备选择的参考依据。

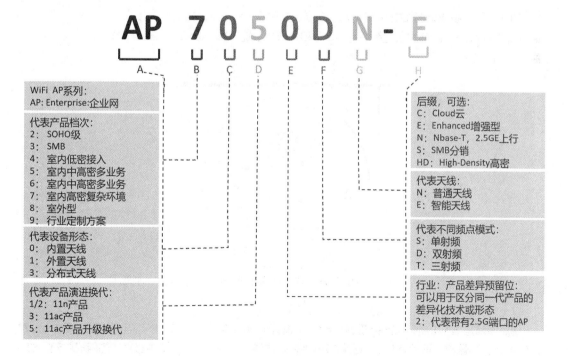

图 0-73　AP 产品的命名规范

AC	6	6	05	24	PWR
Wi-Fi AC系列	代表AC产品系列	代表设备形态。 0：接入盒式AC 6：汇聚盒式AC 8：框式AC（预留） 根据产品演进，数字向上累加	代表产品演进换代。 05：在研新一代AC 06：下一代AC 08,09…：根据产品的不断演进数字向上累加	代表可用接口数量： 8,16,24…	PoE供电，可选

图 0-74　AC 产品的命名规范

0.5　WLAN 拓扑

在计算机网络中，节点的物理或逻辑布局被称为拓扑结构。有线网络主要包括总线型、环状、星状、树状和网状等拓扑结构。各种拓扑结构各有利弊，相差很大。与有线网络类似，无线网络拓扑结构种类繁多。

WLAN 拓扑结构
介绍

0.5.1　WLAN 组成原理

WLAN 网络组成结构如图 0-75 所示，主要包括站点（Station，STA）、无线介质（Wireless Medium，WM）、接入点（AP）和分布式系统（Distribution System，DS）。

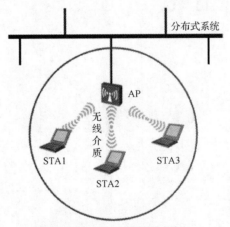

图 0-75　WLAN 网络组成结构

（1）站点（STA）

站点通常是指 WLAN 网络中的终端设备，例如笔记本计算机的网卡、移动电话的无线模块等。每个 STA 都支持鉴权、取消鉴权、加密和数据传输等功能，是 WLAN 网络中最基本的组成单元。STA 可以是移动的，也可以是固定的，通常情况下是移动的。

（2）无线介质（WM）

无线介质是 WLAN 网络中站点与站点之间、站点与接入点之间通信的传输介质，通常是指自由空间，它是无线电波传播的良好介质。WLAN 的无线介质由无线局域网 PHY 层标准进行定义。

（3）接入点（AP）

接入点与蜂窝结构中的基站类似，是 WLAN 的重要组成单元。AP 作为一种特殊的站点，可以完成其他非接入点对分布式系统的接入访问或者不同站点间通信连接等功能。

（4）分布式系统（DS）

PHY 层覆盖范围的限制决定了站点与站点之间的直接通信距离。为了扩大覆盖范围，多个 AP 可以相互连接来实现通信。其中，连接多个接入点的逻辑组件被称为分布式系统，也称为骨干网络。分布式系统介质可以是有线介质，也可以是无线介质。这样在组成 WLAN 时，就有了足够的灵活性。如图 0-76 所示，如果 STA1 想要向 STA3 传输数据，STA1 先将无线帧传给 AP1，AP1 连接的分布式系统负责将无线帧传送给 STA3 关联的 AP2，AP2 再将无线帧传送给 STA3。

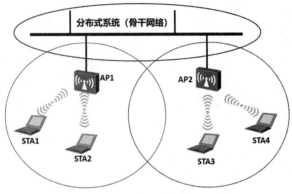

图 0-76　分布式系统

0.5.2　WLAN 基本概念

在现实生活中，每当我们到朋友家做客时，经常会做的一件事情是询问主人家的 Wi-Fi 账号及其密码，然后在手持终端上进行无线网络连接。那么在这个操作过程中，就涉及了几个 WLAN 相关的基本概念，下面将逐一做介绍。如图 0-77 所示，WLAN 网络是由若干 IEEE 802.11 基本元素组成的。

802.11 基本概念

图 0-77　IEEE 802.11 基本元素描述

（1）服务集标识（Service Set Identifier，SSID）

刚刚提到的 Wi-Fi 账号在 WLAN 的专业术语里称为服务集标识。例如，在笔记本计算机上搜索无线信号时，显示出来的网络名称就是 SSID。SSID 最多由 32 个字符组成，且区分大小写，可配置在所有 AP 与 STA 的无线射频卡中。SSID 是无线网络的标识，用于区分不同的无线网络。SSID 技术可以将一个无线局域网分为几个需要不同身份验证的子网络，每一个子网络都需要独立的身份验证，只有通过身份验证的用户才可以进入相应的子网络，从而防止未被授权的用户进入本网络。

另外，在同一个 AP 中，支持创建多个 SSID。同时，大部分 AP 具备隐藏 SSID 的能力，被隐藏 SSID 后对合法终端用户仍然可见，这是一种简单的安全手段。

（2）基本服务集（Basic Service Set，BSS）

BSS 就是一组通过 AP 互联起来的无线设备的集合。在这个服务集内，只要终端和 AP 关联，终端就可以通过 AP 相互通信，也可以通过 AP 访问外部网络。BSS 实际覆盖的区域被称为基本服务区（Basic Service Area，BSA），相当于一个无线单元。在该覆盖区域内的成员站点之间可以保持相互通信。由于周围环境经常会发生变化，BSA 的形状和大小并非总是固定不变的。BSS 的服务范围可以涵盖整个小型办公室或家庭，不过无法服务更广的区域。BSS 根据网络结构，可以分为独立基本服务集（Independent BSS）和基础结构模式基本服务集（Infrastructure BSS）两种。

在 Independent BSS 结构中，没有中心节点，工作站之间可以直接通信，但两者间的距离必须在可以通信的范围内，如图 0-78 所示。最简单的 802.11 网络是由两个工作站所组成的 Independent BSS。通常，Independent BSS 是由几个工作站为了特定目的而临时组成的网络，例如两部手机之间通过开启蓝牙功能互传信息。

Infrastructure BSS 结构是有中心节点的，这是与 Independent BSS 结构最大的区别。如图 0-79 所示，接入点 AP 负责 Infrastructure BSS 网络所有的通信，包括服务区域中所有移动节点之间的通信。

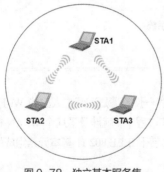

图 0-78　独立基本服务集

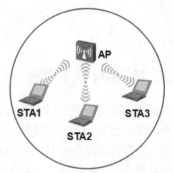

图 0-79　基础结构模式基本服务集

（3）基本服务集标识（Basic Service Set Identifier，BSSID）

每个 BSS 都有一个基本服务集标识，是每个 BSS 的标识符。BSSID 实际上就是 AP 的 MAC 地址，用于标识 AP 所管理的 BSS。在同一个 AP 内，BSSID 和 SSID 是一对一映射的。如果一个 AP 可以同时支持多个 SSID，则会分配不同的 BSSID 来对应这些 SSID。同时，BSSID 还在漫游过程中起着重要作用。

（4）扩展服务集（Extend Service Set，ESS）

ESS 就是利用骨干网络将几个 BSS 串联在一起，可以扩大覆盖范围。最常见的 ESS 由多个接入点构成，相邻接入点的覆盖区域之间有部分重叠，以实现客户端的无缝漫游。华为建议信号覆盖重叠区域的比例至少应保持在 15%~25%。所有位于同一个 ESS 的 AP 将会使用相同的 SSID，但与每个 AP 对应的 BSSID 是不相同的。由于 ESS 内采用相同的 SSID，因此能实现不同 BSS 之间的漫游，让用户始终以为是由同一个 AP 提供的服务。

（5）虚拟接入点（Virtual Access Point，VAP）

华为的设备可以配置 VAP，为用户提供差异化的 WLAN 业务。所谓 VAP 就是在一个物理实体 AP 上虚拟出多个 AP。每一个被虚拟出的 AP，就是一个 VAP，可以提供与物理实体 AP 一样的功能。多个 VAP 工作在同一个硬件平台，可以提高硬件的利用率。网络管理员可以为不同 VAP 进行 SSID 设置、安全设置、QoS 设置等，从而增加网络的灵活性。目前的 AP 产品都支持多 SSID 功能。除了 AP2010、AP2030、AP3010 等产品的每个射频可以支持 8 个 VAP 外，华为公司的其他 AP 产品的每个射频都可以支持 16 个 VAP。

另外，对于同一个物理实体 AP，终端设备如何判断是连接的哪个 VAP 呢？其实 VAP 也是用 BSSID 来区分的。但是这个 BSSID 不是用物理 AP 的 MAC 地址，而是用 VAP 的 MAC 地址。VAP 的 MAC 地址实际上与物理 AP 的 MAC 地址是有映射关系的。一般第 1 个 VAP 的 MAC 地址与物理 AP 的 MAC 地址是相同的。后续 VAP 的 MAC 地址是在物理 AP 的 MAC 地址基础上依次加 1。

通过以上介绍，已对 WLAN 网络中 802.11 的基本元素及概念有了了解。下面对常用 WLAN 基本概念进行归纳，如表 0-14 所示。

表 0-14　WLAN 基本概念

概念	英文名称	描述
基本服务集	Basic Service Set，BSS	无线网络的基本服务单元，通常由一个 AP 和若干无线终端组成
扩展服务集	Extend Service Set，ESS	由多个使用相同 SSID 的 BSS 组成，解决 BSS 覆盖范围有限的问题
服务集标识	Service Set Identifier，SSID	用于区分不同的无线网络
扩展服务集标识	Extended Service Set Identifier，ESSID	一个或一组无线网络的标识，与 SSID 是相同的
基本服务集标识	Basic Service Set Identifier，BSSID	在链路层上用于区分同一个 AP 上的不同 VAP，也可以用于区分同一个 ESS 中的 BSS
虚拟接入点	Virtual Access Point，VAP	AP 上虚拟出来的业务功能实体。用户可以在一个 AP 上创建不同的 VAP 来为不同的用户群体提供无线接入服务

0.5.3　WLAN 拓扑结构

相对于有线局域网，WLAN 网络最大的优势就是网络部署的灵活性。根据 AP 的功能定位不同，WLAN 网络可以实现多种不同的拓扑结构，从而满足不同场景的网络接入需求。

（1）Ad-Hoc 拓扑结构

Ad-Hoc 拓扑结构的无线网络是由无线工作站组成的，用于一台无线工作站和另外一台或多台无线工作站的直接通信。该网络无法接入有线网络中，只能独立使用，不需要 AP，如图 0-78 所示。

在采用这种拓扑结构的网络中，各站点公平竞争公用信道。但站点数量过多时，信道竞争会成为限制网络性能的缺陷。因此，这种拓扑结构比较适合小规模、小范围的 WLAN 组网。

（2）基础架构拓扑结构

基础架构拓扑结构是由多个 AP 以及连接它们的分布式系统所组成的网络，也称为扩展服务集（ESS）。在一个 ESS 内，每个 AP 都是一个独立的 BSS，同时所有 AP 共享一个 ESSID。拥有相同 ESSID

的无线网络间可以实现漫游。

（3）无线分布式系统（Wireless Distribution System，WDS）拓扑结构

WDS 拓扑结构是通过无线链路连接两个或者多个独立的有线局域网或者无线局域网，从而组建成一个互通的网络，实现数据访问。如图 0-80 所示，AP1 和 AP2 通过无线链路将左右两边的网络进行互联并进行通信。

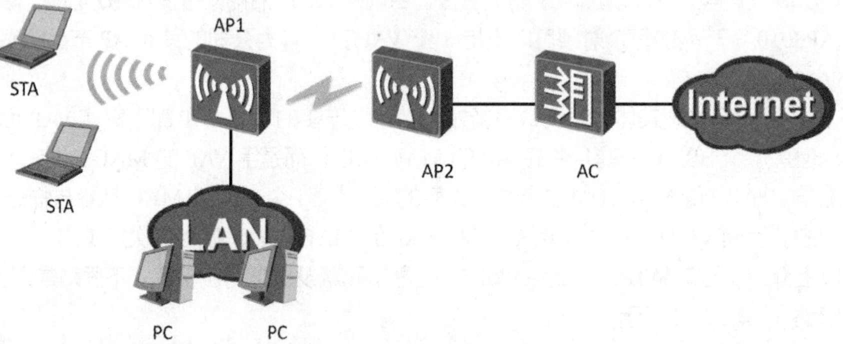

图 0-80　WDS 拓扑结构示例

与传统有线网络相比，WDS 拓扑结构具有明显的优势。WDS 拓扑结构不需要架线挖槽，就可以实现快速部署和扩容；根据客户需求，可以灵活使用 2.4GHz 和 5GHz 频段定制专网；WDS 拓扑结构只需维护桥接设备，故障定位和修复快捷迅速；WDS 拓扑结构组网快，支持临时、应急、抗灾等通信保障。WDS 拓扑结构提高了整个网络结构的灵活型和便捷性。

根据 AP 在 WDS 拓扑结构中的实际位置，AP 的工作模式分为 Root 模式、Middle 模式、Leaf 模式 3 种。在 Root 模式中，Root AP 作为根节点直接与 AC 通过有线相连，也可以作为 AP 型网桥向下供 STA 型网桥接入；在 Middle 模式中，Middle AP 作为中间节点以 STA 型网桥向上连接 AP 型网桥或以 AP 型网桥向下供 STA 型网桥接入；在 Leaf 模式中，Leaf AP 作为叶子节点以 STA 型网桥向上连接 AP 型网桥。

在 WDS 拓扑结构部署中，组网模式可分为点对点（Peer to Peer，P2P）、点对多点（Peer to Multiple Peer，P2MP）及中继桥接等方式。

① 点对点（P2P）

点对点方式是指两台 AP 通过 WDS 拓扑结构实现了无线桥接，最终实现两个网络的互通。在实际应用中，每一台设备可以通过配置对端设备的 MAC 地址，来确定需要建立的桥接链路。如图 0-81 所示，P2P 无线网桥可用于连接两个位于不同地点的网络，其中 Root AP 和 Leaf AP 应设置成相同的信道。

② 点对多点（P2MP）

点对多点方式能够把多个离散的远程网络连成一个整体，结构比 P2P 方式复杂。在点到多点的组网环境中，一台设备作为中心设备，其他设备都只与中心设备建立无线桥接，从而实现多个网络之间的互联。但是多个网络之间的互联都需通过中心设备进行转发，增加了中心设备的负担。在图 0-82 所示的点对多点方式中，网段 2 要与网段 3 通信，必须通过中心设备 Root AP。

③ 中继桥接

中继桥接方式是指相隔较远的两台设备无法直接相连，需要在两台设备之间放置桥接 AP 来完成中继。在实际应用场景中，通常会使用手拉手和背靠背两种特殊方式。

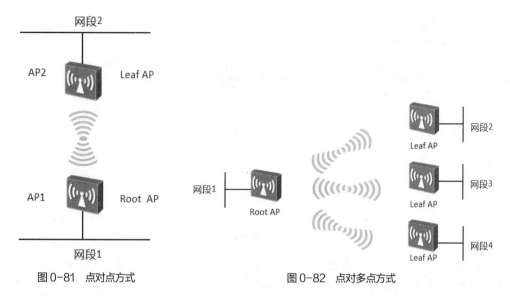

图0-81　点对点方式　　　　　　　　　图0-82　点对多点方式

　　手拉手方式适用于 WDS 典型室内组网场景。在家庭、仓库、地铁或者公司内部，由于不规则的布局、墙体等物体会对 WLAN 信号造成衰减，一台 AP 的覆盖效果很不理想，存在信号盲区。这时采用 WDS 桥接 AP，不仅可以有效扩大无线网络的覆盖范围，还可以避免因重新布线所带来的经济损失。对于带宽要求不是很敏感的用户来说，此方式较为经济实用。如图 0-83 所示，Middle AP 像伸出了双手一样，作为中间节点通过手拉手的方式将左右两边的 Root AP 和 Leaf AP 互联起来。

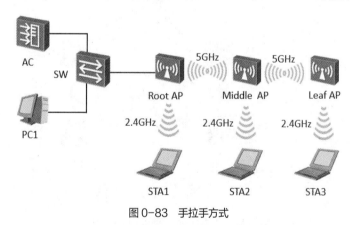

图0-83　手拉手方式

　　背靠背方式适用于 WDS 典型室外组网场景。当需要连接的网络之间有障碍物或者传输距离太远时，可以采用背靠背方式组网，通过两个 WDS AP 有线级联组成背靠背的中继网桥。这种组网方式可以保证长距离网络传输中的无线链路带宽。如图 0-84 所示，针对带宽要求较高的用户，采用两个 WDS AP 以背靠背有线直连的方式作为中继 AP，由于两个方向工作于不同的信道，从而可以保证无线链路的带宽。

　　（4）无线 Mesh 网络（Wireless Mesh Network，WMN）拓扑结构

　　在传统的 WLAN 中，AP 的下行链路是无线网络，与 STA 互相通信，上行链路则是有线网络。如果在组建 WLAN 前，如果没有一定的有线网络基础，大量的时间和成本会消耗在构建有线网络的过程中。对于组建后的 WLAN，如果需要对其中某些 AP 的位置进行调整，则需要调整相应的有线网络。综上所述，传统 WLAN 存在建设周期长、成本高、灵活性差等弊端，导致其在应急通信、无线城域网或有线网络薄弱地区等应用场合不适合部署。

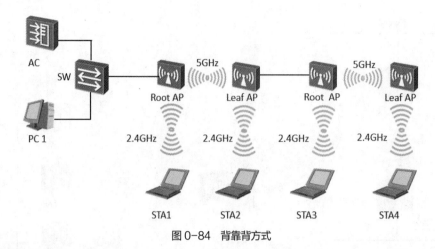

图 0-84　背靠背方式

无线 Mesh 网络拓扑结构只需要安装 AP，就可以解决传统 WLAN 所存在的弊端。无线 Mesh 网络是指利用无线链路将多个 AP 连接起来，并最终通过一个或两个 Portal 节点接入有线网络的一种星状动态自组织自配置的无线网络。无线 Mesh 网络拓扑结构如图 0-85 所示。

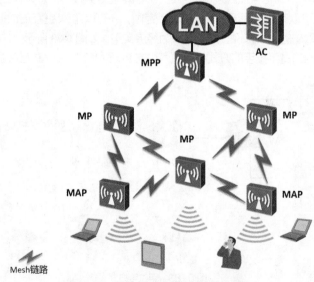

图 0-85　无线 Mesh 网络组网拓扑结构

根据所处位置和功能不同，其网络中的 AP 具有 MPP、MP 和 MAP 3 种不同的角色。

MPP（Mesh Portal Point）是指连接无线 Mesh 网络和其他类型网络的 AP，并与无线 Mesh 网络内部 MP/MAP 节点进行通信，具有 Portal 功能。通过此节点，无线 Mesh 网络内部的节点可以与外部网络进行通信。

MP（Mesh Point）是无线 Mesh 网络中使用 IEEE 802.11 协议进行无线通信并且支持 Mesh 功能的节点。该节点支持自动拓扑、路由自动发现、数据包转发等功能。MP 节点可以同时提供 Mesh 服务和用户接入服务。

MAP（Mesh Access Point）是指任何支持 AP 功能的 Mesh 节点，可以为 STA 提供接入功能。

在无线 Mesh 网络中，AP 之间通过无线连接可以有效解决单点故障问题。与传统 WLAN 网络相比，无线 Mesh 网络具有以下优点。

① 快速部署

无线 Mesh 网络设备安装简便，可以在短时间内组建完成，而传统的无线网络需要更长的时间。

② 动态覆盖范围

随着无线 Mesh 网络节点的不断加入，网络的覆盖范围可以快速增加。

③ 健壮性

无线 Mesh 网络是一个对等网络，不会因为某个节点产生故障而影响到整个网络。如果某个节点发生故障，报文信息会通过其他备用路径传送到目的节点。

④ 灵活组网

AP 可以根据需要随时加入或离开无线 Mesh 网络，这使得网络更加灵活。

⑤ 应用场景多

无线 Mesh 网络除了可以应用于企业网、办公网、校园网等传统 WLAN 的场景外，还可以广泛应用于大型仓库、港口码头、城域网、轨道交通、应急通信等场景中。

⑥ 高性价比

在无线 Mesh 网络中，共有的 Portal 节点需要接入有线网络，对有线的依赖程度被降到了最低，节省了购买大量有线设备以及布线安装的投资开销。

思考与练习

一、填空题

1. （　　　）是中国目前唯一获得授权进行测试及认证无线电型号核准规定的机构。

2. 我国在 2.4GHz 频段支持的信道数有（　　）个。

3. 根据所控制信号参量的不同，调制方式可以分为（　　）、（　　）、（　　）。

4. 第一个基于封包式技术的无线电通信网络叫（　　　）。

5. WLAN 的工作频段包括（　　）和（　　）两个频段。

6. 2.4GHz 频段的相邻信道的中心频率之间间隔（　　）MHz。

7. SSID 的中文名称是（　　）。

8. 单个 AP 覆盖的区域叫（　　　）。

9. IEEE 802.11b 在美国可支持（　　）个信道，其中有（　　）个不重叠信道。

10. IEEE 802.11 有 3 种帧类型，分别是（　　）、（　　）和（　　）。

11. 中国无线局域网安全强制性标准是（　　　）。

12. 在 WDS 拓扑结构中，AP 根据应用位置可分为（　　）AP、（　　）AP 和（　　）AP。

13. WLAN 有 3 种基本架构。第一种是 FAT AP 架构，又叫（　　　）网络架构；第二种是 AC+FIT AP 架构，又叫（　　　）网络架构；第三种架构是（　　　）。

14. FCC 将 5GHz 频段分为（　　　）个不重叠 20MHz 宽信道。

15. WLAN 标准协议将 2.4GHz 频段划分出（　　　）个相互交叠的信道，每个信道的带宽是 20MHz。

二、不定项选择题

1. 无线网络的初步应用开始于（　　　）。

　　A. 第一次世界大战期间　　　　　　　　B. 第二次世界大战期间

　　C. 20 世纪后期　　　　　　　　　　　　D. 2000 年以后

2. 以下哪些协议是 IEEE 制定的 IEEE 802.11 标准？（　　　）

    A. IEEE 802.11 n   B. IEEE 802.11b   C. IEEE 802.1x   D. IEEE 802.11ac

3. 以下哪些协议支持 2.4GHz 频段？（　　　）

    A. IEEE 802.11a   B. IEEE 802.11b   C. IEEE 802.11g   D. IEEE 802.11n

4. 以下选项中哪个频段范围属于我国所支持的 5GHz 频段？（　　　）

    A. 5.15～5.35GHz   B. 5.25～5.35GHz

    C. 5.725～5.825GHz   D. 5.725～5.850GHz

5. 2.4GHz 频段最多可以划分为（　　　）个信道。

    A. 14   B. 13   C. 11   D. 3

6. 2.4GHz 频段在美国可以使用的非重叠信道是（　　　）。

    A. 2，7，12   B. 3，8，13   C. 1，6，11   D. 3，7，13

7. 以下哪个协议可以同时支持 2.4GHz 频段和 5GHz 频段？（　　　）

    A. IEEE 802.11a   B. IEEE 802.11b   C. IEEE 802.11g   D. IEEE 802.11n

8. 下面（　　　）是 IEEE 最初制定的一个无线局域网标准。

    A. IEEE 802.11   B. IEEE 802.10   C. IEEE 802.12   D. IEEE 802.16

9. 由多个 AP 以及连接它们的分布式系统组成的基础架构模式网络，也称（　　　）。

    A. 基本服务集   B. 服务集标识   C. 扩展服务集   D. 扩展服务集标识

10. 下面（　　　）不属于 WDS 网络？

    A. Root AP   B. Middle AP   C. Bridge AP   D. Leaf AP

11. 无线 Mesh 网络是在（　　　）协议中被定义的。

    A. IEEE 802.11a   B. IEEE 802.11g   C. IEEE 802.11e   D. IEEE 802.11s

12. 属于无线城域网的是（　　　）技术。

    A. 4G/5G   B. WLAN   C. 蓝牙   D. WiMAX

13. 如果无线客户端想要通过 AP 连接到 WLAN 网络，那么它是通过（　　　）来连接到无线网络的。

    A. SSID   B. IBSS   C. BSID   D. BSA

14. 原始的 IEEE 802.11 协议所支持的最大速率是（　　　）Mbit/s。

    A. 1   B. 2   C. 5.5   D. 11

15. 原始的 IEEE 802.11 协议使用的工作频段是（　　　）。

    A. 2.4GHz   B. 900MHz   C. 2.0GHz   D. 5GHz

16. IEEE 802.11g 协议所支持的最大速率是（　　　）。

    A. 11Mbit/s   B. 22Mbit/s   C. 54Mbit/s   D. 108Mbit/s

17. IEEE 802.11a 协议是采用（　　　）技术实现的。

    A. FHSS   B. DSSS   C. OFDM   D. MIMO

18. 下面哪些无线帧属于控制帧？（　　　）

    A. Beacon   B. RTS   C. CTS   D. PS-Poll

19. 在 IEEE 802.11 协议中，ACK 帧属于（　　　）类型的帧。

    A. 管理帧   B. 控制帧   C. 数据帧   D. 空数据帧

20. 支持 5GHz 频段的无线局域网标准有（　　　）。

    A. IEEE 802.11a   B. IEEE 802.11b   C. IEEE 802.11g   D. IEEE 802.11n

21. ETSI 是哪个国家或者地区的标准组织？（　　）

    A. 中国　　　　　　　B. 美国　　　　　　　C. 日本　　　　　　　D. 欧洲

22. 在 WDS 组网中，通过有线方式与 AC 连接的 AP 通常被称为（　　）。

    A. Leaf AP　　　　　B. Middle AP　　　　C. Master AP　　　　D. Root AP

23. 无线电射频主要采用扩频技术进行工作，以下哪些技术是属于扩频技术？（　　）

    A. FHSS　　　　　　B. DSSS　　　　　　C. QPSK　　　　　　D. OFDM

24. 以下哪些设备属于华为无线双频 AP？（　　）

    A. AP5010DN　　　　B. AP5010SN　　　　C. AP6010SN　　　　D. AP6010DN

25. 如果一个无线客户端连到两个 AP 相同的 SSID 下面，那么需要通过（　　）来确定无线终端是连接到哪个无线 AP。

    A. SSID　　　　　　B. ESSID　　　　　　C. BSSID　　　　　　D. BSA

三、判断题

1. IEEE 是负责美国无线频率使用的标准组织。（　　）

2. 基本服务集是 IEEE 802.11 网络的基本组件，由一组相互通信的工作站构成。（　　）

3. 华为的 AP 产品仅能支持配置一个 SSID。（　　）

4. WDS 技术提高了整个网络结构的灵活性和便捷性，但是只能支持点对点的工作模式。（　　）

5. 与 IEEE 802.11a/b/g 标准协议不同，IEEE 802.11n 协议为双频工作模式（可支持 2.4GHz 和 5GHz 两个工作频段）。（　　）

6. 点对点无线网桥可以用于连接两个分别位于不同地点的网络，Root AP 和 Leaf AP 应设置成不同的信道。（　　）

7. IEEE 802.11 PHY 层标准定义了无线网络在 PHY 层的一些常用操作，例如 QoS、安全、漫游等操作。（　　）

8. 因为 IEEE 802.11a 支持的最大速率与 IEEE 802.11g 支持的最大速率相同，所以 IEEE 802.11a 是向下兼容 IEEE 802.11g 的。（　　）

9. 一个公司想要部署 WLAN，采购了一批支持 IEEE 802.11n 的无线 AP。当 WLAN 网络部署好后，只有支持 IEEE 802.11n 的无线客户端才能连接到公司的 WLAN 网络。（　　）

四、简答题

1. 如果一个 IEEE 802.11n 的 AP 支持 2×2 的 MIMO 技术，那么这个 AP 的理论速率为多大？

2. 简述理论传输速率可以达到 54Mbit/s 及以上的无线局域网标准。

3. 简述 IEEE 802.11a/b/g/n 相互之间的兼容性。

4. 简述在 WDS 拓扑结构部署中的组网模式。

5. 简述华为 AP 的命名方法。

6. 简述华为 AC 的命名方法。

7. 简述无线 Mesh 网络的优点。

项目 1

校园无线网络AC与AP的
认证关联

01

知识目标

① 了解无线设备的操作系统平台。
② 了解 AP 的主要技术特点。
③ 了解 CAPWAP 协议报文的格式。
④ 理解 CAPWAP 隧道建立的过程。
⑤ 理解 DHCP 在 WLAN 中的作用。
⑥ 理解 VLAN 技术在 WLAN 中的作用。

技能目标

① 掌握华为无线设备登录的方法。
② 掌握华为无线设备 AC 和 AP 的升级方法。
③ 掌握 CAPWAP 隧道建立的方法。
④ 掌握在 WLAN 中划分 VLAN 的方法。
⑤ 掌握 DHCP 服务器建立的方法。
⑥ 掌握 AC 与 AP 认证关联的方法。

素质目标

① 具有科技报国的家国情怀
② 具有一定的创新意识
③ 具有服从管理的意识
④ 具有爱岗、敬业的精神

1.1 项目描述

1. 需求描述

某高校为了满足教职工的移动办公和网络教学需求，以及便于学生的外网访问，计划组建学校内部的无线局域网。由于学校面积大，教职工办公区域分布于不同大楼，且教室、图书馆、宿舍等区域的终端用户密度较高，该校园无线网络需要满足以下需求。

① 办公区域、教室、体育场、宿舍等重点区域实现信号全覆盖。
② 便于无线网络的实现和后期维护。
③ 节约建设成本。

2. 项目方案

根据客户的需求描述，要求在办公区域、教室、体育场、宿舍等区域进行信号覆盖。根据实际勘测发现，覆盖区域面积较大，每个区域至少要布放几十个甚至上百个无线接入设备才可以实现信号的全覆盖。

为了在实现大面积的信号全覆盖的同时保证业务质量，网络中可以部署大量的无线接入设备；为了便于实现和维护，并节约建设成本，建议对部署的所有无线接入设备进行批量配置和管理。为了满足这些需求，同时参考当前市场中的主流应用方案，建议采用 AC+FIT AP 的主流架构，实现一个 AC

对若干个 AP 的批量远程配置管理。这样可以将分布于办公区域、教室、宿舍等不同位置的 AP 都关联到同一个 AC 上。只要实现了 AC 与每个 AP 之间的正确认证和关联，配置命令就可以批量下发给每个 AP，并正常转发每个终端用户的业务。该项目主要实现以下目标。

① AC 和 AP 之间的网络互通。

② AP 的 IP 地址获取。

③ AC 和 AP 之间的认证关联。

1.2 相关知识

通过对 WLAN 基础知识的学习可知，目前市场上采用最广泛的是 AC+FIT AP 架构。为了实现 AC 对 AP 的正常配置管理，下面将深入学习 AC 和 AP 两种设备的属性、两者之间的通信协议及相关的 VLAN 和 DHCP 技术。

1.2.1 AC 初始化配置

在 AC+FIT AP 架构中，AP 是受 AC 控制和管理的。如果要让 WLAN 运行起来，管理员只需要在 AC 上做相应的配置，所以 AC 的作用显得尤为重要。

1. VRP 平台

华为 AC 采用的网络操作系统是通用路由平台（Versatile Routing Platform，VRP）。VRP 是华为公司数据通信产品统一使用的网络操作系统，经过 10 多年的发展和运行，目前已被证明是非常稳定、高效的操作系统。它作为全系列数通产品的软件核心引擎，可实现统一的用户界面、管理界面和控制平面功能；实现各产品转发平面与 VRP

如何登录 WLAN 产品

控制平面之间的交互；实现网络接口层功能，屏蔽各产品链路层对于网络层的差异。另外，VRP 以 TCP/IP 协议栈为核心，实现了数据链路层、网络层和应用层的多种协议，在操作系统中集成了路由技术、交换技术、安全技术和 IP 语音技术等数据通信组件，并以 IP 转发引擎技术为基础，为网络设备提供了出色的数据转发能力。华为 AC 的操作系统是在 VRP5.0 的基础上进行开发的，可实现无线 AP 的管理、用户接入认证、流量转发等功能。

（1）AC 的登录方式

在登录 AC 时，通常需要使用 Console 线或以太网线进行登录。当用户对第一次上电的设备进行配置时，必须使用 Console 线连接到设备的 Console 口进行登录。使用 Console 口登录设备的方式是实现其他登录方式的前提。例如，使用 Telnet 登录设备所需的 IP 地址，首先需要通过 Console 口登录设备后进行提前配置。Console 口是一种串行通信端口，由设备的主控板提供。一块主控板仅能提供一个 Console 口。用户终端的串行端口通过 Console 线可以与设备 Console 口直接连接，实现对设备的本地配置。

在做本地配置时，管理员只需将标准的 RS-232 电缆用作 Console 线，然后将计算机的 COM 口与设备的 Console 口连接，如图 1-1 所示。如果计算机没有 COM 口，可以通过 USB 转 COM 接口完成连接。线缆连接完毕后，就可以启动 VRP 系统了。安装 Winows 7 或 Winows 10 等操作系统的配置终端，可以通过 PuTTY 或 SecureCRT 等第三方连接软件来登录设备。下面以 PuTTY 软件登录方式为例，在 Winows 10 操作系统中演示登录设备的详细操作步骤。

① 查看本机端口参数

右键单击"此电脑"，选择"属性"，进入设备管理器查看，确定线缆所连接终端的端口号，如

图 1-2 所示。

　　② 设置连接端口和通信参数

　　启动 PuTTY 软件后，进入图 1-3 所示的 Serial 窗口，将配置终端实际使用的端口填入"Serial line to connect to"中，并根据表 1-1 中的通信参数填写"Configure the serial line"的配置参数，然后单击"Open"按钮。

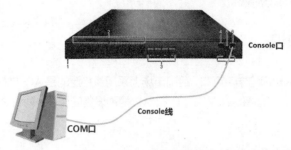

图 1-1　Console 口登录连接

图 1-2　查看本机端口参数　　　　图 1-3　设置连接端口和通信参数

表 1-1　通信参数

参数	取值
每秒位数（波特率）	9600
数据位	8
奇偶校验	无
停止位	1
数据流控制（流量控制）	无

　　③ 配置用户名和密码

　　初次登录 AC 时，首先要初始化 Console 密码。按"Enter"键，直到系统出现如下内容，提示用户配置验证密码，系统会自动保存此密码配置。

```
Press any key to get started
Please configure the login Password(maximum length 16)
Enter password:huawei123
Confirm password:huawei123
<AC6605>
```

需要注意的是，采用交互方式输入的密码不会在终端屏幕上显示出来。两次输入的密码需要保持一致，否则配置不成功。用户界面密码配置成功后，当用户采用密码验证方式通过此界面再次登录系统时，用户验证密码即为初次登录时所配置的验证密码。此时，用户进入了命令行操作界面，可以通过输入命令对设备进行配置。

（2）配置命令行介绍

登录到设备出现命令行提示符后，用户即进入了命令行接口（Command Line Interface，CLI）。用户通过命令行接口输入命令，可以对设备进行配置和管理。命令行接口允许通过 Console 口进行本地配置，还可以通过 Telnet、SSH 等方式进行远程配置，同时提供 User-interface 视图来管理各种终端用户的特定配置。除了采用命令行方式登录设备外，用户还可以采用 Web 界面方式登录。其中，命令行方式能够更直观地理解协议原理和配置思路。所以，本书所有设备的配置都采用命令行方式进行演示。

系统对命令提供分级保护，不同级别用户只能执行相应级别的命令。系统通过不认证、Password、AAA 这 3 种验证方式，确保未授权用户无法侵入设备，从而保证系统的安全。系统命令根据功能的不同也分为不同的级别，以便于用户管理和使用。

① 命令级别

系统命令采用分级保护方式，从低到高划分为 16 个级别。默认情况下，命令按 0～3 级别进行注册。

WLAN 基本的操作
命令和技巧

0 级为参观级，包括网络诊断工具命令（ping、tracert 等）、从本设备出发访问外部设备的命令等。

1 级为监控级，主要用于系统维护，包括 display 等命令。

2 级为配置级，主要是业务配置命令，包括路由、各个网络层次的命令，可向用户提供直接的网络服务。

3 级为管理级，主要用于系统基本运行的命令，对业务提供支撑作用，包括文件系统、FTP、TFTP、配置文件切换命令、备板控制命令、用户管理命令、命令级别设置命令、系统内部参数设置命令、业务故障诊断的 debugging 命令等。

② 命令视图

命令行接口分为若干个命令视图。所有配置命令都需注册在某个命令视图下，通常情况下，必须先进入该命令所在的视图才能执行命令。

```
#Connect to the switch. If the switch uses default settings, you enter the user
view.
  <AC6605>                              -------用户视图
#Enter system-view and press Enter to enter the system view.
  <AC6605>system-view
  [AC6605]                              -------系统视图
#Enter an interface view.
  [AC6605]interface GigabitEthernet 0/0/1
  [AC6605-GigabitEthernet0/0/1]quit     -------接口视图
#Enter an wlan view.
  [AC6605]wlan
  [AC6605-wlan-view]                    -------WLAN 视图
```

命令行提示符中"AC6605"是默认的设备主机名。通过提示符可以判断当前所处的命令视图，例如"<   >"表示用户视图，"[   ]"表示除用户视图以外的其他视图。根据提示符"[   ]"中的不同内容，其他视图分为系统视图、接口视图、WLAN 视图等。需要注意的是，有些在系统视图下实现的命令，在其他视图下也可以实现，但实现的功能与命令视图密切相关。

（3）命令行帮助

在命令行输入命令时，在线帮助可以提供配置手册之外的实时帮助。AC6605 的命令行接口提供的在线帮助有完全帮助、部分帮助、"Tab"键和命令行错误信息提示符等，下面将逐一介绍。

① 完全帮助

管理员在命令行输入命令时，可以应用完全帮助给予全部关键字或参数提示。在任一视图下输入"?"，可以获取该命令视图下所有的命令及其简单描述。

```
<AC6605>?
User view commands:
  arp          Specify ARP configuration information
  arp-ping     ARP-ping
  autosave     <Group> autosave command group
  backup       Backup  information
  cd           Change current directory
.......
```

输入一命令，后接以空格分隔的"?"，如果该位置为关键字，则会列出全部关键字及其简单描述。

```
<AC6605>display ap ?
INTEGER<0-8191>      AP ID
all                  All
ap-group             AP group
around-ssid-list     Around SSID list
......
```

② 部分帮助

系统支持部分帮助，可以在管理员在输入命令时，给出以该字符串开头的所有关键字或参数的提示。

输入一字符串，其后紧接"?"，会列出以该字符串开头的所有关键字。

```
<AC6605>d?
debugging  <Group> debugging command group
delete     Delete a file
dir        List files on a filesystem
display    Display information
```

输入一命令，后接一字符串并紧接"?"，会列出以该字符串开头的所有关键字命令。

```
<AC6605>display b?
bfd            Specify BFD(Bidirectional Forwarding Detection) configuration
information
bgp            BGP information
ble-profile    BLE profile
bridge         Bridge MAC
```

③ "Tab"键

输入不完整的关键字后按下"Tab"键，系统自动执行部分帮助。如果与之匹配的关键字唯一，则系统会用完整的关键字替代原输入内容并换行显示，光标位置与词尾之间空一格；对于不匹配或者匹配的关键字不唯一的情况，首先显示前缀，继续按"Tab"键会循环翻词，此时光标位置与词尾之间不空格，按"Space"键输入下一个单词；如果输入的关键字错误，按"Tab"键后换行显示，输入的关键字不变。

④ 错误信息提示符

所有用户输入的命令，如果通过语法检查，则正确执行。否则系统将会向用户报告错误信息，并在错误点的下方用"^"标识符提示。

```
<AC6605>display xyz
                 ^
Error: Unrecognized command found at '^' position.
```

2. 基本属性配置

除了通过 Console 线在本地登录设备外，管理员还可以利用以太网线进行远程登录，但需要提前在设备中做一些基本属性的配置。AC 支持通过 Telnet 协议和 STelnet 协议登录。

（1）通过 CLI 界面配置 Telnet 服务

Telnet 协议应用于 TCP/IP 协议栈的应用层，通过网络提供远程登录和虚拟终端功能。当 AC6605 为新接入设备时，先通过 Console 口登录 AC6605，配置 AC 的管理 IP 和 Telnet 服务。当用户已知登录设备的管理 IP 地址后，可以通过 Telnet 协议进行本地或远程登录。

① 配置 AC 的 Telnet 服务

在确保所有设备的连线正确并通电启动后，可通过 Console 口登录 AC6605。通过以下步骤配置 Telnet 服务。

步骤 1 配置 AC6605 的管理 IP 地址。

```
<AC6605>system-view
[AC6605]interface MEth 0/0/1
[AC6605-MEth 0/0/1]ip address 10.10.10.10 255.255.255.0
[AC6605-MEth 0/0/1]quit
```

步骤 2 使能 Telnet 服务。

```
[AC6605]telnet server enable
Info: TELNET server has been enabled.
```

步骤 3 配置认证方式为 AAA 认证，认证用户名为 huawei，密码为 huawei@123。

```
[AC6605]aaa
[AC6605-aaa]local-user huawei password cipher huawei@123
Info: Add a new user.
```

步骤 4 配置服务类型为 telnet，用户命令级别为 3 级。

```
[AC6605-aaa]local-user huawei service-type telnet
[AC6605-aaa]local-user huawei privilege level 3
 Warning: This operation may affect online users, are you sure to change the user
privilege level ?[Y/N]y
[AC6605-aaa]quit
```

步骤 5 在 VTY 视图下，配置用户采用 AAA 的认证方式。

```
[AC6605]user-interface vty 0 4
[AC6605-ui-vty0-4]protocol inbound all
[AC6605-ui-vty0-4]authentication-mode aaa
```

② 检查配置结果

配置完成后，可以通过 Telnet 协议登录来检查配置结果，也可使用 AC 登录自己的接口 127.0.0.1 做测试。需要注意的是，所有的配置需要保存，否则重启 AC 后，配置将丢失。在 AC 上验证 Telnet 服务时，必须在用户视图下才可以登录 AC，登录时必须输入与 AAA 认证中相同的用户名和密码才可以通过认证，具体命令如下所示。

```
<AC6605>telnet 127.0.0.1
  Press CTRL_] to quit telnet mode
  Trying 127.0.0.1 ...
  Connected to 127.0.0.1 ...
Login authentication
Username:huawei
Password:huawei@123
Info:The max number of VTY users is 20,and the number of current VTY users on line
is 4.
      The current login time is 2019-08-06 10:28:37.
 <AC6605>
```

登录成功后，Telnet 用户界面上会出现命令行提示符（如<AC6605>）。此时可以输入命令，查看设备运行状态，或对设备进行配置，需要帮助可以随时输入"?"。

（2）通过 SSH 界面配置 STelnet

设备支持通过 Telnet 协议和 STelnet 协议登录。但是使用 Telnet、STelnet v1 协议存在安全风险，建议使用 STelnet v2 协议登录设备。

① 通过 Web 登录 AC6605

在使用 Web 登录 AC6605 设备前，需完成以下任务：设备的接入端口已配置 IP 地址；PC 终端和 AC 网络互通；设备正常运行，HTTP 服务和 HTTPS 服务已正确配置；PC 终端已安装浏览器软件。用户可以直接通过默认的 IP 地址登录 Web 网管，也可以通过配置的 IP 地址登录 Web 网管。AC6605 出厂时，在接口 MEth0/0/1 上配置了 IP 地址 169.254.1.1，子网掩码为 255.255.0.0。设备在出厂时，已经配置了 STelnet 服务，默认用户名为 admin，默认密码为 admin@huawei.com。

在 PC 终端打开浏览器，在地址栏中输入"http://169.254.1.1"或"https://169.254.1.1"，按下"Enter"键，会进入 WLAN Web 网管的登录界面，如图 1-4 所示，输入用户名和密码即可登录。

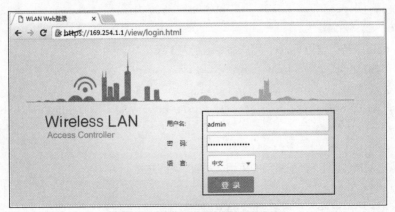

图 1-4　WLAN Web 网管的登录界面

② 新建 SSH 管理员账号

如图 1-5 所示，依次按照"维护→AC 维护→管理员→新建"的先后顺序，新建 SSH 管理员账号。

图 1-5　新建 SSH 管理员账号

③ 配置管理员账号参数

新建管理员账户后弹出图 1-6 所示的界面，依次设置用户名为"huawei"，密码为"huawei@123"，选择"访问级别"为"超级管理员"，"接入类型"为"ssh"。

图 1-6　配置管理员账号参数

华为设备作为 ssh 客户端，需要在 CLI 界面第一次登录。

```
[AC6605]ssh client first-time enable
```

④ 检查配置结果

配置完成后，可以通过 STelnet 协议登录来检查配置结果，也可使用 AC 登录自己的接口 127.0.0.1 做测试。

```
[AC6605]stelnet 127.0.0.1
Please input the username:huawei
Trying 127.0.0.1 ...
Press CTRL+K to abort
Connected to 127.0.0.1 ...
The server is not authenticated. Continue to access it? (y/n)[n]:y
Save the server's public key? (y/n)[n]:y
The server's public key will be saved with the name 127.0.0.1. Please wait...
Enter password:
 --------------------------------------------------------------------
  User last login information:
 --------------------------------------------------------------------
Access Type: SSH
  IP-Address : 172.21.11.10
  Time       : 2019-12-24 05:59:37-05:13
 --------------------------------------------------------------------
```

3. AC 升级方法

华为设备在出厂之前，在系统里已经固化了运行软件版本。随着新技术的出现，用户对设备的功能和性能有了更高的要求。在设备硬件条件支持的情况下，管理员可以对设备的运行软件版本进行升级。

（1）CLI 界面方式

管理员在进行升级之前要做好准备工作，包括查看正在运行的系统软件版本、运行状态等，以免进行误操作或不必要的操作导致系统运行出现异常。

步骤 1 在 AC 的用户视图下执行命令 display version。

AC 的升级方法

```
<AC6605> display version
Huawei Versatile Routing Platform Software
VRP (R) software, Version 5.130 (AC6605 V200R003C00)
Copyright (C) 2011-2013 HUAWEI TECH CO., LTD
Huawei AC6605 Router uptime is 0 week, 6 days, 20 hours, 29 minutes
MPU 0(Master) : uptime is 0 week, 6 days, 20 hours, 29 minutes
SDRAM Memory Size    : 4096    M bytes
Flash Memory Size    : 256     M bytes
MPU version information :
1. PCB     Version  : H852V26S VER.B
2. MAB     Version  : 0
3. Board   Type     : AC6605
4. CPLD0   Version  : 259
5. BootROM Version  : 78
PWRCARD I information
Pcb     Version : PWR VER  VER.A
```

步骤 2 执行命令 display device，查看设备工作状态。如果显示状态是 Normal，表示系统处于正常状态，可以进行升级操作。

```
<AC6605> display device
AC6605's Device status:
Slot Sub Type        Online    Power      Register      Alarm      Primary
- - - - - - - - - - - - - - - - - - - - - - - - - - - - - - - - - - - - -
0    -   AC6605      Present   PowerOn    Registered    Normal     Master
-    4   POWER       Present   PowerOn    Registered    Normal     NA
```

步骤 3　从服务器获取新版本的系统软件。

```
<AC6605>ftp 172.21.5.160
User(10.254.1.180:(none)):huawei
Enter password:huawei@123
230 User logged in
[AC6605-ftp]get AC6605V200R007C10SPC100.cc
200 PORT command successful.
150 File status OK ; about to open data connection
226 Closing data connection; File transfer successful.
FTP: 45075085 byte(s) received in 42.030 second(s) 1072.45Kbyte(s)/sec.
Now begins to save file, please wait......................................
.............................................................................
.............................................
File had been saved successfully.
```

出现"File had been saved successfully"，则说明系统软件下载成功。

步骤 4　加载系统文件。

```
<AC6605>startup system-software AC6605V200R007C10SPC100.cc
Info: Verifying the file, please wait.............
Info: Succeeded in setting the software for booting system.
<AC6605>display startup
 Configed startup system software:    flash:/AC6605V200R005C10SPC300.cc
 Startup system software:          flash:/AC6605V200R005C10SPC300.cc
 Next startup system software:       flash:/AC6605V200R007C10SPC100.cc
 Startup saved-configuration file:          flash:/config.cfg
 Next startup saved-configuration file:  flash:/config.cfg
 Startup license file:                  NULL
 Next startup license file:             NULL
 Startup patch package:                 NULL
 Next startup patch package:            NULL
```

步骤 5　重启设备。

```
<AC6605>reboot
 Info: The system is comparing the configuration, please wait.....
 Warning: All the configuration will be saved to the next startup configuration.
Continue ? [y/n]:y
```

```
    It will take several minutes to save configuration file, please wait.......
    Configuration file has been saved successfully
    Note: The configuration file will take effect after being activated
System will reboot! Continue ? [y/n]:y
Info: system is sync data now ,please wait.......
Info: system is rebooting ,please wait...
```

（2）Web 界面方式

在 PC 终端打开浏览器，在地址栏中输入"http://169.254.1.1"或"https://169.254.1.1"，按下"Enter"键，会进入 AC 的 Web 登录界面。如图 1-7 所示，依次按照"维护→AC 维护→AC 升级→加载"的先后顺序，加载 AC 的最新版本的系统软件文件。当系统软件加载完成后，如图 1-8 所示，指定刚上传的文件为设备下次启动时使用的系统文件并重启设备。

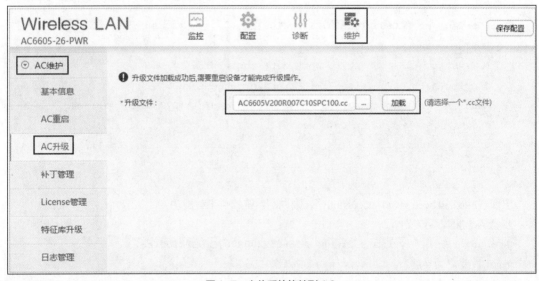

图 1-7　上传系统软件到 AC

图 1-8　指定启动文件后重启设备

1.2.2 AP 技术

WLAN 有 FAT AP、AC+FIT AP 和敏捷分布式 3 种基本架构，分别采用了 FAT AP、FIT AP 和中心 AP 等不同 AP。在不同的基本架构中，每种 AP 具有不同的技术特点和功能。

AP 技术介绍

1. FAT AP

传统 WLAN 主要是为企业或家庭内部移动用户的接入而组建的。基于这种需求，WLAN 仅需要少量的 AP 就可以满足。通常，把这种场景下的 AP 称为 FAT AP 或者独立 AP。

FAT AP 的结构特点是将 WLAN 的 PHY 层、用户数据加密、用户认证、QoS、网络管理、漫游技术以及其他应用层的功能集于一身，如图 1-9 所示。FAT AP 的功能全面但结构复杂，除具有无线接入功能外，一般有 WAN、LAN 两个接口，大多数支持 DHCP 服务器、DNS 和 MAC 地址克隆，以及 VPN 接入、防火墙等安全功能。FAT AP 可以独立建网，不需要 AC 的配合，但需要单独配置，就像把功能和配置吃进肚子里一样，又被称为胖 AP。

随着无线网络的发展，需要大量部署 AP 的地方越来越多，在没有统一网管软件的支持下，FAT AP 的弊端越来越明显，其主要有以下弊端。

① WLAN 建网需要对 FAT AP 进行逐一配置，给用户带来了很高的操作成本。

② 管理 AP 时，需要维护大量 IP 地址列表，维护的工作量大。

③ 为了能够支持无缝漫游，需要在边缘网络上配置所有无线用户可能使用的 VLAN 和 ACL。

④ 查看网络运行状况、用户统计、在线更改服务策略和安全策略设定时，都需要逐一登录到 FAT AP 才能完成相应的操作。

⑤ 对 FAT AP 进行软件升级或重配置时，需要对全网设备逐一进行手动操作。

2. FIT AP

从组网的角度考虑，为了实现 WLAN 的快速部署、网络设备的集中管理、精细化的用户管理，企业用户以及运营商更倾向于采用 AC+FIT AP 基本架构组网，从而实现 WLAN 系统、设备的可运维、可管理。

如图 1-10 所示，在 AC+FIT AP 架构中，接入控制器 AC 负责网络的接入控制、转发和统计、AP 的配置监控、漫游管理、AP 的网管代理和安全控制等；FIT AP 负责 802.11 报文的加解密、无线物理层功能等工作。FIT AP 是无法单独使用的，需要接受 AC 的控制和管理。FIT AP 没有任何配置（零配置），就像没有吃任何东西一样，又被称为瘦 AP。AC 和 FIT AP 之间要通过运行协议才能进行通信。

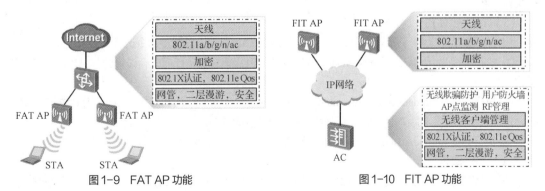

图 1-9 FAT AP 功能   图 1-10 FIT AP 功能

与 FAT AP 相比，FIT AP 基本架构的优势明显，其主要有以下优势。

① FIT AP 启动时，会自动从 AC 上下载合适的配置信息。配置信息改动或更新时，不需要人工手动进行重配置。

② FIT AP 能够自动获取 IP 地址，自动发现并接入 AC，对网络拓扑不敏感。

③ AC 支持 FIT AP 的配置代理和查询代理，能够将配置下发到指定 FIT AP，同时可以查看 FIT AP 的状态和统计信息。

④ AC 支持下发最新版本软件到 FIT AP，完成自动升级。

3．中心 AP

敏捷分布式架构中的中心 AP 支持 PoE 供电，可以直连多个部署到室内的远端单元。中心 AP 和远端单元之间使用网线连接，极大提升了网络的覆盖范围，增强了 AP 部署规划的灵活性，降低了工程施工的成本。中心 AP 统一管理远端单元，集中处理业务转发。远端单元则独立处理射频信号。这种分布式的架构进一步提升了无线接入能力，为用户带来更优的体验。

中心 AP 适用于学校、酒店、医院、办公室、会议室等房间密度大、墙体结构复杂的场景，通过网线将远端单元装入每个房间，轻松实现无线信号全覆盖。中心 AP 本身不具备射频模块，需要和远端单元共同部署才可以完成终端接入等功能。中心 AP 支持 FIT AP、FAT AP 和云 AP 3 种模式。

（1）FIT AP 模式

中心 AP 由 AC 统一管理。中心 AP 和远端单元均支持零配置上线，可实时管理和维护。相较于传统的瘦 AP 架构，AC 仅需管理少量的中心 AP，即可部署海量的远端单元，在提升整体性能的同时，又降低了网络部署的成本。

（2）FAT AP 模式

中心 AP 独立管理、配置远端单元，对吞吐量要求不高的场景可以使用该模式的分布式方案。

（3）云 AP 模式

中心 AP 与云端的云管理平台配合，共同完成用户接入、AP 上线、认证、路由、AP 管理、安全协议、QoS 等功能。中心 AP 和远端单元均支持零配置上线，统一由云端服务器进行配置管理。客户可以使用云管理平台中集成的 Portal 认证服务器，也可以使用企业自己部署的认证服务器。

4．AP 升级方法

当需要对现有的 WLAN 进行功能升级或版本修复时，管理员需要启用在线升级方式对 AP 进行升级。在线升级是指 AP 如果此时发现自身的版本与 AC 上配置的 AP 升级文件版本不一致，则启动升级。与自动升级相比，在线升级时 AP 仍然可以正常工作，不影响业务。建议 AP 在白天只下载对应版本，等到晚上空闲时再进行批量复位操作。

AP 的升级方法

（1）AP 升级模式

AP 升级模式有 3 种，管理员可以根据实际情况在 CLI 界面通过配置命令选择升级模式。

① 执行命令 ap-update mode ac-mode，配置 AP 的升级模式为 AC 模式，该模式是 AP 升级的默认模式。

② 执行命令 ap-update mode ftp-mode，配置 AP 的升级模式为 FTP 模式。AP 采用 FTP 模式时，必须保证版本文件名与版本号一致，否则会导致 AP 不停地重启。

③ 执行命令 ap-update mode sftp-mode，配置 AP 的升级模式为 SFTP 模式。

（2）注意事项

在线升级时，AP 支持基于单个 AP、基于 AP 类型、基于 AP 组等几种不同的升级方式。在配置升级时，需要注意以下事项。

① 在线升级时，如果 AP 还没来得及加载新版本就因其他因素复位，那么会转换为自动升级。

② 使用 AC 模式进行 AP 批量升级时，多个 AP 同时升级会花费较长时间。为减少业务中断时间，推荐使用 FTP 或 SFTP 模式升级。

③ 在正式升级前，请确保 AP 的最新版本文件已经成功上传到 AC、FTP 服务器或 SFTP 服务器上。

（3）AC 模式

批量升级能够一次性升级大量 AP，便于执行实际组网中的升级操作。在大批量升级前，管理员应先对单个 AP 进行升级测试，检查升级版本是否存在异常，从而保证后期的批量升级成功执行。WLAN Web 管理系统的批量升级 AP 和单个升级 AP 功能只对在线 AP 进行升级操作。通过 Web 界面升级 AP 的步骤如下。

① 如图 1-11 所示，依次选择"维护→AP 维护→AP 升级→升级配置"，配置"升级模式"为"AC"，并上传升级文件，单击"应用"按钮。

图 1-11　上传升级文件

② 如图 1-12 所示，在"升级配置"中选择"AP 批量升级"，在"升级文件配置"下单击"新建"按钮。

图 1-12　新建批量升级 AP 的配置

③ 弹出图 1-13 所示的对话框，分别指定需要升级的"AP 类型""升级文件""AP 组"等参数，单击"确定"按钮。

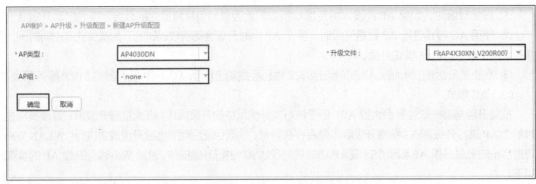

图1-13 配置 AP 升级参数

④ 回到 AP 升级界面，选择"升级状态"，如图 1-14 所示，检查 AP 的升级状态。

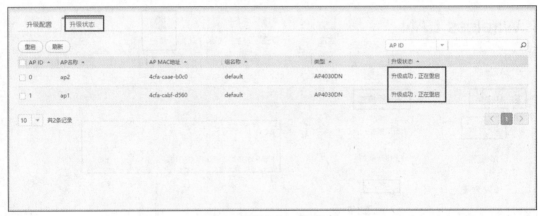

图1-14 检查 AP 升级状态

⑤ 完成 AC 模式的配置文件后，若出现 AP 长时间未升级成功的情况，需要对 AP 进行重启操作，才能正常完成升级。如图 1-15 所示，依次选择"AP 维护→AP 重启"，根据需要选择需重启的 AP 或重启全部的 AP。

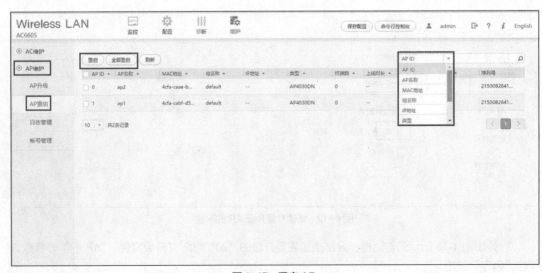

图1-15 重启 AP

（4）FTP 模式

在采用 FTP 模式升级时，管理员需要登录到 AC 进行相应配置。

① 配置 AP 升级模式为 FTP 模式

```
[AC6605]wlan
[AC6605-wlan-view]ap-update mode ftp-mode
```

② 查看 AP 类型

```
[AC6605-wlan-view]display ap-type all
  All AP types information:
-----------------------------------------------------------
ID    Type
-----------------------------------------------------------
42  AP9330DN
43  AP4030DN
.......................
-----------------------------------------------------------
Total number: 49
```

③ 配置 FTP 服务器

```
[AC6605-wlan-view]ap update ftp-server ip-address 172.21.5.160 ftp-username huawei
ftp-password cipher huawei@123
```

④ 配置 AP 升级版本的文件名

```
[AC6605-wlan-view]ap update update-filename FitAP4X30XN_V200R007C10SPC100.bin
ap-type 43
  Warning: If AP update mode is AC-mode, update-file's default path is flash:/,
continue?[Y/N]:y
```

⑤ 下发批量升级命令

通过 FTP 模式升级 AP，管理员需要保证 AP 和 FTP 服务器可以互通，并将 AP 升级文件 FitAP4X30XN_V200R007C10SPC100.bin 放到 FTP 服务器根目录下，然后对需要升级的同型号所有 AP 下发批量升级命令。

```
[AC6605-wlan-view]ap update multi-load ap-type 43
  Info: Start to load the update file,please wait for several seconds.
  Info: Starting batch AP update. AP type AP4030DN, AP number 2.
```

⑥ 查看升级状态

在升级的过程中，管理员可以使用 display ap update status all 命令查看设备升级文件的下载状态。当完成 AP 的升级后，可以使用 display ap all 命令来查看 AP 是否正常工作。

```
<AC6605>display ap update status all
  Info: This operation may take a few seconds. Please wait for a moment.done.
-----------------------------------------------------------------------------
ID   Name    AP Type    AP MAC         File Type    Update Status
-----------------------------------------------------------------------------
0    ap2     AP4030DN   00e0-fcae-b0c0   FIT        downloading(progress: 34%/0%)
1    ap1     AP4030DN   00e0-fcbf-d560   FIT        downloading(progress: 42%/0%)
```

```
------------------------------------------------------------------------
Total: 2
<AC6605>display ap all
Info: This operation may take a few seconds. Please wait for a moment.done.
Total AP information:
nor  : normal        [2]
------------------------------------------------------------------------
ID    MAC            Name Group      IP            Type      State STA  Uptime
------------------------------------------------------------------------
0     00e0-fcae-b0c0 ap2  default    10.1.10.253   AP4030DN  nor   0    2S
1     00e0-fcbf-d560 ap1  default    10.1.10.254   AP4030DN  nor   0    17S
------------------------------------------------------------------------
Total: 2
```

⑦ 重启 AP

- 单独重启一个 AP。

```
[AC6605-wlan-view]ap-reset ap-id 0
```

- 重启一类 AP。

```
[AC6605-wlan-view]ap-reset ap-type type-id 43
```

- 重启一组 AP。

```
[AC6605-wlan-view]ap-reset ap-group default
```

- 重启所有 AP。

```
[AC6605-wlan-view]ap-reset all
```

⑧ 验证 AP 的版本

```
<AC6605>display ap run-info ap-id 0
Info: Waiting for AP response.
------------------------------------------------------------------------
AP type                    : AP4030DN
Country code               : CN
Software version           : V200R007C10SPC100
Hardware version           : Ver.B
BIOS version               : 418
BOM version                : 000
Memory size(MB)            : 256
Flash size(MB)             : 32
SD Card size(MB)           : -
Manufacture                : Huawei Technologies Co., Ltd.
Software vendor            : Huawei Technologies Co., Ltd.
Online time(ddd:hh:mm:ss)  : 18S
Run time(ddd:hh:mm:ss)     : 1M:38S
IP address                 : 10.1.10.253
```

```
IP mask                 : 255.255.255.0
Gateway                 : 10.1.10.1
DNS server              : 0.0.0.0
```

1.2.3 CAPWAP 协议

在 AC+FIT AP 基本架构下，AP 和 AC 之间需要有通信协议才可以将两者互联起来。思科公司制定了第一个 AP 与 AC 之间的隧道通信协议，即轻型接入点协议（Light Weight Access Point Protocol，LWAPP）。因传统的 WLAN 体系结构已无法满足大规模组网需求，IETF（Internet Engineering Task Force，互联网工程任务组）在 2005 年成立了无线接入点控制与配置（Control And Provisioning of Wireless Access Points，CAPWAP）协议工作组，研究大规模 WLAN 的实现方案，以实现各个厂家控制器 AC 与 AP 间的兼容互通。

除了 LWAPP 外，CAPWAP 工作组还参考了另外几种协议，如表 1-2 所示。其中，LWAPP 具有完整的协议框架，定义了详细的报文结构及多方面的控制消息元素，但全新制定的安全机制还需实践验证；安全轻量接入点协议（Secure Light Access Point Protocol，SLAPP）的特点是使用了业界认可的数据包传输层安全性协议（Datagram Transport Layer Security，DTLS）技术；相比前两种协议，CAPWAP 隧道协议（CAPWAP Tunneling Protocol，CTP）和无线局域网控制协议（Wireless LAN Control Protocol，WiCoP）实现了集中式 WLAN 体系结构的基本要求，但考虑不够全面，特别是安全性方面有所欠缺。CAPWAP 工作组对以上 4 种通信协议进行评测后，最终采用 LWAPP 作为基础进行扩展，使用 DTLS 安全技术，加入其他 3 种协议的有用特性，制定了最终的 CAPWAP 协议。

表 1-2 CAPWAP 参考协议

协议名称	LWAPP	SLAPP	CTP	WiCoP
标准	RFC5412	RFC5413	draft-singh-capwap-ctp	RFC5414
协议全称	Light Weight Access Point Protocol	Secure Light Access Point Protocol	CAPWAP Tunneling Protocol	Wireless LAN Control Protocol
提出厂家	Cisco - AirSpace	Aruba	Siemens - Chantry	Panasonic
协议特点	全面地描述了 AC 发现、安全和系统管理方法，支持本地 MAC 和分离 MAC 机制。两者连接采用 2 层或 3 层连接，2 层连接使用以太网帧传输，3 层连接使用 UDP 传输 LWAPP 报文	支持桥接和隧道两种本地 MAC 机制。支持直连、2 层和 3 层共 3 种连接方式。使用成熟的技术标准来建立通信隧道，数据信道使用 GRE 技术	利用扩展的 SNMP 对 WTP 进行配置和管理。CTP 的控制消息着重于 STA 连接状态、WTP 配置和状态这些方面	定义了包括无线终端 AC 性能协商功能在内的 AC 发现机制，定义了 QoS 参数
加密情况	信令-AES-CCM 数据-没有加密	信令-DTLS 数据-DTLS	建立了 AP 与无线终端互相认证及一套基于 AES-CCM 的加密规则，但是并不完善	建议使用 IPsec 和 EAP 安全标准，却并未详细说明实现方法

1. CAPWAP 协议报文

CAPWAP 协议用于无线终端接入点（AP）和无线网络控制器（AC）之间的通信，从而实现 AC 对其所关联 AP 的集中控制和管理。AC 与 AP 之间好比建立了一条 CAPWAP 隧道，专门用于传输采用 CAPWAP 协议封装的报文。隧道中传输的 CAPWAP 协议主要包括以下内容。

① AP 对 AC 的自动发现以及 AP&AC 的状态机运行、维护。

② AC 对 AP 进行管理、业务配置的下发。

③ STA 数据封装 CAPWAP 协议进行转发。

WLAN 转发模型

（1）数据转发类型

CAPWAP 协议封装的数据报文支持直接转发和隧道转发两种转发类型。在两种不同的转发类型中，数据流和管理流具有不同的转发路径，具体路径如图 1-16 所示。

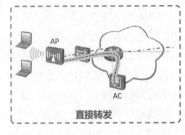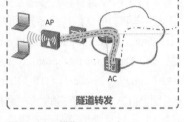

----- 管理流   - - 数据流   ▨ CAPWAP隧道

图 1-16 数据转发类型

① 直接转发

直接转发也称本地转发。AC 对 AP 只进行管理，而业务数据都是由本地直接转发的。即 AP 管理流封装在 CAPWAP 隧道中，到达 AC 终止，而 AP 业务流不通过 CAPWAP 协议封装，不经过隧道而直接由 AP 发送到交换设备进行直接转发。

② 隧道转发

隧道转发也称集中转发。业务流由 AP 经过 CAPWAP 协议封装后，统一通过 CAPWAP 隧道到达 AC 实现转发，AC 不但对 AP 进行管理，还将作为 AP 业务流的转发中枢，即 AP 管理流与数据流都封装在 CAPWAP 隧道中，然后到达 AC。

由于直接转发和隧道转发对业务报文有不同的转发路径和处理流程，各自都存在一些优缺点，如表 1-3 所示。在直接转发中，业务数据不经过 CAPWAP 协议封装，安全性不高；业务数据不需要通过 AC 集中，转发效率高。在隧道转发中，由于业务报文都封装在 CAPWAP 隧道中，提高了业务报文的安全性；由于管理报文和业务报文都转发给 AC，对 AC 的报文处理能力要求较高。在实际组网过程中，管理员需要结合现网状况和客户真实需求，选择合适的转发方式。

表 1-3 直接转发与隧道转发优缺点对比

数据转发方式	优点	缺点
直接转发	AC 所受压力小； 转发效率高； 方便故障定位； 业务数据不需要经过 AC 转发； 报文不需要经过多次封装解封装	安全性不够； 中间网络可以解析出用户报文； 中间网络需要透传业务 VLAN； 增加了 AC 与 AP 间二层网络的维护工作量； 业务数据不便于集中管理和控制

续表

数据转发方式	优点	缺点
隧道转发	安全性高； AC 集中转发数据报文； 方便集中管理和控制； 经过 DTLS 加密，中间网络不易解析出用户报文内容； AC 和 AP 之间只需透传管理 VLAN，配置简单	不利于故障定位； 业务数据必须经过 AC 转发； 数据报文需要封装 CAPWAP 隧道报头； AC 所受压力大； 转发效率比直接转发方式低

（2）基本报文格式

CAPWAP 是基于 UDP 端口的应用层协议，可承载数据消息和控制消息两类消息。数据消息主要用于封装转发用户的无线业务数据流。控制消息主要用于管理 AP 和 AC 之间交互的管理流。这两类消息将分别使用 AP 与 AC 之间的数据信道和控制信道进行传输。这两种信道都是双向信道。为了区分这两种信道，TCP/IP 协议栈规定控制信道的 UDP 端口为 5246，数据信道的 UDP 端口为 5247。

CAPWAP 是应用层协议，在自上而下的封装过程中，要依次封装 UDP、IP 和 MAC 层的信息。通过 CAPWAP 协议封装的报文有明文和密文两种格式。大多数情况下，控制报文采用密文格式，数据报文采用明文格式。如图 1-17 所示，控制报文和数据报文的密文格式都是在明文格式的基础上新增 DTLS 加密保护信息，在增加额外开销的代价中提高了报文的安全性能。控制报文中除"发现请求"及"发现响应"是明文传输外，其他信息都被强制使用 DTLS 保护。数据报文可选择是否使用 DTLS 保护。

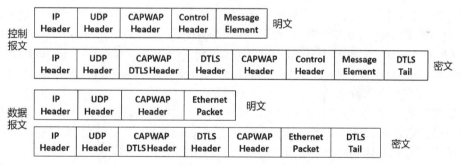

图 1-17　控制报文与数据报文格式

2. CAPWAP 隧道建立过程

CAPWAP 协议是用于完成 AP 与 AC 互联的通信协议。当存在预配置 AC 的 IP 列表时，AP 上电后，将直接启动预配置静态发现流程并与指定的 AC 连接。否则，AP 将启动动态发现 AC 机制，执行 DHCP/DNS/广播发现流程后与 AC 实现连接。

CAPWAP 隧道建立过程

在自动发现 AC 过程中，AP 与 AC 之间通过 CAPWAP 状态机迁移方式交互信息。CAPWAP 协议主要包括 DHCP、Discovery、DTLS Connect、Join、Image Data、Configure、Data Check、Run、Config 等状态。在每个状态下，AP 和 AC 双方仅允许发送和接收特定的信息报文。下面介绍 CAPWAP 隧道建立的过程，以及涉及的几种主要状态和交互报文，如图 1-18 所示。

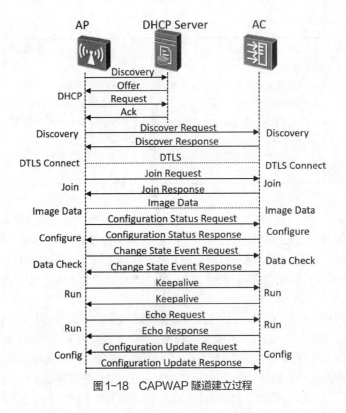

图1-18　CAPWAP 隧道建立过程

（1）DHCP

AP 的 IP 地址可以是静态配置的，也可以是通过 DHCP 动态获取的。如果采用静态配置方式，AP 的 IP 地址立即就被确定了，也就意味着这一步骤结束了。如果采用 DHCP 方式，AP 将通过自动发现 DHCP 服务器而获取 IP 地址，并通过 DHCP 协议中的 option 字段一并返回 AC 的地址列表。

在采用 DHCP 方式过程中，首先 AP 会发送 Discovery 广播报文，请求 DHCP Server 响应。DHCP Server 侦听到 Discovery 报文后，会选择最前面的空闲 IP 地址，并连同其他 TCP/IP 参数和租约期限等信息，给 AP 响应一个 Offer 报文。

Offer 报文既可以是单播报文，又可以是广播报文。当 AP 收到多台 DHCP Server 的响应时，通常会选择最先抵达的 Offer 报文，然后向网络中发送一个 Request 广播报文，告诉所有的 DHCP Server 最终是选择了哪台服务器提供的 IP 地址。同时，AP 会向网络发送一个 ARP 包，查询网络上是否有其他设备使用该 IP 地址。

当 DHCP Server 接收到 AP 的 Request 报文之后，会向 AP 发送一个 Ack 响应报文。该报文携带了 AP 的 IP 地址、租约期限、网关信息和 DNS Server 的 IP 地址等信息，以此确定租约的正式生效。

> **注意**　Ack 报文中有个 option43 字段，可以用于填充 AC 的 IP 地址，其作用就是告诉 AP 有哪些可用的 AC。另外，当 AP 与 DHCP Server 不在相同 VLAN 中时，通过 Discovery 报文不能直接发现 DHCP Server，这时可以通过 DHCP Relay 机制来发现处于其他网段的 DHCP Server。

（2）Discovery

AP 可以通过 AC 发现机制来获知哪些 AC 是可用的，并确定最佳 AC 来建立 CAPWAP 连接。同时，AP 也支持配置静态 AC 的 IP 地址。

如果 AP 已经配置了静态 AC 的 IP 地址，那么就不需要完成 AC 的发现过程。AP 将直接与静态 AC 建立连接。

如果 AP 没有配置静态 AC 的 IP 地址，将启动 AC 发现机制。AP 将以单播或广播形式发送 Discovery Request 报文尝试关联 AC。AC 收到 AP 的 Discovery Request 报文后，会发送单播报文 Discover Response 给 AP。AP 根据 Discover Response 中所携带的 AC 优先级或者 AC 当前所连接 AP 的个数等参数，确定与哪个 AC 建立连接。

（3）DTLS Connect

DTLS 状态是可选项。AP 开始与 Discovery 状态发现的 AC 进行协商，尝试建立 CAPWAP 隧道。这个阶段可以选择 CAPWAP 隧道是否采用 DTLS 加密传输 UDP 报文。

（4）Join

在完成 DTLS 握手后，AC 与 AP 开始建立控制信道。在交互过程中，AP 首先向 AC 发送 Join Request 请求报文。AC 回应的 Join Response 报文中会携带用户配置的升级版本号、握手报文间隔/超时时间、控制报文优先级等信息。AC 会检查 AP 的当前版本。如果 AP 的版本无法与 AC 的要求所匹配，AP 和 AC 将会进入 Image Data 状态做固件升级，以此来更新 AP 的版本。否则，AP 和 AC 将跳过 Image Data 状态，直接进入 Configure 状态。

（5）Image Data

Image Data 状态是可选项。AP 根据协商参数判断当前版本是不是最新版本。如果不是最新版本，AP 将在 CAPWAP 隧道中开始更新软件版本。AP 在更新完成版本后重新启动，重复进行 Discovery、DTLS Connect 和 Join 过程。

（6）Configure

进入 Configure 状态后，AP 会把现有配置和 AC 的设定配置做匹配检查。AP 发送包含现有 AP 配置的 Configuration Status Request 报文到 AC。当 AC 设定配置与 AP 当前配置不匹配时，AC 会通过 Configuration Status Response 报文回复 AP。

（7）Data Check

当完成 Configure 后，AP 会发送 Change State Event Request 信息，其中包含了 radio、result、code 等信息。当 AC 接收到 Change State Event Request 信息后，会回应 Change State Event Response 信息。Data Check 过程的完成，标志着 CAPWAP 隧道建立成功，开始进入 Run 状态。

（8）Run

当隧道建立成功后，AP 和 AC 之间需要建立数据隧道和控制隧道。

AC 在收到 AP 发来的 Keepalive 报文后，表示 CAPWAP 数据隧道建立成功，同样回应 Keepalive 报文。AP 进入"normal"状态，开始正常工作。

AP 进入 Run 状态后，发送 Echo Request 报文给 AC，宣布建立好 CAPWAP 控制隧道，并启动 Echo 发送定时器和隧道超时定时器用于检测管理隧道的异常。当 AC 收到 Echo Request 报文后，同样进入 Run 状态，并回应 Echo Response 报文给 AP，同时启动隧道超时定时器。当 AP 收到 Echo Response 报文后，会重设检验隧道超时的定时器。

（9）Config

当建立好控制隧道后，AC 可以给 AP 下发配置，AC 和 AP 都开始正常工作。在 Config 状态，如果配置命令需要变更，AC 会向 AP 发送 Configuration Update Request 报文请求更新配置，其中包含最新的配置。AP 会回复 Configuration Update Response 报文予以确认。

注意 在建立隧道过程中，管理员需要为每台 AC 指定唯一的源接口。AP 学习到 AC 源接口的地址后，才能与 AC 建立 CAPWAP 隧道，实现两者间的通信。华为设备支持使用 VLANIF 接口或 Loopback 接口作为 AC 源接口。

3. AC 添加 AP

当 CAPWAP 隧道建立成功后，AC 就可以管理 AP 了，前提条件是需要将 AP 添加到 AC 管理列表中。添加 AP 的方式有 3 种，包括离线导入 AP、自动发现 AP 和手动确认未认证列表中的 AP。如果 AP 的 MAC 地址在 AP 的黑名单中，则 AP 不能与 AC 建立连接。如果已知 AP 的 MAC 地址或 SN 序列号，建议管理员采用离线导入 AP 方式。下面将分别对 3 种方式的操作步骤做介绍。

（1）离线导入 AP

离线导入 AP 方式需要预先配置 AP 的 MAC 地址或 SN 序列号。当建立连接时，如果 AC 发现 AP 和预先配置 AP 的 MAC 地址或 SN 序列号匹配，则开始与 AP 建立连接。

① 执行命令 system-view，进入系统视图。

② 执行命令 wlan，进入 WLAN 视图。

③（可选）执行命令 ap blacklist mac *ap-mac1* [to *ap-mac2*]，将指定 AP 添加到 AP 黑名单中。默认情况下，AP 黑名单中没有 AP。

④ 执行命令 ap auth-mode { mac-auth | sn-auth }，配置 AP 认证模式为 MAC 地址认证或 SN 序列号认证。默认情况下，AP 认证模式为 MAC 地址认证。

⑤ 执行命令 ap-id *ap-id* [type-id *type-id* | ap-type *ap-type*] [ap-mac *ap-mac*] [ap-sn *ap-sn*]或 ap-mac *ap-mac* [type-id *type-id* | ap-type *ap-type*] [ap-id *ap-id*] [ap-sn *ap-sn*]，离线导入 AP 并进入 AP 视图。

⑥ 执行命令 ap-name *ap-name*，配置 AP 的名称。默认情况下，未配置单个 AP 的名称。

⑦ 执行命令 ap-group *group-name*，将 AP 加入到 AP 组。默认情况下，未配置 AP 加入的组。

说明 如果 AP 认证模式为 MAC 地址认证，在离线导入 AP 时必须配置 AP 的 MAC 地址。如果 AP 认证模式为 SN 序列号认证，在离线导入 AP 时必须配置 AP 的 SN 序列号。添加成功后，AP 将进入"normal"状态。
配置命令中的斜体命令参数表示输入实际配置值。

（2）自动发现 AP

当 AP 的认证模式为不认证，或者离线导入前已将 AP 加入白名单，AP 将被 AC 自动发现并正常上线。两种方式的配置步骤有所不同。

① 不认证方式

- 执行命令 system-view，进入系统视图。

- 执行命令 wlan，进入 WLAN 视图。

- 执行命令 ap auth-mode no-auth，配置 AP 认证模式为不认证。默认情况下，AP 认证模式为 MAC 地址认证。

② 离线导入方式

- 执行命令 system-view，进入系统视图。

- 执行命令 wlan，进入 WLAN 视图。

- 执行命令 ap auth-mode { mac-auth | sn-auth }，配置 AP 认证模式为 MAC 地址认证或 SN 序列号

认证。默认情况下，AP 认证模式为 MAC 地址认证。

- 配置 AP 白名单。

如果 AP 认证模式为 MAC 地址认证，则需要执行命令 ap whitelist mac *ap-mac1* [to *ap-mac2*]，添加指定的 MAC 地址到 AP 白名单。默认情况下，AP 白名单中未添加 MAC 地址。

如果 AP 认证模式为 SN 序列号认证，则需要执行命令 ap whitelist sn *ap-sn1* [to *ap-sn2*]，添加指定的 SN 序列号到 AP 白名单。默认情况下，AP 白名单中未添加 SN 序列号。

（3）手动确认未认证列表中的 AP

在 MAC 地址认证或 SN 序列号认证过程中，AP 没有被离线导入同时不在 AP 白名单中时，则该 AP 会被记录到未授权的 AP 列表中。需要用户手动确认后此 AP 才能正常上线。

① 执行命令 system-view，进入系统视图。

② 执行命令 wlan，进入 WLAN 视图。

③ 执行命令 ap auth-mode { mac-auth | sn-auth }，配置 AP 认证模式为 MAC 地址认证或 SN 序列号认证。默认情况下，AP 认证模式为 MAC 地址认证。

④ 执行命令 display ap unauthorized record，查看未认证通过的 AP 信息。

⑤ 执行命令 ap-confirm { all | mac *ap-mac* | sn *ap-sn* }，确认未认证通过的 AP。

1.2.4　VLAN 在 WLAN 网络中的应用

VLAN 技术可以通过隔离广播域组建出不同的局域网，在实际组网中被大量应用。WLAN 网络也可以采用不同的 VLAN 技术，实现具有不同功能的虚拟局域网，包括管理 VLAN、业务 VLAN 和用户 VLAN。

1. 管理 VLAN

在 WLAN 网络中，管理 VLAN 主要是用于传送 AC 与 AP 之间的管理数据，例如 AP DHCP 报文、AP ARP 报文、AP CAPWAP 报文（包括 CAPWAP 控制报文和 CAPWAP 数据报文）。AC 内部 XGE 口与交换机普通物理端口的 PVID 和 TRUNK VLAN 属性相同。在部署 AC 时，AC 需要将 TRUNK 接口的 PVID 配置为管理 VLAN ID，并允许管理 VLAN 的报文通过。管理 VLAN 拓扑如图 1-19 所示，从 AC 到 AP 之间设备的所有端口都应该放行管理 VLAN。

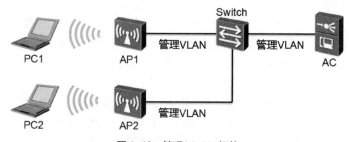

图 1-19　管理 VLAN 拓扑

2. 业务 VLAN

业务 VLAN 主要负责传送 WLAN 用户上网时的数据。从 WLAN 整体来看，业务 VLAN 是基于 VAP 的区域业务 VLAN，与位置有关，与用户无关。VAP 内的用户可以使用业务 VLAN 封装数据，如图 1-20 所示。

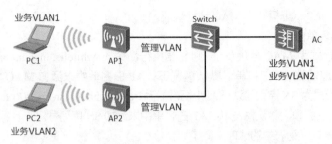

图1-20　业务VLAN拓扑

从 AP 角度来看，在直接转发模式下，业务 VLAN 是指 AP 为数据报文封装的 VLAN。在隧道转发模式下，业务 VLAN 是指 CAPWAP 隧道内用户所发送数据报文封装的 VLAN。

从 AC 角度来看，AP 上传的用户数据报文 VLAN 始终为当前用户的业务 VLAN。

3. 用户 VLAN

用户 VLAN 是指基于用户权限的 VLAN。如图 1-21 所示，用户在采用 802.1X 方式进行接入安全认证时，会使用到 Guest VLAN 和授权 VLAN 等几种用户 VLAN。

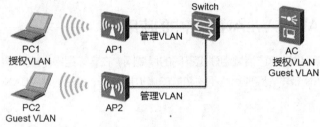

图1-21　用户 VLAN 拓扑

（1）Guest VLAN

Guest VLAN 功能是指用户在没有经过认证的情况下，也能访问 Guest VLAN 内部的部分资源。例如，当用户没有安装客户端软件时，可以访问 Guest VLAN 中的资源，并可下载和安装客户端，后续通过认证后，就能正常访问网络。

（2）Restrict VLAN

WLAN 允许用户在认证失败的情况下，可以访问某一特定 VLAN 中的资源，这个 VLAN 被称为 Restrict VLAN。需要注意的是，这里所讲的认证失败是指认证服务器因某种原因明确拒绝用户认证通过，例如用户密码错误，而不是认证超时或网络连接等原因造成的认证失败。

（3）授权 VLAN

传统的静态 VLAN 部署不仅管理复杂，而且难以解决移动办公用户的 VLAN 控制问题。在用户接入网络时，可以通过动态指定该用户所属 VLAN 的方法实现基于用户的 VLAN 划分。例如，在企业网中采用动态 VLAN 下发方式，当无线用户从一个 AP 的覆盖区域漫游到另外一个 AP 的覆盖区域时，可以保证用户始终属于同一个业务 VLAN，同时正常业务不发生中断。

当 WLAN 系统同时配置了用户 VLAN 和管理 VLAN、业务 VLAN 后，应该遵循以下原则。

① 无论在认证、重认证、漫游重认证还是 COA 动态下发 VLAN 过程中，授权 VLAN 都有最高优先级，且为即时启用。

② 如果在认证、重认证、漫游重认证或是 COA 动态下发 VLAN 过程中没有授权 VLAN，则选用当前所在地的业务 VLAN。

③ 总体而言，用户 VLAN 优先于业务 VLAN。在系统同时设置有授权 VLAN、Guest VLAN、Restrict VLAN 等用户 VLAN 的情况下，优先启用授权 VLAN。

在配置设备过程中，通常在用到这些 VLAN 时，需要特别注意以下事项。

① 在直接转发方式下，建议管理 VLAN 和业务 VLAN 分别使用不同的 VLAN，否则可能导致业务不通。

② 在隧道转发方式下，管理 VLAN 和业务 VLAN 不能配置为同一 VLAN，否则会导致 MAC 地址漂移，报文转发出错。同时，AP 和 AC 之间只需透传管理 VLAN，不透传业务 VLAN。

③ 建议不要使用 VLAN1 作为管理 VLAN 或者业务 VLAN。如果管理 VLAN 和业务 VLAN 都配置为 VLAN1，报文从 AP 上行口以 untag 方式发送出去，需要在连接 AP 的交换机的端口上配置 PVID，使用 AP 和用户的地址池对应的 VLANIF 作为该 PVID。

1.2.5 DHCP 业务

IP 是 TCP/IP 协议栈中最核心的协议。在 IP 通信网络中，每个终端设备都需要拥有一个 IP 地址身份才可以正常通信。在 WLAN 的 AC+FIT AP 架构中，AC 下行方向需要部署大量的 FIT AP 和 STA。为了便于管理，FIT AP 和 STA 在网络中都需要有各自的 IP 地址。华为 AC6605 产品支持通过手动静态配置或者 DHCP（Dynamic Host Configuration Protocol，动态主机配置协议）方式获得 IP 地址。由于 WLAN 中设备数量太多，采用手动静态配置方式费时费力，所以普遍采用 DHCP 方式获取地址。

DHCP 是一种对集中用户 IP 地址进行动态管理和配置的技术。DHCP 采用客户端/服务器（简称 C/S）模式，由 DHCP 客户端（DHCP Client）向 DHCP 服务器（DHCP Server）提出配置请求（包括 IP 地址、子网掩码、默认网关等参数），DHCP 服务器根据策略返回相应配置信息。其中请求报文和回应报文都采用 UDP 进行封装。DHCP 客户端与 DHCP 服务器可以同处一个网段，也可以处于不同网段。如图 1-22 所示，DHCP 服务器与 DHCP 客户端处于同一个网段，可以直接接收到来自 DHCP 客户端发来的广播请求报文。当 DHCP 服务器与 DHCP 客户端处于不同网段时，如图 1-23 所示，DHCP 服务器无法直接接收 DHCP 客户端所发出的广播请求报文，需要在中间某位置增加 DHCP 中继（DHCP Relay）设备来完成两者之间报文的交互转发。多个网段的 DHCP 客户端可以使用同一个 DHCP 服务器，既节省成本，又便于集中管理。

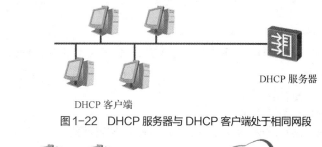

图 1-22　DHCP 服务器与 DHCP 客户端处于相同网段

图 1-23　DHCP 服务器与 DHCP 客户端处于不同网段

当设备作为 DHCP 服务器时，管理员需要创建地址池，在里面存放可以分配给 DHCP 客户端使用的所有 IP 地址。华为设备支持全局地址池和接口地址池两种模式。在实际应用中，全局地址池模式一般应用于 DHCP 服务器与 DHCP 客户端处于不同网段的情况，而接口地址池模式则应用于 DHCP 服务器与 DHCP 客户端处于相同网段的情况。

1. 基于全局地址池的服务器配置

配置基于全局地址池的 DHCP 服务器后，从设备所有接口上线的用户都可以选择该地址池中的 IP 地址。管理员首先要创建地址池，然后将 DHCP 服务应用于某个具体的接口。

（1）配置全局地址池

创建并配置全局地址池的相关属性，包括地址范围、地址租期、不参与自动分配的 IP 地址和静态绑定的 IP 地址等参数。根据客户端的实际需要，地址分配方式可以选择动态分配或静态绑定方式。一般设备上最多可以创建 128 个地址池，包括全局地址池和接口地址池，两者没有单独限制。全局地址池的具体配置步骤如下。

① 执行命令 system-view，进入系统视图。

② 执行命令 ip pool *ip-pool-name*，创建全局地址池，同时进入全局地址池视图。默认情况下，设备上没有创建任何全局地址池。

③ 执行命令 network *ip-address* [mask { *mask* | *mask-length* }]，配置全局地址池可动态分配的 IP 地址范围。默认情况下，系统未配置全局地址池中动态分配的 IP 地址范围。一个地址池中只能配置一个地址网段，通过设定掩码长度可控制地址范围。配置动态分配的 IP 地址范围时，应尽量保证该地址范围与 DHCP 服务器接口或 DHCP 中继接口的网段保持一致，以免分配错误的 IP 地址。

④（可选）执行命令 lease { day *day* [hour *hour* [minute *minute*]] | unlimited }，配置 IP 地址的租期。默认情况下，IP 地址的租期为 1 天。对于不同的地址池，可以指定不同的租用期限。但同一地址池中的地址都具有相同的租用期限。

⑤（可选）执行命令 excluded-ip-address *start-ip-address* [*end-ip-address*]，配置地址池中不参与自动分配的 IP 地址。默认情况下，地址池中所有 IP 地址都参与自动分配。

⑥ 执行命令 gateway-list *ip-address* &<1-8>，配置 DHCP 客户端的出口网关地址。DHCP 客户端访问本网段以外的服务器或主机时，其数据必须通过出口网关进行收发。为了对流量进行负载分担和提高网络的可靠性，可以配置多个出口网关。每个地址池最多可以配置 8 个网关地址。

（2）接口应用 DHCP 服务

当设备的接口接收到客户端的 DHCP 请求时，应该在该接口下开启相应的 DHCP 服务功能，从而为客户端提供可用的 IP 地址。

① 执行命令 system-view，进入系统视图。

② 执行命令 dhcp enable，使能 DHCP 服务。

③ 执行命令 interface *interface-type interface-number*，进入接口视图。

④ 执行命令 ip address *ip-address* { *mask* | *mask-length* }，配置接口的 IP 地址。

⑤ 执行命令 dhcp select global，使能接口的 DHCP 服务器功能。

2. 基于接口地址池的服务器配置

配置基于接口地址池的 DHCP 服务器后，从这个接口上线的用户都可以选择该接口地址池中的 IP 地址等配置信息。配置接口地址池的相关属性，包括地址租期、不参与自动分配的 IP 地址和静态绑定的 IP 地址等参数。

① 执行命令 system-view，进入系统视图。

② 执行命令 dhcp enable，使能 DHCP 服务。

③ 执行命令 interface *interface-type interface-number*，进入接口视图。设备支持工作在接口地址池模式的接口是 VLANIF 接口。

④ 执行命令 ip address *ip-address* { *mask* | *mask-length* }，配置接口的 IP 地址。

⑤ 执行命令 dhcp select interface，使能接口的 DHCP 服务器功能。接口地址池可动态分配的 IP 地址范围是该接口所在的网段，并且只在此接口下有效。

⑥（可选）执行命令 dhcp server lease { day *day* [hour *hour* [minute *minute*]] | unlimited }，配置 IP 地址租期。默认情况下，IP 地址的租期为 1 天。

⑦（可选）执行命令 dhcp server excluded-ip-address *start-ip-address* [*end-ip-address*]，配置地址池中不参与自动分配的 IP 地址。

3. DHCP 中继配置

当 DHCP 客户端与 DHCP 服务器不在同一网段时，DHCP 客户端可以通过 DHCP 中继与其他网段的 DHCP 服务器通信，并获取 IP 地址等配置信息，具体配置流程如图 1-24 所示。

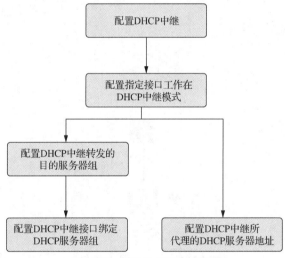

图 1-24　配置 DHCP 中继流程

① 执行命令 system-view，进入系统视图。

② 执行命令 dhcp enable，使能 DHCP 功能。

③ 执行命令 dhcp relay detect enable，使能 DHCP 中继探测用户表项功能。默认情况下，DHCP 中继探测用户表项功能处于未使能状态。如果网络中存在多个 DHCP 中继，为了防止分配给客户端的 IP 地址与其他客户端冲突，需要执行该命令。

④ 执行命令 interface *interface-type interface-number*，进入接口视图。设备支持工作在 DHCP 中继模式的接口是 VLANIF 接口。

⑤ 执行命令 ip address *ip-address* { *mask* | *mask-length* }，配置接口的 IP 地址。该接口 IP 地址必须与 DHCP 服务器上配置的客户端的出口网关地址保持一致。

⑥ 执行命令 dhcp select relay，启动接口的 DHCP 中继功能。

⑦ 执行命令 dhcp relay server-ip *ip-address*，配置 DHCP 中继所代理的 DHCP 服务器地址。

1.3 项目实施 校园无线网络 AC 与 AP 的认证关联

1.3.1 实施条件

为了能够在实训环境中模拟本项目，实训环境所需设备和器材如下。

① 华为 AC6605 设备 1 台。

② 华为 AP4050DN 设备 1 台。

③ 管理主机 1 台。

④ 配置电缆 1 根。

⑤ 电源插座 3 个。

⑥ 吉比特以太网网线 1 根。

AC 初始化配置

1.3.2 数据规划

本项目的拓扑如图 1-25 所示。

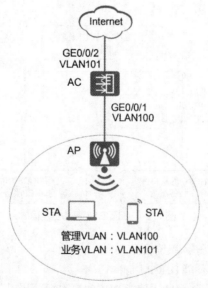

图 1-25 AC 与 AP 的认证关联项目拓扑

为了实现 AC 对 AP 的配置管理，AC 作为 DHCP 服务器为 AP 分配 IP 地址。具体数据规划如表 1-4 所示。

表 1-4 AC 与 AP 认证关联项目数据规划

配置项	规划数据
管理 VLAN	VLAN100
STA 业务 VLAN	VLAN101

配置项	规划数据
DHCP 服务器	AC 作为 AP 的 DHCP 服务器
AP 的 IP 地址池	10.23.100.2～10.23.100.254/24
AC 源接口地址	VLANIF100：10.23.100.1/24
AP 组	名称：ap1 引用模板：域管理模板 default
域管理模板	名称：default 国家码：CN

注意事项：

① 建议与 AP 直连的设备接口上配置端口隔离。如果不配置端口隔离，特别是在采用数据直接转发时，可能会在 VLAN 内形成大量不必要的广播报文，导致网络阻塞，影响用户体验。

② 在采用数据直接转发时，建议在直连 AP 的交换机接口上配置组播报文抑制。在采用数据隧道转发时，建议在 AC 的流量模板下配置组播报文抑制。

1.3.3 实施步骤

步骤 1 根据项目的拓扑结构进行网络物理连接。

步骤 2 配置 AC，使 AP 与 AC 之间能够传输 CAPWAP 报文。

```
#配置 AC 的 GE0/0/1 接口，使其加入 VLAN100 和 VLAN101，GE0/0/1 接口的默认 VLAN 为 VLAN100；配
置 AC 的 GE0/0/2 接口，使其加入 VLAN101。
<AC6005>system-view
[AC6605] sysname AC
[AC] vlan batch 100 101
[AC] interface GigabitEthernet 0/0/1
[AC-GigabitEthernet0/0/1] port link-type trunk
[AC-GigabitEthernet0/0/1] port trunk pvid vlan 100
[AC-GigabitEthernet0/0/1] port trunk allow-pass vlan 100 101
[AC-GigabitEthernet0/0/1] port-isolate enable
[AC-GigabitEthernet0/0/1] quit
[AC] interface GigabitEthernet 0/0/2
[AC-GigabitEthernet0/0/2] port link-type trunk
[AC-GigabitEthernet0/0/2] port trunk allow-pass vlan 101
[AC-GigabitEthernet0/0/2] quit
```

步骤 3 配置 AC，使其作为 DHCP 服务器，为 AP 分配 IP 地址。

```
#使能 AC 的 DHCP 功能，并配置基于接口的地址池。
[AC] dhcp enable
[AC] interface vlanif 100
[AC-Vlanif100] ip address 10.23.100.1 24
[AC-Vlanif100] dhcp select interface
[AC-Vlanif100]quit
```

步骤 4　配置 AP 上线。

```
#创建 AP 组，用于使相同配置的 AP 都加入同一 AP 组中。

[AC] wlan

[AC-wlan-view] ap-group name ap1

[AC-wlan-ap-group-ap-group1] quit

#创建域管理模板，在域管理模板下配置 AC 的国家码，并在 AP 组下引用域管理模板。

[AC-wlan-view] regulatory-domain-profile name default

[AC-wlan-regulate-domain-default] country-code CN

[AC-wlan-regulate-domain-default] quit

[AC-wlan-view] ap-group name ap1

[AC-wlan-ap-group-ap1] regulatory-domain-profile default

Warning: Modifying the country code will clear channel, power and antenna gain
configurations of the radio and reset the AP. Continue?[Y/N]:y

[AC-wlan-ap-group-ap1] quit

[AC-wlan-view] quit

#配置 AC 的源接口。

[AC] capwap source interface vlanif 100

#在 AC 上离线导入 AP，并将 AP 加入 AP 组 "ap1" 中。

[AC] wlan

[AC-wlan-view] ap auth-mode mac-auth

[AC-wlan-view] ap-id 0 ap-mac 00E0-FC4E-0C00

[AC-wlan-ap-0] ap-name area_1

[AC-wlan-ap-0] ap-group ap1

Warning: This operation may cause AP reset. If the country code changes, it will clear
channel, power and antenna gain configurations of the radio, Whether to continue? [Y/N]:y

[AC-wlan-ap-0] quit
```

1.3.4　项目测试

按照以上实施步骤操作后，可以通过以下步骤进行结果测试。通过观察相关的设备现象或查看相关的参数，判断该项目是否成功。

```
# 将 AP 上电后，当执行命令 display ap all，查看到 AP 的 "State" 字段为 "nor" 时，表示 AP 正常上线。

[AC-wlan-view] display ap all

Total AP information:

nor : normal    [1]

----------------------------------------------------------------------------
ID   MAC        Name   Group   IP            Type        State STA   Uptime
----------------------------------------------------------------------------
0    00E0-FC4E-0C00  area_1   ap1   10.23.100.254  AP6010DN-AGN  nor   0    10S
----------------------------------------------------------------------------

Total: 1
```

思考与练习

一、填空题

1. 当用户需要为第一次上电的设备进行配置时，必须通过（　　　）口登录设备。

2. 在 AC 的用户视图下执行（　　　）命令可以查看 AC 系统软件版本、运行状态等信息。

3. 在 AC 的用户视图下执行（　　　）命令可以查看设备工作状态。如果显示状态是（　　　），表示系统处于正常状态。

4. 在 AC+FIT AP 架构中，AP 不能单独工作，需要与（　　　）配合使用。因此 AP 和 AC 之间需要通过（　　　）协议实现彼此之间的互联。

5. 添加 AP 的方式有（　　　）、（　　　）和（　　　）。

6. WLAN 常用的 VLAN 技术包括（　　　）VLAN 、业务 VLAN、（　　　）VLAN。

7. 对于 WLAN 来说，管理 VLAN 主要是用于传送（　　　）与（　　　）之间的管理数据。

8. 在华为产品 AC6605 中，可以通过静态手动配置和（　　　）方式获得 IP 地址。

9. 在华为 AC 命令行中，执行（　　　）命令可以进入系统视图。

10. 在华为 AC 命令行中，执行（　　　）命令可以使能全局的 DHCP 功能。

二、不定项选择题

1. 以下（　　　）命令可以重启 AC6605 设备。

    A. ＜AC6605＞reload   B. ＜AC6605＞reboot

    C. [AC6605]reload   D. [AC6605]reboot

2. 关于 AC6605 的 telnet 管理，下面说法错误的是（　　　）。

    A. Telnet 是远程管理 AC 的一种方法

    B. Telnet 服务在 AC 上默认是关闭的

    C. Telnet 服务可以在 AC 的有线侧和无线侧分别配置

    D. Telnet 可以采用用户名和密码方式认证，传输是加密的，因而相当安全

3. 用于作为 AP 和 AC 建立 CAPWAP 隧道的 VLAN 是（　　　）。

    A. 管理 VLAN   B. 服务 VLAN   C. 用户 VLAN   D. 认证 VLAN

4. 在配置 AP 的认证模式时，AP 支持的认证方式有（　　　）。

    A. mac-auth   B. sn-auth   C. no-auth   D. mac-sn-auth

5. 以下对于瘦 AP 描述正确的是（　　　）。

    A. 瘦 AP 又称为无线路由器

    B. 瘦 AP 由于功能欠缺，正逐渐被胖 AP 所取代

    C. 瘦 AP 无法单独配置，必须与无线控制器配合使用

    D. 瘦 AP 可以实现 802.1X 认证、加密、QoS、漫游等功能

6. 对于 CAPWAP 协议，下列选项描述错误的是（　　　）。

    A. AC 和瘦 AP 之间的传输协议

    B. 瘦 AP 与无线客户端之间的传输协议

    C. 由 CAPWAP 工作组制定

    D. CAPWAP 协议的制定借鉴了其他协议的有用特性

7. 如果不做配置，AP 支持的默认认证方式为（　　　）。

    A. mac-auth   B. sn-auth   C. no-auth   D. mac-sn-auth

8. 在 WLAN 配置中，常用的 VLAN 类型有（　　）。

    A. 管理 VLAN　　　　B. 业务 VLAN　　　　C. 用户 VLAN　　　　D. 认证 VLAN

9. 对于 AC+FIT AP 的组网架构，下面描述错误的是（　　）。

    A. AP 不能单独工作，需要由 AC 集中代理维护管理

    B. 可以通过 AC 增强业务 QoS、安全等功能

    C. AP 本身零配置，适合大规模组网

    D. AP 可以实现对用户的管理

10. CAPWAP 协议的主要内容包括（　　）。

    A. AP 对 AC 的自动发现及 AP&AC 的状态机运行维护

    B. AC 对 AP 进行管理，业务配置下发

    C. STA 数据封装 CAPWAP 隧道进行转发

    D. 定义了 MAC 层和 PHY 层的传输速率

11. CAPWAP 协议是由（　　）组织制定的。

    A. IETF　　　　B. IEEE　　　　C. Wi-Fi 联盟　　　　D. ETSI

12. 在华为 AC 上查看 AP 上线状态的命令是（　　）。

    A. display version　　B. display device　　C. display ap all　　D. display ap-type all

13. 通过 Telnet 登录 AC 时，对用户进行验证的方式包括（　　）。

    A. password 验证　　B. AAA 本地验证　　C. 不验证　　D. 802.1X 认证

14. AC6605 支持多种方式建立 AP 与 AC 的互通，分别是（　　）。

    A. 离线增加 AP　　　　　　　　　B. 自动发现 AP 并正常上线

    C. 自动发现 AP 并确认上线　　　　D. 通过组播寻找 AP 并自动上线

三、判断题

1. 如果为华为的 AC 创建用户，首先要使用 aaa 命令进入视图。（　　）

2. AC6605 的 Meth0/0/1 接口可用作带内网管，默认地址是 192.168.1.1/24，并且不可以被修改。（　　）

3. 通过 FTP 模式升级 AP，则需要保证 AP 和 FTP 服务器可以互通，并将 AP 升级文件放到 FTP 根目录。（　　）

4. Telnet 是远程管理 AP 的方式之一，可以通过配置实现基于用户名和密码的 Telnet 认证。（　　）

5. 无线局域网的架构主要分为基于控制器的瘦 AP 架构和传统的独立胖 AP 架构。（　　）

6. 在 AP 升级时，采用 FTP 模式必须保证版本文件名与版本号一致，否则会导致 AP 不停地换包重启。（　　）

7. 在线升级时，AP 支持基于单个 AP、AP 域和 AP 组 3 种不同的升级方式。（　　）

8. AP 的 IP 地址只能通过静态方式进行配置。（　　）

9. 华为 WLAN 中的业务 VLAN 是指基于用户权限的 VLAN。（　　）

10. 初次登录 AC 时，首先要初始化 Console 密码，密码要输入两次并且保持一致，同时在配置时采用交互方式输入的密码会在终端屏幕上显示出来。（　　）

四、简答题

1. 简述 CAPWAP 协议的主要内容。

2. 简述胖 AP 和瘦 AP 两种架构的区别。

3. 简述 CAPWAP 隧道建立的过程。

4. 简述基于接口 DHCP 服务器的配置步骤。

项目 2

校园无线网络搭建

02

知识目标

① 了解胖 AP、瘦 AP 组网方式的特点。

② 理解二层、三层组网的应用场景。

③ 理解直连式、旁挂式组网的应用场景。

④ 理解数据直接转发、隧道转发的应用场景。

⑤ 理解数据直接转发和隧道转发报文处理的流程。

⑥ 理解敏捷分布式组网的特点及应用场景。

⑦ 理解 802.11 媒体访问的过程。

技能目标

① 掌握选择合适组网方式和数据转发方式的能力。

② 掌握直连式组网业务配置下发的方法。

③ 掌握旁挂式组网业务配置下发的方法。

④ 掌握二层组网业务配置下发的方法。

⑤ 掌握三层组网业务配置下发的方法。

⑥ 掌握数据隧道转发业务配置下发的方法。

⑦ 掌握数据直接转发业务配置下发的方法。

⑧ 掌握敏捷分布式组网业务配置下发的方法。

素质目标

① 具有职业生涯规划的意识

② 具有一定的系统思维和设计思维

③ 具有基本的职业意识和职业态度

④ 具有多维度思考的意识

2.1 项目描述

1. 需求描述

为了提高办公效率，满足学校师生对移动办公和学习的需求，某校园规划建设 WLAN，校园功能分区如图 2-1 所示。不同功能分区对网络的具体需求如下。

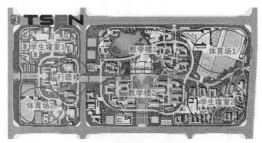

图 2-1 某校园功能分区

（1）教学楼

为了满足教学楼区域对无线信号覆盖及容量的要求，通过统计显示教学楼区域大概需要 280 个 AP。要求有线网络和无线网络相互融合；满足大流量视频上网需求；网络要有层次化。

（2）学生寝室

为了满足学生寝室区域对无线信号覆盖及容量的要求，通过统计显示学生寝室区域大概需要 200 个 AP。要求有线网络和无线网络相互融合；访客集中管控并采用 Portal 认证；便于对学生无线流量进行统计和管理；尽可能降低建网成本。

（3）行政楼

为了满足行政楼区域对无线信号覆盖及容量的要求，通过统计显示行政楼区域大概需要 100 个 AP。要求网络简单，与有线网络隔离，并对无线网络用户实现统一控制，保证安全性；无线网络用户主要进行网页浏览、资料查找、收发邮件等业务。

（4）体育场

为了满足体育场区域对无线信号覆盖及容量的要求，通过统计显示体育场区域大概需要 50 个 AP。要求网络简单，有线网络和无线网络相互融合；无线网络用户主要进行休闲上网，对流量有一定要求。

2. 项目方案

根据客户的需求描述，要求在教学楼、学生寝室、行政楼、体育场等区域进行业务转发。由于每个区域特点不同，应根据实际场景情况选择合适的组网方式。

（1）教学楼

根据教学楼区域对网络的需求及其网络规模，建议采用直连式三层组网方式，数据采用直接转发方式。采用本方案主要基于以下原因。

① 直连式组网适合于新建网络，有线网络数据和无线网络数据都要通过 AC，方便有线网络和无线网络相互融合，同时也节省了购买汇聚交换机的成本。

② 教学楼区域大概需要 280 个 AP，AP 数量相对较多，而三层组网适合于中大型、精细化的 WLAN 组建，满足教学楼区域对 AP 数量及层次化组网的要求。

③ 数据直接转发效率高，满足教学楼区域对大流量视频上网的需求。

（2）学生寝室

根据学生寝室区域对网络的需求及其网络规模，建议采用敏捷分布式组网方式，AC、AP 和 RRU 之间可以采用直连式二层组网方式，数据采用隧道转发方式。采用本方案主要基于以下原因。

① 敏捷分布式组网的特点是能够满足低成本、高性能的无线覆盖需求，适合于校园宿舍多房间的场景。

② AC、AP 和 RRU 之间采用直连式二层组网方式，方便有线网络和无线网络相互融合。

③ 数据隧道转发可以隔离有线网络数据和无线网络数据，方便对无线数据进行统一管理，安全性高，满足对学生寝室区域进行无线流量的统计和管理的要求。

（3）行政楼

根据行政楼区域对网络的需求及其网络规模相对较小的特点，建议采用直连式二层组网方式，数据采用隧道转发方式。采用本方案主要基于以下原因。

① 直连式组网适合于新建网络，可有效降低组网成本。

② 行政楼区域大概需要 100 个 AP，AP 数量相对较少，而二层组网适合于结构简单的中小型网络，能够满足行政楼区域对 AP 数量及简单组网的要求。

③ 数据隧道转发既可以满足行政楼区域对有线网络和无线网络隔离的要求，也可以满足行政楼区域对安全性的要求。

（4）体育场

根据体育场区域对网络的需求及其网络规模相对较小的特点，建议采用直连式二层组网方式，数据采用直接转发方式。采用本方案主要基于以下原因。

① 直连式组网能够满足体育场区域对有线网络和无线网络互相融合的要求。

② 二层组网既可以满足体育场区域对简单组网的要求，也可以满足对 AP 数量的要求。

③ 数据直接转发效率高，可以满足体育场区域对流量的要求。

2.2 相关知识

WLAN 设备可以通过不同的组网方式组建无线网络，为用户提供业务数据的转发。AP 主要负责用户的无线数据的收发，并完成无线数据帧和有线数据帧的转换。在不同的组网方式中，数据帧可使用不同的报文处理流程。

2.2.1 组网方式

在 WLAN 工程中，根据不同基本架构的特点，可设计出不同的组网方式。每种组网方式根据设备的数量、容量和位置等需求，可以变化出更多的网络布局。

WLAN 组网方式

1. 胖 AP 组网方式

胖 AP 组网方式是基于 FAT 基本架构设计的。在传统 WLAN 中，胖 AP 作为独立接入点被分散在不同的区域范围，为各自的覆盖区域提供信号、用户安全管理和接入访问策略等服务。因为胖 AP 的设备安装方便，这种组网方式在家庭或小型企业网络中比较常见。

（1）家庭或 SOHO 网络的组网方式

家庭或 SOHO 网络的特点是无线覆盖范围较小、用户相对集中、信息容量少，一般采用胖 AP 组网方式。胖 AP 不仅可以满足无线覆盖的要求，还可以作为路由器，实现对有线网络的路由转发。如图 2-2 所示，在家庭或 SOHO 网络中，AP 在上行方向可以通过 ADSL Modem 或者光猫设备连接到 Internet，在下行方向通过有线或无线方式连接终端设备。现在家庭中使用最多的无线路由器也可以被叫作胖 AP，它可以独立满足家庭的网络需求。

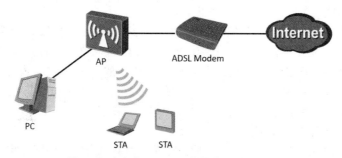

图 2-2　家庭或 SOHO 网络的胖 AP 组网方式

（2）企业网络的组网方式

企业网络或者其他大型场所网络的特点是无线覆盖范围较大、用户数量多、信息容量大，如果采用胖 AP 组网方式，需要部署大量的 AP。如图 2-3 所示，通过接入交换机，把处于不同位置的所有 AP 连接至汇聚交换机，进行信息汇总后一起发送到 IP 网络。为了便于对 AP 的统一管理，管理员也可以在企业核心网中架设网管系统。但随着企业业务需求的增加，大型企业或高校园区需要部署大量的 AP。如果仍然采取这种组网方式，并且每个 AP 都需要单独配置，那么管理员的工作将会非常困难。因此，在现实 WLAN 工程中，企业网采用最多的是瘦 AP 组网方式。

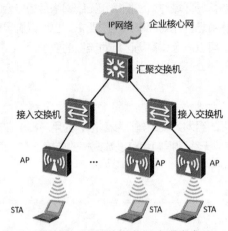

图 2-3　企业网络的胖 AP 组网方式

2. 瘦 AP 组网方式

瘦 AP 组网方式是基于 AC+FIT AP 基本架构设计的。针对胖 AP 组网方式存在的弊端，瘦 AP 组网方式对设备功能重新划分，规定了设备的各自功能。其中，AC 负责无线网络的接入控制、转发和统计、AP 的配置监控、漫游管理、AP 的网带代理、安全控制等功能。胖 AP 负责 802.11 报文的加密/解密、IEEE 802.11 的 PHY 层功能、接受 AC 的管理、射频空口的统计等简单功能。根据不同的划分依据，瘦 AP 网络又可以分为不同的组网方式。

（1）根据 AP 与 AC 之间的网络架构划分

根据 AP 与 AC 之间的网络架构不同，瘦 AP 组网方式可分为二层组网和三层组网两种方式。

① 二层组网方式

当 AP 与 AC 之间的网络为二层网络时，此组网方式为二层组网方式，如图 2-4 所示。在该方式下，瘦 AP 和 AC 之间直连或者通过二层交换机互联，同属于一个二层广播域。由于二层组网比较简单，能够快速组网配置，适用于简单的临时组网，但不适用于大型组网。

② 三层组网方式

当 AP 与 AC 之间的网络为三层网络时，此组网方式为三层组网方式，如图 2-5 所示。在该方式下，瘦 AP 和 AC 属于不同的 IP 网段，需要通过路由器或者三层交换机的路由转发功能来完成彼此通信。在实际组网中，一台 AC 可以连接几十甚至几百台 AP，AP 安放位置不集中。例如，在企业网络中 AP 可以安装在公司办公室、会议室、会客间等不同场所，而 AC 放置在公司机房。这样，AP 和 AC 之间就需要比较复杂的三层网络进行互联。因此，大型组网一般采用三层组网方式。

（2）根据 AC 在网络中的位置划分

根据 AC 在网络中的位置不同，瘦 AP 组网方式可分为直连式组网和旁挂式组网两种。

① 直连式组网方式

在直连式组网方式中，AC 同时扮演 AC 和汇聚交换机的角色，AP 的数据业务和管理业务都由 AC 集中转发和处理，如图 2-6 所示。直连式组网可以看作是将 AP、AC 与上层网络串联在一起，所有数据必须经过 AC 到达核心网络。该组网方式的缺点是对 AC 的吞吐量和数据处理能力要求比较高，AC 容易成为整个无线网络带宽的瓶颈。其优点是组网架构清晰，实施起来简单。

② 旁挂式组网方式

在旁挂式组网方式中，AC 是旁挂在 AP 与核心网络的直连网络上，只承载对 AP 的管理功能，如图 2-7 所示。管理流封装在 CAPWAP 隧道中，在 AC 和 AP 间传输。数据流可以通过 CAPWAP 数据隧道经 AC 转发，也可以不通过 CAPWAP 隧道直接传输至核心网络。在实际网络中，大部分网络早已不是初期的规划方案，而是经过多次网络扩展而来的。采用旁挂式组网方式比较容易扩展，只需将 AC 旁挂在现有网络中，就可以实现对终端 AP 的管理。所以，旁挂式组网方式的使用率比较高。

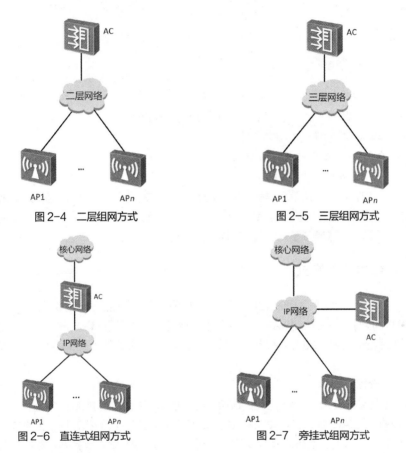

图 2-4　二层组网方式　　　　　　　图 2-5　三层组网方式

图 2-6　直连式组网方式　　　　　　　图 2-7　旁挂式组网方式

3. 敏捷分布式组网方式

敏捷分布式组网方式是通过 AC 集中管理和控制多个中心 AP，同时每个中心 AP 集中管理和控制多个 RRU，如图 2-8 所示。

所有无线接入功能由 RRU、中心 AP 和 AC 共同完成。中心 AP 和 AC 之间以及 RRU 和中心 AP 之间都采用 CAPWAP 协议进行通信。AC 负责集中处理所有的安全、控制和管理等功能，例如移动管理、身份验证、VLAN 划分、射频资源管理和数据包转发等。中心 AP 完成无线信号发射与探测响应、数据加密/解密、数据传输确认等功能。中心 AP 通过网线连接 RRU，与普通 AP 通过馈线连接天线相比，网线能够提供更长的部署距离，方便在离中心 AP 更远的位置部署 RRU。中心 AP 与 AC 之间可以跨越二层网络或三层网络。RRU 负责 802.11 报文的收发，并透传给中心 AP。RRU 和中心 AP 之间跨越二层网络，并且必须是树状组网。

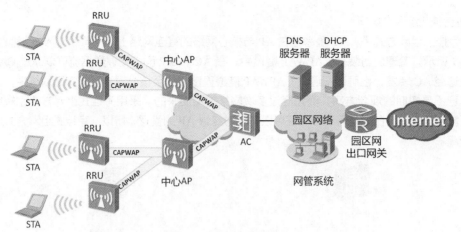

图 2-8　敏捷分布式组网方式

STA 用户接入无线网络的过程，可以分为以下 3 个主要步骤。

① 中心 AP 与 AC 之间建立 CAPWAP 隧道。

② RRU 和中心 AP 之间建立 CAPWAP 隧道。

③ STA、RRU 和中心 AP 的关联过程。

在酒店房间、校园宿舍、医院病房等多房间的场景中，由于墙体等室内建筑物的阻碍，无线信号的衰减现象较为严重。普通室内放装型 AP 和室内分布型 AP 都无法完全满足低成本、高性能的无线覆盖需求。在这类场景下，敏捷分布式组网方式能满足此类需求。

2.2.2　数据转发方式

WLAN 中的信息包括控制消息和数据消息。AC6605 可以承载管理流和数据流。其中，管理流必须封装在 CAPWAP 隧道中并进行传输。针对不同的转发方式，数据流可以选择是否封装在 CAPWAP 隧道中并进行传输，并且报文的处理流程也不同。

数据转发方式

1. 转发方式介绍

CAPWAP 协议定义了 AP 与 AC 之间的通信规则，为实现两者之间的互通，提供了封装和传输机制。AC 通过该 CAPWAP 隧道实现对 AP 的集中配置和管理。根据数据流是否封装在 CAPWAP 隧道中，数据转发可以分为直接转发和隧道转发两种。AC 支持两种数据转发类型混合使用，即可以根据需要将一部分 AP 配置为直接转发类型，另一部分 AP 配置为隧道转发类型。根据 AC 在网络中的位置不同，瘦 AP 组网方式可分为直连式和旁挂式两种。无论是直连式组网还是旁挂式组网，都可以根据需要选择合适的数据转发方式。

（1）直连式数据转发方式

在直连式组网中，AP 的数据报文和管理报文都由 AC 集中转发和处理。

直连式-隧道转发组网是指无线用户的数据报文在 AP 与 AC 之间通过 CAPWAP 封装转发，再由 AC 集中后转发到上层网络，如图 2-9 所示。

直连式-直接转发组网是指无线用户的数据报文不经过 CAPWAP 隧道，而由 AP 直接转发到上层网络，如图 2-10 所示。

通过对比发现，在直连式组网中，不管采用哪种数据转发方式，用户数据都会经过 AC 转发，只是在 AP 与 AC 之间采用的封装格式不同。

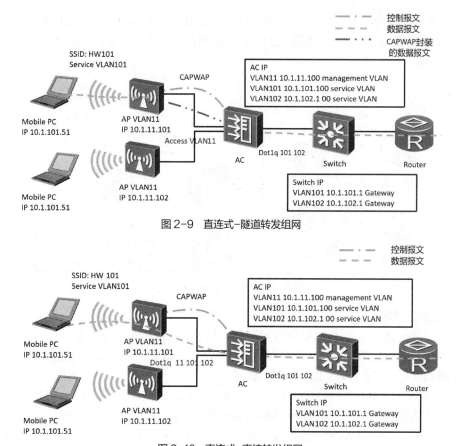

图 2-9　直连式-隧道转发组网

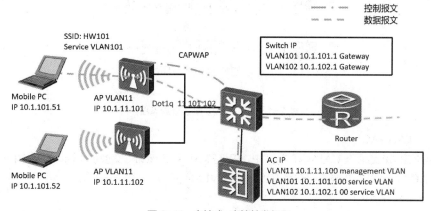

图 2-10　直连式-直接转发组网

（2）旁挂式数据转发方式

在旁挂式组网中，AC6605 只承载对 AP 的管理功能。数据流可以通过 CAPWAP 数据隧道经 AC 转发，也可以不经过 AC 而直接转发。

旁挂式-直接转发组网是指 AP 与 AC 间的报文没有经过 CAPWAP 隧道封装，不会进行任何处理，直接转发到上层网络，如图 2-11 所示。这种组网很容易突破 AC 的带宽限制，从而提高报文的转发效率，而且配置 CAPWAP 断链保持以后，可以减少无线用户断网的风险。

图 2-11　旁挂式-直接转发组网

旁挂式-隧道转发组网是指 AP 与 AC 间的报文经过 CAPWAP 隧道封装后，再由 AC 转发到上层网络，从而提高报文的转发安全性，如图 2-12 所示。这种组网可以大大提高数据的安全性，还可以对数据进行集中控制。

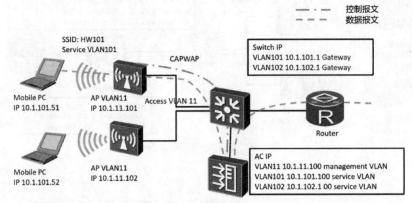

图 2-12 旁挂式-隧道转发组网

2. 报文处理流程

为了区分 WLAN 中的管理报文和数据报文，在做数据封装时需要分别配置管理 VLAN 和业务 VLAN，并予以区分。管理 VLAN 负责传输通过 CAPWAP 隧道转发的报文，其中包括管理报文和隧道转发中的数据报文。业务 VLAN 负责传输数据报文。

用 VLAN m、VLAN m'表示管理 VLAN，VLAN s、VLAN s'表示业务 VLAN，分别介绍管理报文和业务报文的转发流程。当 AP 与 AC 间为二层组网时，VLAN m 与 VLAN m'相同，VLAN s 与 VLAN s'也相同。当 AP 与 AC 间为三层组网时，VLAN m 与 VLAN m'不相同，VLAN s 与 VLAN s'也不相同。

（1）管理报文的转发处理流程

管理报文只会出现在 AP 与 AC 之间，与数据转发类型无关，如图 2-13 所示。下面分别对上行和下行两个方向的处理流程进行介绍。

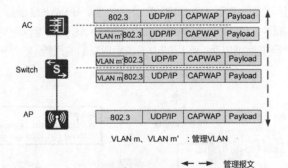

图 2-13 管理报文的转发处理流程

① 上行（AP→AC）

管理报文由 AP 封装在 CAPWAP 报文中，由连接 AP 的 Switch（交换机）标记管理 VLAN m 并传输至 AC。AC 将 CAPWAP 报文解封装并终结管理 VLAN m'。

② 下行（AC→AP）

管理报文由 AC 封装在 CAPWAP 报文中，并标记管理 VLAN m'。AP 接收 CAPWAP 报文后解封装，并由连接 AP 的 Switch 终结 VLAN m。

中间网络设备需配置管理 VLAN m 和 VLAN m'。

（2）数据业务报文的处理流程

在直接转发和隧道转发两种不同数据转发类型中，数据业务报文的处理流程有所不同。

① 直接转发方式

如图 2-14 所示，在数据直接转发类型中，业务报文不经过 CAPWAP 封装。

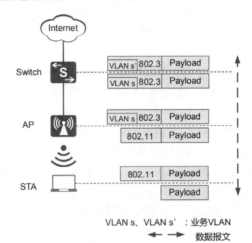

图 2-14　数据业务报文的转发处理流程（直接转发）

- 上行（STA→Internet）

AP 收到 STA 的 IEEE 802.11 上行业务数据，经 AP 直接转换为 802.3 报文并标记业务 VLAN s 后向目的地发送。

- 下行（Internet→STA）

下行业务数据将 802.3 报文送到 AP，由上层网络设备标记业务 VLAN s'，后由 AP 转换为 IEEE 802.11 发送给 STA。

② 隧道转发

如图 2-15 所示，在数据隧道转发类型中，业务报文需要经过 CAPWAP 封装并传输。

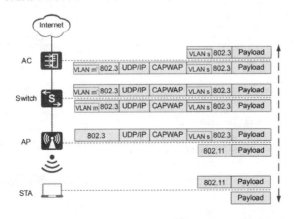

图 2-15　数据业务报文的转发处理流程（隧道转发）

- 上行（STA→Internet）

AP 收到 STA 的 IEEE 802.11 上行业务数据后，经 AP 直接转换为 802.3 报文并标记业务 VLAN s。然后 AP 封装上行业务数据到 CAPWAP 报文中，同时在连接 AP 的交换机上标记管理 VLAN m。AC 接收后将 CAPWAP 报文解封装并终结 VLAN m'。

- 下行（Internet→STA）

下行业务数据由 AC 封装到 CAPWAP 报文中。AC 允许携带 VLAN s 的报文通过，并且对该报文标记 VLAN m'，即由 AC 标记业务 VLAN s 和管理 VLAN m'。由连接 AP 的交换机终结 VLAN m。由 AP 接收后将 CAPWAP 报文解封装并终结 VLAN s，并将 802.3 报文转换为 802.11 报文发送给 STA。

封装后的报文在 CAPWAP 报文外层使用管理 VLAN m。AP 与 AC 之间的网络设备只能放行管理 VLAN m，而对封装在 CAPWAP 报文内的业务 VLAN s 不能放行。

（3）VLAN 部署规划举例

在实际组网中，管理员需要合理规划管理 VLAN 和业务 VLAN，才能保证业务正常传输。以二层组网为例，介绍如何合理规划管理 VLAN 和业务 VLAN。

对于直接转发方式，管理员需要确保 AP 与 AC 之间管理 VLAN 互通，同时 AP 与上层网络业务 VLAN 互通。如图 2-16 所示，AP 与 AC 之间所经过的所有接口全部放行管理 VLAN100，实现 AP 与 AC 之间管理报文互通；AP 与上层网络之间所有接口放行业务 VLAN101，保证数据报文正常传输至 Internet。

对于隧道转发方式，管理员同样需要确保 AP 与 AC 之间管理 VLAN 互通，同时 AC 与上层网络业务 VLAN 互通。如图 2-17 所示，AP 与 AC 之间所经过的所有接口全部放行管理 VLAN100，实现 AP 与 AC 之间管理报文和数据报文互通；AC 与上层网络之间所有接口放行业务 VLAN101，保证数据报文正常传输至 Internet。

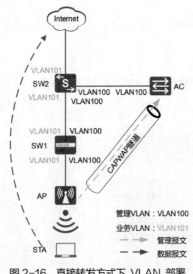

图 2-16　直接转发方式下 VLAN 部署

图 2-17　隧道转发方式下 VLAN 部署

2.2.3　IEEE 802.11 媒介访问

在有线网络中，TCP/IP 协议栈定义了一套有效的网络媒介访问规则。同样，无线网络中媒介的访问方式也有多种，例如早期的轮询方法、令牌方法和竞争方法等。由于无线信号的传播特性，只要在无线信号覆盖范围内的任何 STA 都可以收发信号。为了解决传输的安全性问题，WLAN 中的 STA 必须通过链路认证才可以加入到无线网络。

传统以太网络一般采用带有冲突检测的载波侦听多路访问（Carrier Sense Multiple Access with Collision Detection，CSMA/CD）机制，作为解决工作站访问介质的规则。对 CSMA/CD 来说，其访问介质的规则可以概括为"先听后发，边听边发，冲突停止，随机重发"。CSMA/CD 可以避免多个设备在同一时刻抢占线路的情况。在 IEEE 802.11 无线局域网协议中，冲突的检测碰撞会浪费宝贵的传输资源，所需代价较大，因此 IEEE 802.11 使用冲突避免机制。

802.11 媒体访问

1. CSMA/CA 机制

IEEE 802.11 无线局域网协议对 CSMA/CD 进行了一些调整，提出了带有冲突避免的载波侦听多路访问（Carrier Sense Multiple Access with Collision Avoidance，CSMA/CA）机制。在 CSMA/CA 机制中，载波侦听是指在发送数据之前进行侦听，以确保线路空闲，减少冲突的机会；多址访问是指某个站点发送的数据可以同时被多个站点接收；冲突避免是指 802.11 允许工作站使用请求发送（RTS）和允许发送（CTS）控制帧来清空传送区域，避免其他工作站的干扰。

（1）退避原理

在传输无线数据时，发射机无法边发射边检测，仅能试图避免碰撞。在 CSMA/CA 机制中，发送数据的站点首先检测信道，当信道空闲时，先等待一个随机时长时段，在此期间继续对信道进行检测，直到等待时段结束。如果站点检测到信道空闲，则发送数据。由于每个站点采用的随机时长不同，所以可以减少发生冲突的机会。

如果同时有多个 STA 需要发送数据，都检测到信道忙，则需要执行退避算法，即每个 STA 随机退避一段时间后再发送数据。退避时间一般是时隙的整数倍，其大小是由 PHY 层技术决定的。STA 每过一个时隙的时间就检测一次信道。若检测到信道空闲，退避计数器继续倒计时。若检测到信道忙，工作站就冻结退避计时器的剩余时间，重新等待信道变为空闲后再等待一定时长，从剩余时间开始继续倒计时，直到退避计时器的时间减小到 0，STA 开始发送数据帧。

如图 2-18 所示，在信道空闲时，首先比较各工作站的随机退避时间，选择退避时间最短的 STA3 优先发送数据，在其发送数据期间，其他工作站处于等待状态。当 STA3 发送完数据后，需要重新计算所有工作站的退避时间。每个工作站新的退避时间=上次退避时间-退避窗口，其中退避窗口为每次最短的退避时间。再次选择退避时间最短的 STA4 发送数据，依次类推。

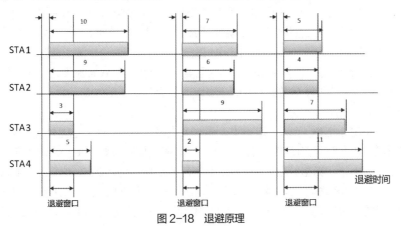

图 2-18　退避原理

（2）帧间间隔

所有站点在发送完数据后，必须等待一段时间才能继续发送下一帧数据。这段时间被称为帧间间隔（Interframe Space，IFS）。帧间间隔长度取决于该站点要发送数据帧的类型。高优先级数据帧等待时间较短，优先获得发送权，而低优先级数据帧等待时间较长。如果低优先级数据帧还没发送完成，而更高优先级的数据帧已经发送到了无线媒介，那么无线媒介将变为忙碌状态。为了减少发生冲突，低优先级数据帧只能被推迟发送。帧间间隔根据优先级不同，可以分为短帧间间隔（SIFS）、中帧间间隔（PIFS）和长帧间间隔（DIFS）。

短帧间间隔（SIFS）的长度为 10μs，是最短的帧间间隔，用于分隔开属于一次对话中的各个数据帧。一个站点应当能够在这段帧间间隔内从发送方式切换到接收方式。使用 SIFS 帧间间隔的场合包括应答 ACK 帧、应答 CTS 帧、过长的 MAC 帧分片后的数据帧、应答 AP 探询帧等。

中帧间间隔（PIFS）长度是在 SIFS 基础上增加了一个时隙长度，其大小是 30μs，是为了在开始使用点协调功能（Point Coordination Function，PCF）方式时，使工作站优先接入到无线媒介中。

长帧间间隔（DIFS）是采用分布协调功能（Distribute Coordination Function，DCF）方式用于发送数据帧和管理帧。DIFS 是竞争式服务中最短的媒介闲置时间。如果媒介闲置时间长于 DIFS，则工作站可以立即对媒介进行访问。

如图 2-19 所示，发送者和接收者均采用帧间间隔来保护数据帧和管理帧，让 NAV（Network Allocation Vector，网络分配矢量）整个程序不受干扰，起到了避免冲突的作用。

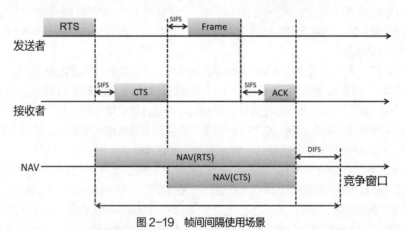

图 2-19　帧间间隔使用场景

发送者要向接收者发送数据，先检测信道的空闲状态，若检查到空闲，则等待 DIFS 时间后发送数据帧，并等待确认。发送者发送的数据帧中携带了 NAV 信息。当其他 STA 接收到这个帧后，会更新自己的 NAV 信息，表明这段时间内信道忙碌，如果自己有数据要发送，需要延迟等待。

接收者正确接收数据帧后，等待 SIFS 时间后回复 ACK 帧。当 ACK 帧发送结束，信道开始空闲。继续等待 DIFS 时间后，需要发送数据的 STA 开始利用退避算法争用信道。

（3）隐藏节点

隐藏节点是指在接收者的无线信号范围内，同时又在发送者无线信号范围外的节点。如图 2-20 所示，PC2 在接收者 AP 的信号范围内，但又在 PC1 的信号范围外，属于 PC1 的隐藏节点；同样，PC1 属于 PC2 隐藏节点。AP 可以直接跟 PC1 和 PC2 通信，不过由于某些因素（例如 PC1 和 PC2 距离太远）导致 PC1 和 PC2 无法直接通信。PC1 和 PC2 有可能在同一时间传送数据，这会造成 AP 无法辨识任何信息，也就无法对信息进行响应。另外，只有 AP 才知道冲突的存在，而 PC1 和 PC2 都不清楚冲突情况的发生。

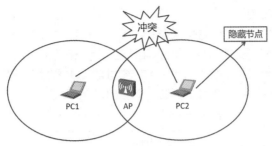

图 2-20　隐藏节点问题

　　为了避免隐藏节点所导致的冲突发生，站点在发送数据帧之前，会通过 RTS/CTS 控制帧先对信道进行预约。如图 2-21 所示，在 PC1 发送 RTS 后，AP 会向 PC1 返回 CTS，同时收到 CTS 的站点会保持安静；PC2 虽然接收不到 PC1 发送的 RTS，却能收到 AP 发送的 CTS，所以会保持安静，不再发送数据，从而解决了隐藏节点带来的冲突问题。

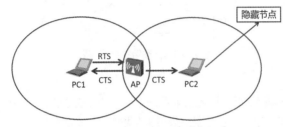

图 2-21　解决隐藏节点的机制

（4）暴露节点

　　暴露节点是指在发送者的无线信号范围之内，同时又在接收者无线信号范围之外的节点。如图 2-22 所示，PC2 在发送者 PC1 的无线信号范围内，同时又在接收者 AP1 的无线信号范围外，属于一个暴露节点。AP1 和 AP2 属于同一个信道。当 PC1 向 AP1 发送数据时，PC2 也希望向 AP2 发送数据。根据 CSMA/CA 机制，PC2 在发送数据时侦听信道，会侦听到 PC1 也正在发送数据，于是错误地认为此时不能向 AP2 发送数据。但实际上，PC2 数据的发送不会影响 AP1 的数据接收。这种情况就导致 PC2 暴露节点问题的出现。

　　为了避免暴露节点所导致的冲突发生，站点在发送数据帧之前，同样会通过 RTS/CTS 控制帧确认信道。如图 2-23 所示，在 PC1 发送 RTS 后，AP1 会向 PC1 返回 CTS；PC2 如果收到 AP1 发送的 CTS，会保持安静且不传输数据；如果 PC2 只收到 PC1 发送的 RTS，而没有收到 AP1 发送的 CTS，就可以传输数据，从而解决了暴露节点所带来的冲突问题。

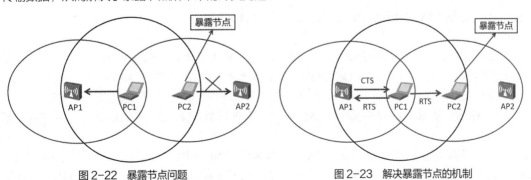

图 2-22　暴露节点问题　　　　　　　图 2-23　解决暴露节点的机制

2. WLAN 媒介访问过程

组建 WLAN 的目的是为无线用户提供网络接入服务，满足用户访问网络资源的需求。为了确保网络的安全，STA 与 AP 之间需要建立严格的接入和认证过程。无线 STA 用户首先需要通过扫描发现周围的无线服务，再通过认证和关联后，才能与 AP 建立连接，最终接入到无线局域网，具体接入过程如图 2-24 所示。下面将对扫描、认证和关联这 3 个过程做详细介绍。

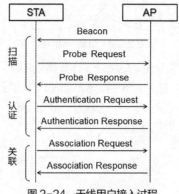

图 2-24 无线用户接入过程

（1）扫描过程

STA 在接入任何无线网络之前，首先必须识别出网络的存在。STA 可以通过扫描的方式获取周围无线网络的信息。扫描的方式有主动扫描和被动扫描两种。

① 主动扫描

如图 2-25 所示，无线 STA 在工作过程中，会定期发送探测请求（Probe Request）帧搜索周围的无线网络，如果收到探查响应（Probe Response）帧，表明主动扫描到无线网络信号。根据 Probe Request 帧中是否携带 SSID，主动扫描被分为以下两种类型。

• 携带指定 SSID 的 Probe Request 帧

STA 依次在 11 个信道发出 Probe Request 帧，寻找与 STA 所属 SSID 相同的 AP。只有提供指定 SSID 无线服务的 AP 接收到该 Probe Request 帧后，才回复 Probe Response 帧。

• 未携带指定 SSID 的 Probe Request 帧

STA 会定期地在其支持的信道列表中发送 Probe Request 帧扫描无线网络。如果 Probe Request 帧里没有指定 SSID，就意味 STA 想要获取周围所有无线网络信号。当 AP 收到 Probe Request 帧后，会回应 Probe Response 帧通告可以提供的无线网络信息，并表明自己的 SSID。这样，STA 就能够主动搜索到周围所有的无线网络了。如果 AP 的无线网络配置了隐藏 SSID 功能，将不会回应 STA 的这类 Probe Request 帧，那么 STA 也就无法通过这种方式获取到 SSID 信息。

② 被动扫描

如图 2-26 所示，在被动扫描情况下，STA 是不会主动发送 Probe Request 帧的，只会被动接收 AP 定期发出的广播信标（Beacon）帧。AP 的 Beacon 帧中包含 AP 的 SSID 和支持速率等信息。STA 通过其信道上侦听到的 Beacon 帧，获知周围存在的无线网络。如果无线网络配置了隐藏 SSID 的功能，此时 AP 发送的 Beacon 帧中携带的 SSID 是空字符串，这样 STA 也就无法从 Beacon 帧中获取到 SSID 信息。

STA 到底是通过主动扫描还是通过被动扫描来搜索无线信号呢？这完全由 STA 的配置情况来决定。STA 的无线网卡会支持这两种扫描方式。例如，VoIP 语音终端通常会使用被动扫描方式，其目的是节省电量。

图 2-25 主动扫描

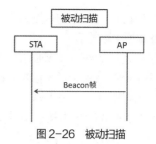

图 2-26 被动扫描

 注意　执行 ssid-hide enable 命令，表明 AP 定期发送的 Beacon 帧中携带的 SSID 是空字符串，并且不回应 STA 的广播型探测帧。STA 主动发送指定 SSID 的探测帧能够探测到此 SSID。ssid-hide enable 命令用于在 SSID 模板下使能 Beacon 帧中隐藏 SSID 功能。默认情况下，SSID 模板下的 Beacon 帧中隐藏 SSID 功能未使能。

（2）认证过程

为了保证无线链路的安全，AP 需要完成对 STA 的认证，只有通过认证后才能进入后续的关联阶段。STA 和 AP 需要通过认证请求（Authentication Request）和认证响应（Authentication Response）两种报文交互完成彼此之间的认证过程，如图 2-27 所示。IEEE 802.11 链路定义了开放系统认证和共享密钥认证两种认证机制。

开放系统认证又称不认证、不加密。不认证也是一种认证方式，是一种不安全的认证方式，即只要有 STA 提出认证请求，AP 都会通过该认证。

共享密钥认证是指 STA 和 AP 配置相同的共享密钥。AP 在链路认证过程中将验证两端的密钥配置是否相同。如果相同，则认证成功，否则认证失败。

如果配置了接入认证，STA 需要完成认证、关联等阶段才能进行网络访问。如果接入认证失败，则 STA 仅可以访问 Guest VLAN 中的网络资源或 Portal 认证界面。

（3）关联过程

关联过程实质上是链路服务协商的过程。完成了 802.11 的链路认证后，STA 会继续发起 IEEE 802.11 链路服务协商。如图 2-28 所示，STA 和 AP 通过关联请求（Association Request）和关联响应（Association Response）两种帧，成功完成链路服务参数协商后，表明两个设备成功建立了 IEEE 802.11 链路。其中，Association Request 帧携带 STA 自身以及根据服务配置的各种参数（如支持的速率、信道、QoS 能力、选择的接入认证和加密算法等）。

关联成功表明 STA 和 AP 之间已经建立好了无线链路。STA 在获取到 IP 地址后，就可以访问无线网络的资源了。

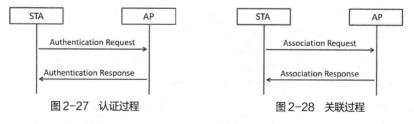

图 2-27 认证过程　　　　图 2-28 关联过程

2.2.4 配置流程介绍

在 AC+FIT AP 架构中，为了实现 AP 无线功能，需要将 AC 上的配置下发，AP 才能正常工作。在配置过程中，将使用到一些 WLAN 模板，并需要遵循严格的配置流程。

1. WLAN 模板引用关系

WLAN 的配置思路

为了方便用户配置和维护 WLAN 的各种功能,针对 WLAN 的不同功能和特性设计了各种类型的模板,这些模板统称为 WLAN 模板。各种 WLAN 模板之间存在相互引用的关系。通过了解这些引用关系,管理员可以更加明确 WLAN 模板的配置思路,更快捷地完成 WLAN 配置。如图 2-29 所示,AP 组和 AP 能够引用的模板包括域管理模板、射频模板、VAP 模板、AP 系统模板、AP 有线口模板、WIDS 模板、定位模板、BLE 模板、WDS 模板和 Mesh 模板等。部分 WLAN 模板还能继续引用其他模板,例如射频模板还能引用空口扫描模板和 RRM 模板。管理员可以根据网络建设需求,选用不同功能的 WLAN 模板。

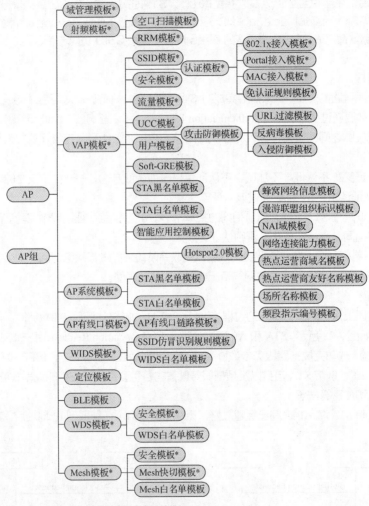

注：标有"*"的模板表示存在默认模板

图 2-29　WLAN 模板引用关系

2. 配置流程

如图 2-30 所示,在配置 WLAN 基本业务过程中,基于 AC+FIT AP 架构的配置流程主要包括创建 AP 组、配置网络互通、配置 AC 系统参数和配置 AC 为 FIT AP 下发 WLAN 业务这 4 个步骤。

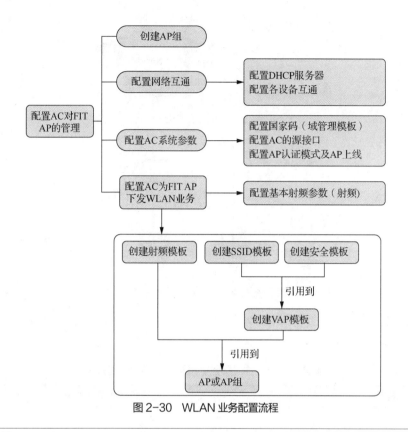

图 2-30　WLAN 业务配置流程

2.3　项目实施 1　基于直连式二层数据直接转发的无线网络搭建

2.3.1　实施条件

为了能够在实训环境中模拟本项目，实训环境所需设备和器材如下。

① 华为 AC6605 设备 1 台。

② 华为 AP4050DN 设备 1 台。

③ 华为 S3700 设备 1 台。

④ 华为 R2240 设备 1 台。

⑤ 无线终端设备 2 台。

⑥ 管理主机 1 台。

⑦ 配置电缆 1 根。

⑧ 电源插座 5 个。

⑨ 吉比特以太网网线 3 根。

WLAN 的简单组网
配置

2.3.2　数据规划

本项目的拓扑如图 2-31 所示。

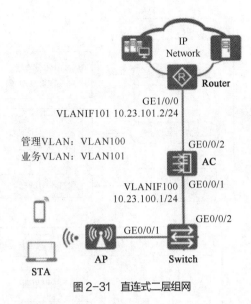

图 2-31　直连式二层组网

　　为了实现 AC 对 AP 的配置管理和 STA 业务的正常转发，AC 作为 DHCP 服务器为 AP 和 STA 分配 IP 地址。具体数据规划如表 2-1 所示。

表 2-1　直连式二层数据直接转发项目数据规划

配置项	规划数据
管理 VLAN	VLAN100
STA 业务 VLAN	VLAN101
DHCP 服务器	AC 作为 DHCP 服务器为 AP 和 STA 分配 IP 地址
AP 的 IP 地址池	10.23.100.2～10.23.100.254/24
STA 的 IP 地址池	10.23.101.3～10.23.101.254/24
AC 的源接口 IP 地址	VLANIF100：10.23.100.1/24
AP 组	名称：ap1 引用模板：VAP 模板 wlan-net、域管理模板 default
域管理模板	名称：default 国家码：CN
SSID 模板	名称：wlan-net SSID 名称：wlan-net
安全模板	名称：wlan-net 安全策略：WEP Open
VAP 模板	名称：wlan-net 转发模式：直接转发 业务 VLAN：VLAN101 引用模板：SSID 模板 wlan-net、安全模板 wlan-net

2.3.3　实施步骤

步骤 1　根据项目的拓扑结构，进行网络物理连接。

步骤 2　配置周边设备。

#配置接入交换机 Switch 的 GE0/0/1 和 GE0/0/2 接口，并加入 VLAN100 和 VLAN101，GE0/0/1 接口的默认 VLAN 为 VLAN100。

```
<Huawei> system-view
<Huawei> sysname Switch
[Switch] vlan batch 100 101
[Switch] interface gigabitethernet 0/0/1
[Switch-GigabitEthernet0/0/1] port link-type trunk
[Switch-GigabitEthernet0/0/1] port trunk pvid vlan 100
[Switch-GigabitEthernet0/0/1] port trunk allow-pass vlan 100 101
[Switch-GigabitEthernet0/0/1] port-isolate enable
[Switch-GigabitEthernet0/0/1] quit
[Switch] interface gigabitethernet 0/0/2
[Switch-GigabitEthernet0/0/2] port link-type trunk
[Switch-GigabitEthernet0/0/2] port trunk allow-pass vlan 100 101
[Switch-GigabitEthernet0/0/2] quit
```

#配置 Router 的接口 GE1/0/0，使其加入 VLAN101，创建接口 VLANIF101 并配置 IP 地址为 10.23.101.2/24。

```
<Huawei> system-view
[Huawei] sysname Router
[Router] vlan batch 101
[Router] interface gigabitethernet 1/0/0
[Router-GigabitEthernet1/0/0] port link-type trunk
[Router-GigabitEthernet1/0/0] port trunk allow-pass vlan 101
[Router-GigabitEthernet1/0/0] quit
[Router] interface vlanif 101
[Router-Vlanif101] ip address 10.23.101.2 24
[Router-Vlanif101] quit
```

步骤 3　配置 AC 与其他网络设备互通。

#配置 AC 的接口 GE0/0/1，使其加入 VLAN100 和 VLAN101，接口 GE0/0/2 加入 VLAN101。

```
<AC6605> system-view
[AC6605] sysname AC
[AC] vlan batch 100 101
[AC] interface gigabitethernet 0/0/1
[AC-GigabitEthernet0/0/1] port link-type trunk
[AC-GigabitEthernet0/0/1] port trunk allow-pass vlan 100 101
[AC-GigabitEthernet0/0/1] quit
[AC] interface gigabitethernet 0/0/2
[AC-GigabitEthernet0/0/2] port link-type trunk
[AC-GigabitEthernet0/0/2] port trunk allow-pass vlan 101
[AC-GigabitEthernet0/0/2] quit
```

步骤 4　配置 DHCP 服务器，为 STA 和 AP 分配 IP 地址。

#在 AC 上配置 VLANIF100 接口，为 AP 提供 IP 地址，配置 VLANIF101 接口，为 STA 提供 IP 地址，并配置下一跳为 Router 的默认路由。

```
[AC] dhcp enable
[AC] interface vlanif 100
[AC-Vlanif100] ip address 10.23.100.1 24
[AC-Vlanif100] dhcp select interface
[AC-Vlanif100] quit
[AC] interface vlanif 101
[AC-Vlanif101] ip address 10.23.101.1 24
[AC-Vlanif101] dhcp select interface
[AC-Vlanif101] dhcp server excluded-ip-address 10.23.101.2
[AC-Vlanif101] quit
[AC] ip route-static 0.0.0.0 0.0.0.0 10.23.101.2
```

步骤 5　配置 AP 上线。

#创建 AP 组，用于将相同配置的 AP 都加入同一 AP 组中。

```
[AC] wlan
[AC-wlan-view] ap-group name ap1
[AC-wlan-ap-group-ap1] quit
```

#创建域管理模板，在域管理模板下配置 AC 的国家码并在 AP 组下引用域管理模板。

```
[AC-wlan-view] regulatory-domain-profile name default
[AC-wlan-regulate-domain-default] country-code CN
[AC-wlan-regulate-domain-default] quit
[AC-wlan-view] ap-group name ap1
[AC-wlan-ap-group-ap1] regulatory-domain-profile default
Warning: Modifying the country code will clear channel, power and antenna gain
configurations of the radio and reset the AP. Continue?[Y/N]:y
[AC-wlan-ap-group-ap1] quit
[AC-wlan-view] quit
```

#配置 AC 的源接口。

```
[AC] capwap source interface vlanif 100
```

#在 AC 上离线导入 AP，并将 AP 加入 AP 组"ap1"中。

```
[AC] wlan
[AC-wlan-view] ap auth-mode mac-auth
[AC-wlan-view] ap-id 0 ap-mac 00E0-FC42-5C80
[AC-wlan-ap-0] ap-name area_1
[AC-wlan-ap-0] ap-group ap1
Warning: This operation may cause AP reset. If the country code changes, it will
clear channel, power and antenna gain configurations of the radio, Whether to continue?
[Y/N]:y
[AC-wlan-ap-0] quit
```

\#将 AP 上电后，当执行命令 display ap all，查看到 AP 的 "State" 字段为 "nor" 时，表示 AP 正常上线。

```
[AC-wlan-view] display ap all
Total AP information:
nor : normal    [1]
--------------------------------------------------------------------------
ID    MAC           Name     Group    IP            Type          State   STA   Uptime
--------------------------------------------------------------------------
0    00E0-FC42-5C80  area_1   ap1  10.23.100.254  AP6010DN-AGN   nor     0     10S
--------------------------------------------------------------------------
Total: 1
```

步骤 6　配置 WLAN 业务参数。

\#创建名为 "wlan-net" 的安全模板，并配置安全策略。

```
[AC-wlan-view] security-profile name wlan-net
[AC-wlan-sec-prof-wlan-net] security open
[AC-wlan-sec-prof-wlan-net] quit
```

\#创建名为 "wlan-net" 的 SSID 模板，并配置 SSID 名称为 "wlan-net"。

```
[AC-wlan-view] ssid-profile name wlan-net
[AC-wlan-ssid-prof-wlan-net] ssid wlan-net
[AC-wlan-ssid-prof-wlan-net] quit
```

\#创建名为 "wlan-net" 的 VAP 模板，配置业务数据转发模式、业务 VLAN，并且引用安全模板和 SSID 模板。

```
[AC-wlan-view] vap-profile name wlan-net
[AC-wlan-vap-prof-wlan-net] forward-mode direct-forward
[AC-wlan-vap-prof-wlan-net] service-vlan vlan-id 101
[AC-wlan-vap-prof-wlan-net] security-profile wlan-net
[AC-wlan-vap-prof-wlan-net] ssid-profile wlan-net
[AC-wlan-vap-prof-wlan-net] quit
```

\#配置 AP 组，引用 VAP 模板，AP 上射频 0 和射频 1 都使用 VAP 模板 "wlan-net" 的配置。WLAN 后面数字表示 WLAN ID，表示其在 VAP 内部的编号。

```
[AC-wlan-view] ap-group name ap1
[AC-wlan-ap-group-ap1] vap-profile wlan-net wlan 1 radio 0
[AC-wlan-ap-group-ap1] vap-profile wlan-net wlan 1 radio 1
[AC-wlan-ap-group-ap1] quit
```

2.3.4　项目测试

按照以上实施步骤操作后，可以通过以下步骤进行结果测试。通过观察相关的设备现象或查看相关的参数，判断该项目是否成功。

\# WLAN 业务配置会自动下发给 AP。配置完成后，通过执行命令 display vap ssid wlan-net 查看信息，当 "Status" 项显示为 "ON" 时，表示 AP 对应射频上的 VAP 已创建成功。

```
[AC-wlan-view] display vap ssid wlan-net
```

```
WID : WLAN ID
------------------------------------------------------------------------
AP ID  AP name  RfID  WID  BSSID          Status    Auth type  STA   SSID
------------------------------------------------------------------------
0      area_1   0     1    00E0-FC42-5C80 ON        Open       0     wlan-net
0      area_1   1     1    00E0-FC42-5C90 ON        Open       0     wlan-net
------------------------------------------------------------------------
Total: 2
```

\#STA 搜索到名为 "wlan-net" 的无线网络，不需要输入密码就可以连接。正常关联后，STA 能够分配到相应的 IP 地址。在 AC 上执行 display station ssid wlan-net 命令，可以查看到用户已经接入无线网络 "wlan-net" 中。

```
[AC-wlan-view] display station ssid wlan-net
Rf/WLAN: Radio ID/WLAN ID
Rx/Tx: link receive rate/link transmit rate(Mbps)
------------------------------------------------------------------------
STA MAC    AP ID AP name Rf/WLAN Band  Type  Rx/Tx  RSSI  VLAN  IP address
------------------------------------------------------------------------
e019-1dc7-1e08 0  area_1  1/1     5G    11n   46/59  -68   101   10.23.101.254
------------------------------------------------------------------------
Total: 1  2.4G: 0  5G: 1
```

2.4 项目实施 2 基于直连式二层数据隧道转发的无线网络搭建

2.4.1 实施条件

为了能够在实训环境中模拟本项目，实训环境所需设备和器材如下。
① 华为 AC6605 设备 1 台。
② 华为 AP4050DN 设备 1 台。
③ 华为 S3700 设备 1 台。
④ 华为 R2240 设备 1 台。
⑤ 无线终端设备 2 台。
⑥ 管理主机 1 台。
⑦ 配置电缆 1 根。
⑧ 电源插座 5 个。
⑨ 吉比特以太网网线 3 根。

AC 旁挂组网二层
互通数据隧道转发

2.4.2 数据规划

本项目的拓扑如图 2-31 所示。为了实现 AC 对 AP 的配置管理和 STA 业务的正常转发，AC 作为 DHCP 服务器为 AP 和 STA 分配 IP 地址。具体数据规划如表 2-2 所示。

表 2-2　直连式二层数据隧道转发项目数据规划

配置项	规划数据
管理 VLAN	VLAN100
STA 业务 VLAN	VLAN101
DHCP 服务器	AC 作为 DHCP 服务器为 AP 和 STA 分配 IP 地址
AP 的 IP 地址池	10.23.100.2～10.23.100.254/24
STA 的 IP 地址池	10.23.101.3～10.23.101.254/24
AC 的源接口 IP 地址	VLANIF100: 10.23.100.1/24
AP 组	名称: ap1 引用模板: VAP 模板 wlan-net、域管理模板 default
域管理模板	名称: default 国家码: CN
SSID 模板	名称: wlan-net SSID 名称: wlan-net
安全模板	名称: wlan-net 安全策略: WEP Open
VAP 模板	名称: wlan-net 转发模式: 隧道转发 业务 VLAN: VLAN101 引用模板: SSID 模板 wlan-net、安全模板 wlan-net

2.4.3　实施步骤

步骤 1　根据项目的拓扑结构，进行网络物理连接。

步骤 2　配置周边设备。

\#配置接入交换机 Switch 的 GE0/0/1 和 GE0/0/2 接口，使其加入 VLAN100，GE0/0/1 的默认 VLAN 为 VLAN100。

```
<Huawei> system-view
<Huawei> sysname Switch
[Switch] vlan batch 100 101
[Switch] interface gigabitethernet 0/0/1
[Switch-GigabitEthernet0/0/1] port link-type trunk
[Switch-GigabitEthernet0/0/1] port trunk pvid vlan 100
[Switch-GigabitEthernet0/0/1] port trunk allow-pass vlan 100
[Switch-GigabitEthernet0/0/1] port-isolate enable
[Switch-GigabitEthernet0/0/1] quit
[Switch] interface gigabitethernet 0/0/2
[Switch-GigabitEthernet0/0/2] port link-type trunk
[Switch-GigabitEthernet0/0/2] port trunk allow-pass vlan 100
[Switch-GigabitEthernet0/0/2] quit
```

\#配置 Router 的接口 GE1/0/0，使其加入 VLAN101，创建接口 VLANIF101 并配置 IP 地址为 10.23.101.2/24。

```
<Huawei> system-view
[Huawei] sysname Router '
[Router] vlan batch 101
[Router] interface gigabitethernet 1/0/0
[Router-GigabitEthernet1/0/0] port link-type trunk
[Router-GigabitEthernet1/0/0] port trunk allow-pass vlan 101
[Router-GigabitEthernet1/0/0] quit
[Router] interface vlanif 101
[Router-Vlanif101] ip address 10.23.101.2 24
[Router-Vlanif101] quit
```

步骤 3 配置 AC，使其与其他网络设备互通。

#配置 AC 的接口 GE0/0/1，使其加入 VLAN100，接口 GE0/0/2 加入 VLAN101。

```
<AC6605> system-view
[AC6605] sysname AC
[AC] vlan batch 100 101
[AC] interface gigabitethernet 0/0/1
[AC-GigabitEthernet0/0/1] port link-type trunk
[AC-GigabitEthernet0/0/1] port trunk allow-pass vlan 100
[AC-GigabitEthernet0/0/1] quit
[AC] interface gigabitethernet 0/0/2
[AC-GigabitEthernet0/0/2] port link-type trunk
[AC-GigabitEthernet0/0/2] port trunk allow-pass vlan 101
[AC-GigabitEthernet0/0/2] quit
```

步骤 4 配置 DHCP 服务器，为 STA 和 AP 分配 IP 地址。

#在 AC 上配置 VLANIF100 接口，为 AP 提供 IP 地址，配置 VLANIF101 接口，为 STA 提供 IP 地址，并配置下一跳为 Router 的默认路由。

```
[AC] dhcp enable
[AC] interface vlanif 100
[AC-Vlanif100] ip address 10.23.100.1 24
[AC-Vlanif100] dhcp select interface
[AC-Vlanif100] quit
[AC] interface vlanif 101
[AC-Vlanif101] ip address 10.23.101.1 24
[AC-Vlanif101] dhcp select interface
[AC-Vlanif101] dhcp server excluded-ip-address 10.23.101.2
[AC-Vlanif101] quit
[AC] ip route-static 0.0.0.0 0.0.0.0 10.23.101.2
```

步骤 5 配置 AP 上线。

#创建 AP 组，用于将相同配置的 AP 都加入同一 AP 组中。

```
[AC] wlan
[AC-wlan-view] ap-group name ap1
```

```
[AC-wlan-ap-group-ap1] quit
```

#创建域管理模板，在域管理模板下配置 AC 的国家码并在 AP 组下引用域管理模板。

```
[AC-wlan-view] regulatory-domain-profile name default
[AC-wlan-regulate-domain-default] country-code CN
[AC-wlan-regulate-domain-default] quit
[AC-wlan-view] ap-group name ap1
[AC-wlan-ap-group-ap1] regulatory-domain-profile default
Warning: Modifying the country code will clear channel, power and antenna gain
configurations of the radio and reset the AP. Continue?[Y/N]:y
[AC-wlan-ap-group-ap1] quit
[AC-wlan-view] quit
```

#配置 AC 的源接口。

```
[AC] capwap source interface vlanif 100
```

#在 AC 上离线导入 AP，并将 AP 加入 AP 组"ap1"中。

```
[AC] wlan
[AC-wlan-view] ap auth-mode mac-auth
[AC-wlan-view] ap-id 0 ap-mac 00E0-FC42-5C80
[AC-wlan-ap-0] ap-name area_1
[AC-wlan-ap-0] ap-group ap1
Warning: This operation may cause AP reset. If the country code changes, it will
clear channel, power and antenna gain configurations of the radio, Whether to continue?
[Y/N]:y
[AC-wlan-ap-0] quit
```

#将 AP 上电后，当执行命令 display ap all，查看到 AP 的"State"字段为"nor"时，表示 AP 正常上线。

```
[AC-wlan-view] display ap all
Total AP information:
nor : normal    [1]
-----------------------------------------------------------------------------
ID    MAC         Name     Group    IP           Type         State  STA  Uptime
-----------------------------------------------------------------------------
0   00E0-FC42-5C80  area_1   ap1   10.23.100.254  AP6010DN-AGN  nor    0    10S
-----------------------------------------------------------------------------
Total: 1
```

步骤 6　配置 WLAN 业务参数。

#创建名为"wlan-net"的安全模板，并配置安全策略。

```
[AC-wlan-view] security-profile name wlan-net
[AC-wlan-sec-prof-wlan-net] security open
[AC-wlan-sec-prof-wlan-net] quit
```

#创建名为"wlan-net"的 SSID 模板，并配置 SSID 名称为"wlan-net"。

```
[AC-wlan-view] ssid-profile name wlan-net
```

```
[AC-wlan-ssid-prof-wlan-net] ssid wlan-net

[AC-wlan-ssid-prof-wlan-net] quit
```

#创建名为"wlan-net"的 VAP 模板，配置业务数据转发模式、业务 VLAN，并且引用安全模板和 SSID 模板。

```
[AC-wlan-view] vap-profile name wlan-net

[AC-wlan-vap-prof-wlan-net] forward-mode tunnel

[AC-wlan-vap-prof-wlan-net] service-vlan vlan-id 101

[AC-wlan-vap-prof-wlan-net] security-profile wlan-net

[AC-wlan-vap-prof-wlan-net] ssid-profile wlan-net

[AC-wlan-vap-prof-wlan-net] quit
```

#配置 AP 组引用 VAP 模板，AP 上所有射频都使用 VAP 模板"wlan-net"的配置。

```
[AC-wlan-view] ap-group name ap1

[AC-wlan-ap-group-ap1] vap-profile wlan-net wlan 1 radio all

[AC-wlan-ap-group-ap1] quit
```

2.4.4 项目测试

按照以上实施步骤操作后，可以通过以下步骤进行结果测试。通过观察相关的设备现象或查看相关的参数，判断该项目是否成功。

WLAN 业务配置会自动下发给 AP。配置完成后，通过执行命令 display vap ssid wlan-net 查看信息，当"Status"项显示为"ON"时，表示 AP 对应射频上的 VAP 已创建成功。

```
[AC-wlan-view] display vap ssid wlan-net
WID : WLAN ID
--------------------------------------------------------------------------------

AP ID  AP name  RfID  WID  BSSID          Status    Auth type    STA    SSID
--------------------------------------------------------------------------------

0      area_1   0     1    00E0-FC42-5C80  ON       Open         0      wlan-net
0      area_1   1     1    00E0-FC42-5C90  ON       Open         0      wlan-net
--------------------------------------------------------------------------------

Total: 2
```

#STA 搜索到名为"wlan-net"的无线网络，不需要输入密码就可以连接。正常关联后，STA 能够分配到相应的 IP 地址。在 AC 上执行 display station ssid wlan-net 命令，可以查看到用户已经接入无线网络"wlan-net"中。

```
[AC-wlan-view] display station ssid wlan-net
Rf/WLAN: Radio ID/WLAN ID
Rx/Tx: link receive rate/link transmit rate(Mbps)
--------------------------------------------------------------------------------

STA MAC       AP ID AP name Rf/WLAN Band  Type  Rx/Tx  RSSI  VLAN   IP address
--------------------------------------------------------------------------------

e019-1dc7-1e08 0    area_1  1/1     5G    11n   46/59  -68   101    10.23.101.254
--------------------------------------------------------------------------------

Total: 1  2.4G: 0  5G: 1
```

2.5 项目实施 3 基于三层组网数据直接转发的无线网络搭建

2.5.1 实施条件

为了能够在实训环境中模拟本项目，实训环境所需设备和器材如下。

① 华为 AC6605 设备 1 台。

② 华为 AP4050DN 设备 1 台。

③ 华为 S5700 设备 1 台。

④ 华为 S3700 设备 1 台。

⑤ 华为 R2240 设备 1 台。

⑥ 无线终端设备 2 台。

⑦ 管理主机 1 台。

⑧ 配置电缆 1 根。

⑨ 电源插座 6 个。

⑩ 吉比特以太网网线 4 根。

AC 旁挂组网三层
互通数据直接转发

2.5.2 数据规划

本项目的拓扑结构如图 2-32 所示。

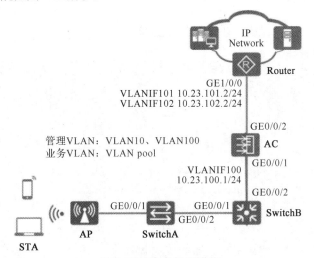

图 2-32　直连式三层组网

为了实现 AC 对 AP 的配置管理和 STA 业务的正常转发，汇聚交换机 SwitchB 作为 DHCP 服务器为 AP 和 STA 分配 IP 地址，具体数据规划如表 2-3 所示。

表 2-3　三层组网数据直接转发项目数据规划

配置项	规划数据
管理 VLAN	VLAN10、VLAN100
STA 业务 VLAN	VLAN pool 名称：sta-pool VLAN pool 中的 VLAN：101、102

续表

配置项	规划数据
DHCP 服务器	汇聚交换机 SwitchB 作为 AP 和 STA 的 DHCP 服务器 AP 的默认网关为 10.23.10.1 STA 的默认网关为 10.23.101.1 和 10.23.102.1
AP 的 IP 地址池	10.23.10.2～10.23.10.254/24
STA 的 IP 地址池	10.23.101.3～10.23.101.254/24 10.23.102.3～10.23.102.254/24
AC 的源接口 IP 地址	VLANIF100：10.23.100.1/24
AP 组	名称：ap1 引用模板：VAP 模板 wlan-net、域管理模板 default
域管理模板	名称：default 国家码：CN
SSID 模板	名称：wlan-net SSID 名称：wlan-net
安全模板	名称：wlan-net 安全策略：WEP Open
VAP 模板	名称：wlan-net 转发模式：直接转发 业务 VLAN：VLAN pool 引用模板：SSID 模板 wlan-net、安全模板 wlan-net

2.5.3 实施步骤

步骤 1 根据项目的拓扑结构，进行网络物理连接。

步骤 2 配置周边设备。

\#配置接入交换机 SwitchA 的 GE0/0/1 和 GE0/0/2 接口，并加入 VLAN10、VLAN101 和 VLAN102，GE0/0/1 接口的默认 VLAN 为 VLAN10。

```
<HUAWEI> system-view
[HUAWEI] sysname SwitchA
[SwitchA] vlan batch 10 101 102
[SwitchA] interface gigabitethernet 0/0/1
[SwitchA-GigabitEthernet0/0/1] port link-type trunk
[SwitchA-GigabitEthernet0/0/1] port trunk pvid vlan 10
[SwitchA-GigabitEthernet0/0/1] port trunk allow-pass vlan 10 101 102
[SwitchA-GigabitEthernet0/0/1] port-isolate enable
[SwitchA-GigabitEthernet0/0/1] quit
[SwitchA] interface gigabitethernet 0/0/2
[SwitchA-GigabitEthernet0/0/2] port link-type trunk
[SwitchA-GigabitEthernet0/0/2] port trunk allow-pass vlan 10 101 102
[SwitchA-GigabitEthernet0/0/2] quit
```

\#配置汇聚交换机 SwitchB 的接口 GE0/0/1，使其加入 VLAN10、VLAN101 和 VLAN102，接口 GE0/0/2 加入 VLAN100、VLAN101 和 VLAN102，并创建接口 VLANIF100，地址为 10.23.100.2/24。

```
<HUAWEI> system-view
[HUAWEI] sysname SwitchB
```

```
[SwitchB] vlan batch 10 100 101 102

[SwitchB] interface gigabitethernet 0/0/1

[SwitchB-GigabitEthernet0/0/1] port link-type trunk

[SwitchB-GigabitEthernet0/0/1] port trunk allow-pass vlan 10 101 102

[SwitchB-GigabitEthernet0/0/1] quit

[SwitchB] interface gigabitethernet 0/0/2

[SwitchB-GigabitEthernet0/0/2] port link-type trunk

[SwitchB-GigabitEthernet0/0/2] port trunk allow-pass vlan 100 101 102

[SwitchB-GigabitEthernet0/0/2] quit

[SwitchB] interface vlanif 100

[SwitchB-Vlanif100] ip address 10.23.100.2 24

[SwitchB-Vlanif100] quit
```

#配置 Router 的接口 GE1/0/0,使其加入 VLAN101 和 VLAN102,创建接口 VLANIF101 并配置 IP 地址为 10.23.101.2/24,创建接口 VLANIF102 并配置 IP 地址为 10.23.102.2/24。

```
<Huawei> system-view

[Huawei] sysname Router

[Router] vlan batch 101 102

[Router] interface gigabitethernet 1/0/0

[Router-GigabitEthernet1/0/0] port link-type trunk

[Router-GigabitEthernet1/0/0] port trunk allow-pass vlan 101 102

[Router-GigabitEthernet1/0/0] quit

[Router] interface vlanif 101

[Router-Vlanif101] ip address 10.23.101.2 24

[Router-Vlanif101] quit

[Router] interface vlanif 102

[Router-Vlanif102] ip address 10.23.102.2 24

[Router-Vlanif102] quit
```

步骤 3 配置 AC,使其与其他网络设备互通。

#配置 AC 的接口 GE0/0/1,使其加入 VLAN100、VLAN101 和 VLAN102,接口 GE0/0/2 加入 VLAN101 和 VLAN102,并创建接口 VLANIF100。

```
<AC6605> system-view

[AC6605] sysname AC

[AC] vlan batch 100 101 102

[AC] interface vlanif 100

[AC-Vlanif100] ip address 10.23.100.1 24

[AC-Vlanif100] quit

[AC] interface gigabitethernet 0/0/1

[AC-GigabitEthernet0/0/1] port link-type trunk

[AC-GigabitEthernet0/0/1] port trunk allow-pass vlan 100 101 102

[AC-GigabitEthernet0/0/1] quit

[AC] interface gigabitethernet 0/0/2
```

```
[AC-GigabitEthernet0/0/2] port link-type trunk

[AC-GigabitEthernet0/0/2] port trunk allow-pass vlan 101 102

[AC-GigabitEthernet0/0/2] quit
```

#配置 AC 到 AP 的路由，下一跳为 SwitchB 的 VLANIF100。

```
[AC] ip route-static 10.23.10.0 24 10.23.100.2
```

步骤 4 配置 DHCP 服务器，为 STA 和 AP 分配 IP 地址

#在 SwitchB 上配置 DHCP 服务器，为 AP 分配 IP 地址，并指定 AC 地址。

```
[SwitchB] dhcp enable

[SwitchB] interface vlanif 10

[SwitchB-Vlanif10] ip address 10.23.10.1 24

[SwitchB-Vlanif10] dhcp select interface

[SwitchB-Vlanif10] dhcp server option 43 sub-option 3 ascii 10.23.100.1

[SwitchB-Vlanif10] quit
```

#在 Switch B 上创建 VLANIF101 和 VLANIF102 接口，为 STA 提供地址，并指定默认网关。

```
[SwitchB] interface vlanif 101

[SwitchB-Vlanif101] ip address 10.23.101.1 24

[SwitchB-Vlanif101] dhcp select interface

[SwitchB-Vlanif101] dhcp server gateway-list 10.23.101.2

[SwitchB-Vlanif101] quit

[SwitchB] interface vlanif 102

[SwitchB-Vlanif102] ip address 10.23.102.1 24

[SwitchB-Vlanif102] dhcp select interface

[SwitchB-Vlanif102] dhcp server gateway-list 10.23.102.2

[SwitchB-Vlanif102] quit
```

步骤 5 配置 VLAN pool，用作业务 VLAN。

#在 AC 上新建 VLAN pool，并将 VLAN101 和 VLAN102 加入其中，配置 VLAN pool 中的 VLAN 分配算法为 "hash"。

```
[AC] vlan pool sta-pool

[AC-vlan-pool-sta-pool] vlan 101 102

[AC-vlan-pool-sta-pool] assignment hash

[AC-vlan-pool-sta-pool] quit
```

步骤 6 配置 AP 上线。

#创建 AP 组，用于将相同配置的 AP 都加入同一 AP 组中。

```
[AC] wlan

[AC-wlan-view] ap-group name ap1

[AC-wlan-ap-group-ap1] quit
```

#创建域管理模板，在域管理模板下配置 AC 的国家码并在 AP 组下引用域管理模板。

```
[AC-wlan-view] regulatory-domain-profile name default

[AC-wlan-regulate-domain-default] country-code CN

[AC-wlan-regulate-domain-default] quit

[AC-wlan-view] ap-group name ap1
```

```
    [AC-wlan-ap-group-ap1] regulatory-domain-profile default
 Warning: Modifying the country code will clear channel, power and antenna gain
configurations of the radio and reset the AP. Continue?[Y/N]:y
    [AC-wlan-ap-group-ap1] quit
    [AC-wlan-view] quit
```

#配置 AC 的源接口。

```
    [AC] capwap source interface vlanif 100
```

#在 AC 上离线导入 AP,并将 AP 加入 AP 组 "ap1" 中。

```
    [AC] wlan
    [AC-wlan-view] ap auth-mode mac-auth
    [AC-wlan-view] ap-id 0 ap-mac 00E0-FC42-5C80
    [AC-wlan-ap-0] ap-name area_1
    [AC-wlan-ap-0] ap-group ap1
 Warning: This operation may cause AP reset. If the country code changes, it will clear
channel, power and antenna gain configurations of the radio, Whether to continue? [Y/N]:y
    [AC-wlan-ap-0] quit
```

#将 AP 上电后,当执行命令 display ap all,查看到 AP 的 "State" 字段为 "nor" 时,表示 AP 正常上线。

```
    [AC-wlan-view] display ap all
 Total AP information:
 nor : normal    [1]
 -------------------------------------------------------------------------------
 ID   MAC          Name    Group   IP            Type         State  STA  Uptime
 -------------------------------------------------------------------------------
 0  00E0-FC42-5C80  area_1  ap1   10.23.10.254  AP6010DN-AGN  nor    0    10S
 -------------------------------------------------------------------------------
 Total: 1
```

步骤 7　配置 WLAN 业务参数。

#创建名为 "wlan-net" 的安全模板,并配置安全策略。

```
    [AC-wlan-view] security-profile name wlan-net
    [AC-wlan-sec-prof-wlan-net] security open
    [AC-wlan-sec-prof-wlan-net] quit
```

#创建名为 "wlan-net" 的 SSID 模板,并配置 SSID 名称为 "wlan-net"。

```
    [AC-wlan-view] ssid-profile name wlan-net
    [AC-wlan-ssid-prof-wlan-net] ssid wlan-net
    [AC-wlan-ssid-prof-wlan-net] quit
```

#创建名为 "wlan-net" 的 VAP 模板,配置业务数据转发模式、业务 VLAN,并且引用安全模板和 SSID 模板。

```
    [AC-wlan-view] vap-profile name wlan-net
    [AC-wlan-vap-prof-wlan-net] forward-mode direct-forward
    [AC-wlan-vap-prof-wlan-net] service-vlan vlan-pool sta-pool
    [AC-wlan-vap-prof-wlan-net] security-profile wlan-net
    [AC-wlan-vap-prof-wlan-net] ssid-profile wlan-net
```

```
[AC-wlan-vap-prof-wlan-net] quit
#配置 AP 组引用 VAP 模板，AP 上射频 0 和射频 1 都使用 VAP 模板 "wlan-net" 的配置。
[AC-wlan-view] ap-group name ap1
[AC-wlan-ap-group-ap1] vap-profile wlan-net wlan 1 radio 0
[AC-wlan-ap-group-ap1] vap-profile wlan-net wlan 1 radio 1
[AC-wlan-ap-group-ap1] quit
```

2.5.4 项目测试

按照以上实施步骤操作后，可以通过以下步骤进行结果测试。通过观察相关的设备现象或查看相关的参数，判断该项目是否成功。

```
# WLAN 业务配置会自动下发给 AP。配置完成后，通过执行命令 display vap ssid wlan-net 查看信息，
当 "Status" 项显示为 "ON" 时，表示 AP 对应射频上的 VAP 已创建成功。
[AC-wlan-view] display vap ssid wlan-net
WID : WLAN ID
--------------------------------------------------------------------------------
AP ID  AP name  RfID  WID  BSSID          Status   Auth type   STA   SSID
--------------------------------------------------------------------------------
0      area_1   0     1    00E0-FC42-5C80  ON       Open        0     wlan-net
0      area_1   1     1    00E0-FC42-5C90  ON       Open        0     wlan-net
--------------------------------------------------------------------------------
Total: 2
#STA 搜索到名为 "wlan-net" 的无线网络，不需要输入密码就可以连接。正常关联后，STA 能够分配到相
应的 IP 地址。在 AC 上执行 display station ssid wlan-net 命令，可以查看到用户已经接入无线网络
"wlan-net" 中。
[AC-wlan-view] display station ssid wlan-net
Rf/WLAN: Radio ID/WLAN ID
Rx/Tx: link receive rate/link transmit rate(Mbps)
--------------------------------------------------------------------------------
STA MAC      AP ID AP name Rf/WLAN Band  Type  Rx/Tx  RSSI  VLAN  IP address
--------------------------------------------------------------------------------
e019-1dc7-1e08 0  area_1   1/1    5G    11n   46/59  -68   101   10.23.102.254
--------------------------------------------------------------------------------
Total: 1  2.4G: 0  5G: 1
```

2.6 项目实施 4 基于敏捷分布式的无线网络搭建

2.6.1 实施条件

为了能够在实训环境中模拟本项目，实训环境所需设备和器材如下。

① 华为 AC6605 设备 1 台。

② 华为 AD9430 设备 1 台。

③ 华为 R250D 设备 2 台。

④ 华为 S5700 设备 1 台。

⑤ 华为 R2240 设备 1 台。

⑥ 无线终端设备 4 台。

⑦ 管理主机 1 台。

⑧ 配置电缆 1 根。

⑨ 电源插座 2 个。

⑩ 吉比特以太网网线 5 根。

2.6.2　数据规划

本项目的拓扑结构如图 2-33 所示。

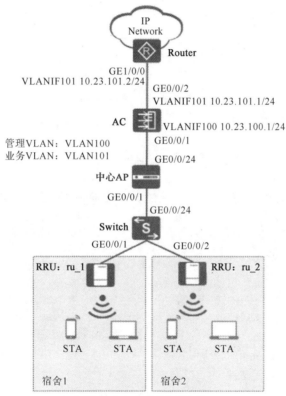

图 2-33　敏捷分布式组网

为了实现 AC 对 AP 的配置管理和 STA 业务的正常转发，AC 作为 DHCP 服务器为 STA、中心 AP 和 RRU 分配 IP 地址。具体数据规划如表 2-4 所示。

表 2-4　敏捷分布式组网项目数据规划

配置项	规划数据
管理 VLAN	VLAN100
STA 业务 VLAN	VLAN101

续表

配置项	规划数据
DHCP 服务器	AC 作为 DHCP 服务器为 STA、中心 AP 和 RRU 分配 IP 地址
中心 AP 和 RRU 的 IP 地址池	10.23.100.2～10.23.100.254/24
STA 的 IP 地址池	10.23.101.3～10.23.101.254/24
AC 的源接口 IP 地址	VLANIF100: 10.23.100.1/24
AP 组	名称: ap1 引用模板: VAP 模板 wlan-net、域管理模板 default
域管理模板	名称: default 国家码: CN
SSID 模板	名称: wlan-net SSID 名称: wlan-net
安全模板	名称: wlan-net 安全策略: WEP Open
VAP 模板	名称: wlan-net 转发模式: 隧道转发 业务 VLAN: VLAN101 引用模板: SSID 模板 wlan-net、安全模板 wlan-net

2.6.3　实施步骤

步骤 1　根据项目的拓扑结构，进行网络物理连接。

步骤 2　配置周边设备。

```
#配置 Router 的接口 GE1/0/0，使其加入 VLAN101，创建接口 VLANIF101 并配置 IP 地址为
10.23.101.2/24。
<Huawei> system-view
[Huawei] sysname Router
[Router] vlan batch 101
[Router] interface gigabitethernet 1/0/0
[Router-GigabitEthernet1/0/0] port link-type trunk
[Router-GigabitEthernet1/0/0] port trunk allow-pass vlan 101
[Router-GigabitEthernet1/0/0] quit
[Router] interface vlanif 101
[Router-Vlanif101] ip address 10.23.101.2 24
[Router-Vlanif101] quit
#配置 Switch，使中心 AP 和 RRU 二层互通。对于华为 Switch，因接口默认都加入了 VLAN1，二层互通，
所以不需要配置。对于第三方 Switch，应保证上行和下行接口二层互通。
```

说明　　RRU 到中心 AP 的网络需要保证用户的业务报文可以正常转发，因为使用隧道转发方式，所以不需要在中心 AP 和 RRU 间放行业务 VLAN。如果使用直接转发方式，则应根据中心 AP 的具体款型配置放行业务 VLAN。

对于千兆中心 AP，如 AD9430DN-24，在 Switch 上无须配置。

对于万兆中心 AP，如 AD9431DN-24X，在 Switch 上在上行和下行接口都加入业务 VLAN。

步骤 3　配置 AC，使其与其他网络设备互通。

```
#配置 AC 的接口 GE0/0/1，使其加入 VLAN100，接口 GE0/0/2 加入 VLAN101。
<AC6605> system-view
[AC6605] sysname AC
[AC] vlan batch 100 101
[AC] interface gigabitethernet 0/0/1
[AC-GigabitEthernet0/0/1] port link-type trunk
[AC-GigabitEthernet0/0/1] port trunk pvid vlan 100
[AC-GigabitEthernet0/0/1] port trunk allow-pass vlan 100
[AC-GigabitEthernet0/0/1] port-isolate enable
[AC-GigabitEthernet0/0/1] quit
[AC] interface gigabitethernet 0/0/2
[AC-GigabitEthernet0/0/2] port link-type trunk
[AC-GigabitEthernet0/0/2] port trunk allow-pass vlan 101
[AC-GigabitEthernet0/0/2] quit
```

步骤 4　配置 DHCP 服务器，为 STA、中心 AP 和 RRU 分配 IP 地址。

```
#配置基于接口地址池的 DHCP 服务器，其中，VLANIF100 接口地址池为中心 AP 和 RRU 提供 IP 地址，
VLANIF101 接口地址池为 STA 提供 IP 地址。
[AC] dhcp enable
[AC] interface vlanif 100
[AC-Vlanif100] ip address 10.23.100.1 24
[AC-Vlanif100] dhcp select interface
[AC-Vlanif100] quit
[AC] interface vlanif 101
[AC-Vlanif101] ip address 10.23.101.1 24
[AC-Vlanif101] dhcp select interface
[AC-Vlanif101] dhcp server excluded-ip-address 10.23.101.2
[AC-Vlanif101] quit
```

步骤 5　配置中心 AP 和 RRU 上线。

```
#创建 AP 组，用于将相同配置的 AP 都加入同一 AP 组中。
[AC] wlan
[AC-wlan-view] ap-group name ap1
[AC-wlan-ap-group-ap1] quit
#创建域管理模板，在域管理模板下配置 AC 的国家码并在 AP 组下引用域管理模板。
[AC-wlan-view] regulatory-domain-profile name default
[AC-wlan-regulate-domain-default] country-code CN
[AC-wlan-regulate-domain-default] quit
[AC-wlan-view] ap-group name ap1
[AC-wlan-ap-group-ap1] regulatory-domain-profile default
```

121

Warning: Modifying the country code will clear channel, power and antenna gain configurations of the radio and reset the AP. Continue?[Y/N]:y

    [AC-wlan-ap-group-ap1] quit

    [AC-wlan-view] quit

#配置 AC 的源接口。

    [AC] capwap source interface vlanif 100

#在 AC 上离线导入中心 AP 和 RRU，并将其加入 AP 组 "ap1" 中。可以通过 display system-information 命令查看中心 AP 的 MAC 地址。

    [AC] wlan

    [AC-wlan-view] ap auth-mode mac-auth

    [AC-wlan-view] ap-id 0 ap-mac 00E0-FC42-5C80

    [AC-wlan-ap-0] ap-name central_AP

    [AC-wlan-ap-0] ap-group ap1

Warning: This operation may cause AP reset. If the country code changes, it will clear channel, power and antenna gain configurations of the radio, Whether to continue? [Y/N]:y

    [AC-wlan-ap-0] quit

    [AC-wlan-view] ap-id 1 ap-mac 00E0-FC42-4A26

    [AC-wlan-ap-1] ap-name ru_1

    [AC-wlan-ap-1] ap-group ap1

Warning: This operation may cause AP reset. If the country code changes, it will clear channel, power and antenna gain configurations of the radio, Whether to continue? [Y/N]:y

    [AC-wlan-ap-1] quit

    [AC-wlan-view] ap-id 2 ap-mac 00E0-FC32-5B31

    [AC-wlan-ap-2] ap-name ru_2

    [AC-wlan-ap-2] ap-group ap1

Warning: This operation may cause AP reset. If the country code changes, it will clear channel, power and antenna gain configurations of the radio, Whether to continue? [Y/N]:y

    [AC-wlan-ap-2] quit

#将 AP 和 RRU 上电后，当执行命令 display ap all，查看到 AP 和 RRU 的 "State" 字段为 "nor" 时，表示 AP 和 RRU 正常上线。

    [AC-wlan-view] display ap all

    Total AP information:

    nor : normal [3]

ID	MAC	Name	Group	IP	Type	State	STA	Uptime
0	00E0-FC42-5C80	central_AP	ap1	10.23.100.254	AD9430DN-24	nor	0	10S
1	00E0-FC42-4A26	ru_1	ap1	10.23.100.253	R240D	nor	0	20S

```
2 00E0-FC32-5B31  ru_2      ap1  10.23.100.252    R240D      nor    0    25S
----------------------------------------------------------------------------
Total: 1
```

步骤 6 配置 WLAN 业务参数。

#创建名为 "wlan-net" 的安全模板，并配置安全策略。

```
[AC-wlan-view] security-profile name wlan-net
[AC-wlan-sec-prof-wlan-net] security open
[AC-wlan-sec-prof-wlan-net] quit
```

#创建名为 "wlan-net" 的 SSID 模板，并配置 SSID 名称为 "wlan-net"。

```
[AC-wlan-view] ssid-profile name wlan-net
[AC-wlan-ssid-prof-wlan-net] ssid wlan-net
[AC-wlan-ssid-prof-wlan-net] quit
```

#创建名为 "wlan-net" 的 VAP 模板，配置业务数据转发模式、业务 VLAN，并且引用安全模板和 SSID 模板。

```
[AC-wlan-view] vap-profile name wlan-net
[AC-wlan-vap-prof-wlan-net] forward-mode tunnel
[AC-wlan-vap-prof-wlan-net] service-vlan vlan-id 101
[AC-wlan-vap-prof-wlan-net] security-profile wlan-net
[AC-wlan-vap-prof-wlan-net] ssid-profile wlan-net
[AC-wlan-vap-prof-wlan-net] quit
```

#配置 AP 组引用 VAP 模板，AP 上射频 0 和射频 1 都使用 VAP 模板 "wlan-net" 的配置。

```
[AC-wlan-view] ap-group name ap1
[AC-wlan-ap-group-ap1] vap-profile wlan-net wlan 1 radio 0
[AC-wlan-ap-group-ap1] vap-profile wlan-net wlan 1 radio 1
[AC-wlan-ap-group-ap1] quit
```

2.6.4　项目测试

按照以上实施步骤操作后，可以通过以下步骤进行结果测试。通过观察相关的设备现象或查看相关的参数，判断该项目是否成功。

WLAN 业务配置会自动下发给 AP。配置完成后，通过执行命令 display vap ssid wlan-net 查看信息，当 "Status" 项显示为 "ON" 时，表示 AP 对应射频上的 VAP 已创建成功。

```
[AC-wlan-view] display vap ssid wlan-net
WID : WLAN ID
--------------------------------------------------------------------------------
AP ID AP name RfID WID  BSSID          Status  Auth type  STA   SSID
--------------------------------------------------------------------------------
1     ru_1    0    1    00E0-FC42-4A26  ON      Open       0     wlan-net
1     ru_1    1    1    00E0-FC42-4A36  ON      Open       0     wlan-net
2     ru_2    0    1    00E0-FC32-5B31  ON      Open       0     wlan-net
2     ru_2    1    1    00E0-FC32-5B41  ON      Open       0     wlan-net
--------------------------------------------------------------------------------
```

123

```
Total: 4
```

#STA 搜索到名为"wlan-net"的无线网络，不需要输入密码就可以连接。正常关联后，STA 能够分配到相应的 IP 地址。在 AC 上执行 display station ssid wlan-net 命令，可以查看到用户已经接入到无线网络"wlan-net"中。

```
[AC-wlan-view] display station ssid wlan-net
Rf/WLAN: Radio ID/WLAN ID
Rx/Tx: link receive rate/link transmit rate(Mbps)
------------------------------------------------------------------------
STA MAC     AP ID AP name Rf/WLAN Band  Type  Rx/Tx  RSSI  VLAN  IP address
------------------------------------------------------------------------
e019-1dc7-1e08 2   ru_2    1/1     5G    11n   46/59  -68   101   10.23.101.254
------------------------------------------------------------------------
Total: 1  2.4G: 0  5G: 1
```

思考与练习

一、填空题

1. 在家庭或 SOHO 网络中，由于所需要的无线覆盖范围小，AP 一般采用（   ）组网。

2. 因为 AP 采用（   ）组网进行大规模组网管理比较复杂，也不支持用户的无缝漫游。所以在大规模组网中一般采用（   ）组网模式。

3. 根据 AP 与 AC 之间组网方式，其组网架构可分为（   ）组网和（   ）组网两种。

4. 根据 AC 在网络中的位置，瘦 AP 组网可分为（   ）组网和（   ）组网。

5. WLAN 中的信息包括（   ）消息和（   ）消息。

6. STA 扫描的方式有（   ）扫描和（   ）扫描两种。

7. 802.11 设备的工作模式为（   ），即无法同时发送和接收数据，因此无法检测到冲突发生。

8. 在直连式组网中，AC 同时扮演 AC 和汇聚交换机的功能，AP 的（   ）业务和管理业务都由（   ）集中转发和处理。

9. 当 AC 与 AP 之间的网络为直连或者二层网络时，此组网方式为（   ）组网，瘦 AP 和无线控制器同属于（   ）广播域。

10. CSMA/CA 机制规定，帧间间隔可以根据优先级分为短帧间间隔、（   ）和（   ）。

二、不定项选择题

1. 无线客户端被动扫描是通过接收（   ）获取到周围的无线网络信息。

    A. Beacon 帧   B. Probe Request 帧

    C. Authentication 帧   D. Association Request 帧

2. 无线客户端主动扫描是通过发送（   ）获取到周围的无线网络信息的。

    A. Beacon 帧   B. Probe Request 帧

    C. Authentication Request 帧   D. Association Request 帧

3. 当 AC 为旁挂式组网时，如果数据是直接转发，则数据流（   ）AC；如果数据是隧道转发模式，则数据流（   ）AC。

    A. 不经过，经过   B. 不经过，不经过   C. 经过，经过   D. 经过，不经过

4. 下面（　　）命令用于将华为接入交换机的 GE0/0/1 接口，并加入 VLAN100 中。

    A. interface GigabitEthernet 0/0/1

       port link-type access

       port default VLAN 100

    B. interface GigabitEthernet 0/0/1

       port link-type access

       port allow-pass VLAN 100

    C. interface GigabitEthernet 0/0/1

       port link-type trunk

       trunk allow-pass VLAN 100

    D. interface GigabitEthernet 0/0/1

       port link-type trunk

       VLAN 100

5. 当 AC 只有一个接口接入汇聚层交换机，用户流量直接通过汇聚层交换机进入公网，而不流经 AC 时，此时组网模式应该是（　　）。

    A. 旁挂模式+隧道转发　　　　　　　　B. 旁挂模式+直接转发

    C. 直连模式+隧道转发　　　　　　　　D. 直连模式+直接转发

6. 在大型无线网络部署场景下，AC 配置成"三层组网+旁挂模式+直接转发"的时候，无线用户的网关设置在（　　）位置合适。

    A. 汇聚层三层交换机　　　　　　　　B. 单臂路由器

    C. AC　　　　　　　　　　　　　　　D. AP

7. 同一个用户 VLAN 且同一个 SSID 的无线用户都可以访问互联网，但是他们之间都不可以相互访问，造成这种现象的原因是（　　）。

    A. 用户的网关设备上配置了 ACL，阻止了用户之间的相互访问

    B. AC 上配置了 ACL，阻止了用户之间的相互访问

    C. 接入 AP 的交换机上配置的端口隔离，阻止了用户之间的相互访问

    D. 无线 vap-profile 上配置了用户隔离，阻止了用户之间的相互访问

8. 无线用户连接上无线信号后，无法获取 IP 地址，可能的原因有（　　）。

    A. 用户所在的 VLAN 没配置 DHCP 服务器

    B. DHCP 服务器上没有配置 dhcp enable

    C. 用户指定的认证密码不正确

    D. 用户设备的 MAC 地址已经被加入黑名单

9. 关于组网方式，下面描述正确的是（　　）。

    A. 相对于三层组网，二层组网更适用于园区、体育场等大型网络

    B. 三层组网的优势在于配置简单、组网容易

    C. 如果 AC 处理数据的能力比较弱，推荐使用旁挂式组网

    D. 在直连式组网中，AP 的业务数据可以不经过 AC 而直接到达上行网络

10. 无线局域网中 CSMA/CA 机制包括（　　）。

    A. 载波侦听　　　B. 多址访问　　　　C. 冲突检测　　　　D. 冲突避免

11. 在 801.11 无线帧中，终端要获取无线媒介的访问权，要发送（　　）控制报文。

    A. RTS　　　　　　B. CTS　　　　　　C. ACK　　　　　　D. PS-Poll

三、判断题

1. 如果更改了 AP 射频的配置参数，必须重启 AP 后命令才能生效。（   ）

2. 无线局域网的架构主要分为基于控制器的瘦 AP 架构和传统的独立胖 AP 架构。（   ）

3. 根据 AP 与 AC 之间的网络架构，可以将组网方式分为二层组网方式和三层组网方式两种。
（   ）

4. 如果一个企业的无线网络组网模式为直接转发，那么瘦 AP 可以将 802.11 数据报文转换为以太网报文，然后再将报文进行 CAPWAP 封装，通过 CAPWAP 隧道将此数据报文转发给 AC。（   ）

5. 每台 AC 都需要指定源 IP 地址以便与 AP 建立 CAPWAP 隧道。（   ）

四、简答题

1. 简述二层组网和三层组网的特点。

2. 简述直连式组网和旁挂式组网的特点。

3. 简述直接转发和隧道转发的特点。

4. 简述配置 WLAN 业务的基本流程。

项目3

校园无线网络安全设计

知识目标

1. 了解 WLAN 存在的安全威胁。
2. 掌握 WLAN 的安全机制。
3. 熟悉 WLAN 的安全特性。
4. 熟悉 WLAN 的认证技术。
5. 熟悉 WLAN 的加密技术。
6. 熟悉 WLAN 的安全策略。

技能目标

1. 掌握根据不同场景选择安全策略的方法。
2. 掌握 WEP 安全策略的配置方法。
3. 掌握 WPA/WPA2 安全策略的配置方法。
4. 掌握 WAPI 安全策略的配置方法。

素质目标

1. 具有安全防范的意识
2. 具有良好的职业道德和职业作风
3. 具有社会责任感
4. 具有遵纪守法的意识

3.1 项目描述

1. 需求描述

校园新建无线网络与有线网络相比，由于其传输介质是自由空间，其开放的特性更容易被攻击者窃听和篡改数据。为了提高校园无线网络的安全，对校园各功能分区的安全性需求分析如下。

（1）教学楼、学生寝室

教学楼及学生寝室区域的无线网络主要满足师生日常的上网需求，其使用者大都是校内用户，用户类型相对单一。在 WLAN 安全性方面，要求方便用户的管理，降低对网络安全性维护的成本；教师用户和学生用户由统一平台进行管理；提供电信级别的网络安全防护能力。

（2）行政楼

行政楼区域的无线网络主要满足行政人员办公的上网需求，同时也需满足少量外来访客的上网需求，因此该区域的用户主要包括校内员工和校外访客两类。在 WLAN 安全性方面，要求校内员工和校外访客利用两种用户分类管理，其中校内用户由统一平台进行管理，保证校内资源的安全性；校外用户需完成临时性的身份验证。

（3）体育场

体育场区域的无线网络主要满足师生及外来访客休闲锻炼时的上网需求。在 WLAN 安全性方面，总体要求不高，应保持与校园内网隔离。

2. 项目方案

（1）教学楼、学生寝室

根据对教学楼、学生寝室区域的网络安全性需求分析，建议采用 WEP 开放系统认证+不加密的安全策略，并结合 Portal 认证计费协议，实现对教师用户和学生用户统一管理，不仅降低了安全维护的成本，而且能提供电信级别的安全防护能力。

（2）行政楼

根据对行政楼区域的网络安全性需求分析，建议对校内用户采用 WEP 开放系统认证+不加密的安全策略，并结合 Portal 认证计费协议进行计费管理；对于校外访客用户采用 WPA2 PSK 认证+CCMP 加密算法的安全防护策略。这样既可以实现对校内用户通过统一平台进行管理，又能为校外访客上网提供临时性的安全防护。

（3）体育场

根据对体育场区域的网络安全性需求分析，建议采用 WEP 开放系统认证+不加密的安全策略，满足便捷的临时性上网需求。在此基础上还可以通过基于用户组间的用户隔离功能，实现与校园内网的隔离。

3.2 相关知识

为了保护用户信息的安全性、防止未经授权的访问，以及提高 WLAN 的稳定性和高效性，需要做一些保护措施来加固 WLAN 的安全性能。

3.2.1 WLAN 安全介绍

为了更好地提高 WLAN 的安全性，下面将对潜在威胁和成熟的安全防护机制进行介绍。

1. WLAN 安全威胁

在 WLAN 中，常见的安全威胁包括数据易被窃取、拒绝服务（Denial of Service，DoS）攻击、地址欺骗攻击、安全协议 WEP 脆弱、Rogue 设备入侵等，如图 3-1 所示。

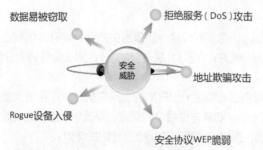

图 3-1　WLAN 存在的安全威胁

（1）数据易被窃取

WLAN 采用无线通信方式传输的数据容易被截获。现在大多数无线网络中的数据在物理空间上不能进行严格界定，所以可以很轻易地被处于无线信号覆盖范围之内的攻击者监视并破解。另外，目前很多 WLAN 在默认情况下是没有加密的，所以传输的明文信息更容易被泄露。任何能接收到信号的设备都可以进入网络并解码破译信息。

（2）拒绝服务（DoS）攻击

由于 WLAN 的开放性，数据是在一个共享的空间中进行传输的，任何恶意的或者非恶意的设备都能够接收无线数据，同时也能随意地发送无线数据。攻击者很容易在短时间内发送大量的同类型报文，从而导致 WLAN 设备被泛洪报文所淹没，而无法正常处理合法用户的请求。

WIDS/WIPS 系统
原理

（3）地址欺骗攻击

由于 IEEE 802.11 网络对数据帧不进行认证操作，攻击者通过简单的方法就可以获取网络中站点的 MAC 地址，并通过欺骗帧改变 ARP 表进行地址欺骗攻击。同时，攻击者还可以通过截获会话帧的方法，发现 AP 中存在的认证缺陷，伪装成 AP 获取认证身份信息从而进入网络。因此，WLAN 很容易受到非法 AP 实施的中间人欺骗攻击。中间人攻击会对授权客户端和 AP 进行双重欺骗，进而对信息进行窃取和篡改。

（4）安全协议 WEP 脆弱

WEP 协议是对无线传输的数据进行加密的方式，用于防止非法用户窃听或入侵无线网络，从而提供与有线网络同级别的安全性能。在加密算法上，WEP 协议具有初始化向量（Initialization Vector，IV）位数太短和初始化复位设计等特点，容易出现重用现象，从而被攻击者破解密钥。另外在密钥管理上，WEP 使用的密钥需要接受一个外部密钥管理系统的控制。通过外部控制，WEP 能够减少 IV 的冲突数量，使无线网络难以被攻破。由于这个过程形式非常复杂，并且需要手动操作，所以管理员更倾向于使用默认的 WEP 密钥，也不改变默认的配置选项。这让黑客很容易捕捉到位于 AP 信号覆盖区域内的数据包，收集到足够多的 WEP 弱密钥加密包，并进行分析破解密钥。因此，WEP 协议的脆弱性让整个网络受到更大的威胁。

（5）Rogue 设备入侵

IEEE 802.11 网络很容易受到中间人攻击、Ad-hoc 网络攻击、拒绝服务（Dos）攻击等网络威胁，其中 Rogue 设备入侵对无线网络安全的影响尤其严重。以 Rogue AP 为例，黑客在 WLAN 中安装未经授权的 AP 提供对网络的无限制访问，通过欺骗手段得到关键数据。WLAN 中的用户在不知情的情况下，以为自己连入了信号很好的无线网络，却不知道已经遭到黑客的侦听，并且用户信息已丢失，从而导致名誉、财产等受到严重侵害。

2. WLAN 安全机制

通信质量的两大指标是有效性和可靠性。为了实现可靠性，管理员一般采用必要的保护协议以保证数据的机密性和完整性，同时也采用认证机制以确保访问者的合法权限。其中，机密性是为了防范数据不被未经授权的第三者拦截；完整性可以确保数据没有被篡改；认证机制可以保证数据的可信度和精准性，只有具备合法身份的用户才能被授予访问数据的权限。

为了解决当前所面临的各种威胁，华为设备提供了多种 WLAN 安全机制，主要包括边界防御安全、用户接入安全和业务安全等机制。

（1）边界防御安全

IEEE 802.11 网络是一个开放的无线公共网络，很容易受到各种网络威胁的影响。如图 3-2 所示，对于企业网络来说，非法设备和非法攻击是很严重的威胁，其中主要威胁包括暴力破解 PSK 密码、泛洪攻击、非法设备、Spoof 攻击、Weak IV 攻击等。企业网可以使用 WIDS/WIPS 提供的功能，保障其网络的安全性，减少非法设备对正常用户的干扰，提升用户体验，避免用户被恶意攻击。

① 无线入侵检测系统（Wireless Intrusion Detection System，WIDS）

WIDS 可以依照一定的安全策略，对网络系统的运行状况进行监视，分析用户的活动，判断入侵事件的类型，检测非法的网络，也可以检测出非法的 AP、网桥、用户终端和信道重合的干扰 AP。

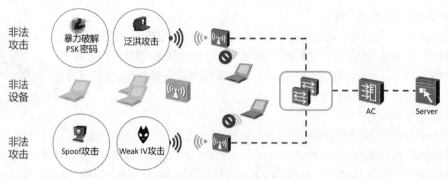

图 3-2　WLAN 边界安全威胁

为了防止非法设备的入侵，管理员可以在需要保护的网络空间中部署监测 AP。监测 AP 可以定期对无线信号进行探测。这样，AC 就可以及时掌握无线网络中设备的情况，从而对非法设备采取相应的防范措施。在配置非法设备检测功能之前，首先需要设置 AP 射频的工作模式。

a. AP 射频的工作模式

AP 射频的工作模式有正常（normal）和监控（monitor）两种。

- 正常模式

在正常模式中，如果系统未开启空口扫描功能，该射频只用于传输普通的 WLAN 业务数据；如果系统开启了空口扫描功能，该射频除了传输普通的 WLAN 业务数据外，还具备监控功能，可能会对传输普通的 WLAN 业务数据造成一定的影响。

- 监控模式

监控模式只具备监控功能，不能用于普通的 WLAN 业务，只能用于具有监控功能的 WLAN 业务，例如 WIDS、频谱分析和终端定位等。

b. 非法设备检测

在 WLAN 中，网络设备按照安全类别可分为合法设备、非法设备和干扰设备等几种类型。各种设备的安全类型定义如表 3-1 所示，其中，非法设备主要包括干扰 AP、非法 AP、非法 STA、非法网桥和非法 Ad-hoc 等。为了能够对非法设备进行甄别，AC 会逐一提取 AP 上报的周边设备信息，根据设备类型进行判断，具体流程如图 3-3 所示。针对 AP，用户可通过 MAC/SSID/OUI 白名单的协助进行 AP 归类，非 AC 管理且不属于 MAC/SSID/OUI 白名单的 AP 为非法 AP，否则属于合法 AP；针对 STA，关联到非法 AP 的终端为非法 STA，否则属于合法 STA；网桥合法性的识别方法与 AP 识别方法相同；所有 ad-hoc 都属于非法设备。例如，当 AP 工作在监控模式时，通过信道扫描并侦听周边无线设备发送的所有 802.11 帧，根据帧类型识别出周边无线设备的类型，然后根据非法 AP&客户端检测流程识别出 Rogue 设备，如图 3-4 所示。

表 3-1　设备的安全类型定义

名称	定义
合法设备	非 AC 管理的且无安全风险的设备
干扰 AP	与监测 AP 的工作信道相同或相邻的 AP
非法 AP	既不是本 AC 管理的 AP，也不在 WIDS 白名单中的 AP
非法 STA	连接在非法 AP 上的 STA
非法网桥	既不是本 AC 管理的 WDS 设备，也不在 WIDS 白名单中的设备
非法 Ad-hoc	检测到的 Ad-hoc 网络设备均认为是非法设备

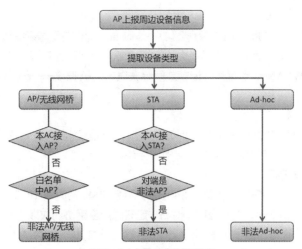

图 3-3　非法设备判断流程

② 无线入侵防护系统（Wireless Intrusion Prevention System，WIPS）

WIPS 可以通过对无线网络的实时监测，对检测到的入侵事件、攻击行为进行主动防御和预警。基于 WIDS 的 WIPS 能够进一步保护企业无线网络安全。例如，阻止企业网络和用户被非法设备非授权访问，以及提供网络系统的攻击防护，可以断开合法用户与仿冒 AP 的 WLAN 连接，实现对非法设备的反制。WIPS 功能支持对 Rogue AP、Rogue 终端、Ad-hoc 设备进行反制。如图 3-5 所示，工作在监控模式的 Monitor AP 通过配置黑名单功能来限制 AP 或者 STA 接入 Rogue 设备；Monitor AP 使用 Rogue AP 的 MAC 地址发送假广播解除认证帧或单播解除认证帧，抑制 STA 和非法 AP 建立连接；Monitor AP 使用 Rogue 终端或 Ad-hoc 设备的 BSSID、MAC 地址发送假单播解除认证帧并进行反制，防止 Rogue 终端接入 AP 或断开 Ad-hoc 连接；监测 AP 根据自身的探测模式周期性地对 Rogue 设备进行反制。

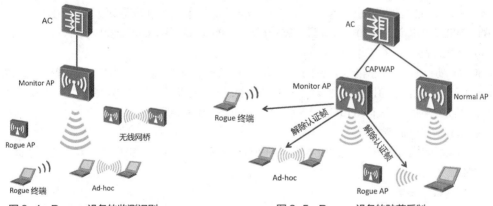

图 3-4　Rogue 设备的监测识别　　　　图 3-5　Rogue 设备的防范反制

③ WIDS/WIPS 支持其他功能

WIDS/WIPS 除了可以对 Rogue 设备进行监测识别和防范反制外，还具有以下功能。

a. WIDS 泛洪攻击检测

AP 会持续监控每个 STA 的流量。当 STA 流量超出设定的阈值时，被认为正在网络内进行泛洪操作，同时 AP 会上报告警信息给 AC。在使能动态黑名单时，攻击设备被加入动态黑名单。AP 会丢弃该攻击设备的所有报文，以防对无线网络造成冲击。

b．WIDS Spoof 攻击检测

WLAN 中的欺骗报文有广播型解除关联帧（Disassociation）和广播型解除认证帧（Deauthentication）两种类型。当 AP 接收到以上两种报文后，会检测报文源地址是否为自身 MAC 地址。如果检测结果是自身地址，则表示 WLAN 受到解除认证帧或解除关联帧的欺骗攻击，进而 AP 会上报告警信息给 AC。

c．WIDS 弱 IV 检测

通过检测每个 WEP 报文的 IV 来预防这种攻击。当 AP 检测到含有弱 IV 的报文时，会向 AC 上报告警信息，提醒用户改用其他安全策略来避免 STA 使用弱 IV 加密。

d．防暴力破解 PSK 密码

WIDS/WIPS 主要通过延长密码破解时间来防暴力破解 PSK 密码。AP 在通过 WPA/WPA2-PSK、WAPI-PSK、WEP-Share-Key 等方式认证时，检测一定时间内密钥协商失败次数是否超过阈值。如果超过阈值，AP 认为该用户在通过暴力破解密码，上报告警信息给 AC。如果 AP 使能了动态黑名单功能，会将该用户加入到黑名单列表，丢弃该用户的所有报文，直至动态黑名单老化。

（2）用户接入安全

为了确保无线用户接入的合法性和安全性，WLAN 一般采用用户身份验证和数据加密等用户接入安全技术。其中，用户身份验证可防止未授权用户访问网络资源，包括链路认证、用户接入认证等技术；数据加密可以保证数据完整性和传输私密性。

WLAN 用户接入
安全

① 链路认证

链路认证也称 STA 身份验证，是对客户端的认证。只有 STA 通过认证后，才能进入后续的关联阶段。链路认证包括开放系统认证和共享密钥认证两种。用户在进行链路认证时，只具备有限的网络访问权限，被确定身份后才允许访问完整的网络。

② 用户接入认证

用户接入认证是对用户进行区分，并在用户访问网络之前限制其访问权限。用户接入认证主要包括 WPA/WPA2-PSK 认证、802.1X 认证、WAPI 认证、Protal 认证和 MAC 地址认证等。

③ 数据加密

802.11 协议通过对数据报文加密的方式解决用户的安全问题，确保只有特定的设备才能成功解密报文。虽然其他设备也可以接收到报文，但由于没有正确的密钥，无法成功解密报文。IEEE 802.11 协议中常用的数据加密方法有 WEP 加密、TKIP 加密和 CCMP 加密等。

④ 其他安全保护技术

除了以上介绍的用户接入安全技术外，WLAN 还支持其他的安全保护技术，从而进一步提高了网络安全性能。

a．STA 黑白名单

在 WLAN 中，AP 可以通过 STA 黑白名单功能过滤无线客户端，实现对无线客户端的接入控制，保证合法客户端能正常接入 WLAN，避免非法客户端强行接入 WLAN，如图 3-6 所示。黑白名单可以过滤无线客户端，起到接入控制的作用。STA 黑白名单可以配置在 VAP 模板或 AP 系统模板中。同一个模板中，STA 白名单或黑名单仅有一种生效。

白名单列表是指允许接入 WLAN 的 STA 地址列表。使能白名单功能后，只有匹配白名单列表的 STA 可以接入无线网络，其他 STA 都无法接入无线网络。

黑名单列表是指拒绝接入 WLAN 的 STA 地址列表。使能黑名单功能后，匹配黑名单列表的用户无法接入无线网络，其他 STA 都可以接入无线网络。

b. 防欺骗技术

为了进一步增强网络的安全性，可以在有线网络接口或 WLAN 的服务集下部署 DHCP Snooping、DAI 和 IPSG 等安全技术，如图 3-7 所示。

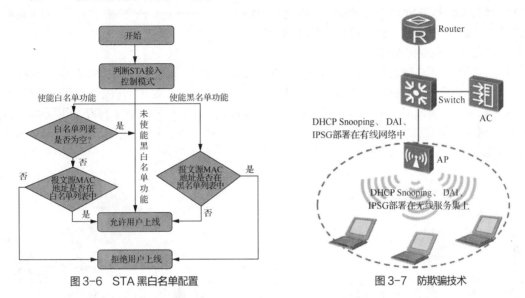

图 3-6　STA 黑白名单配置　　　　　　图 3-7　防欺骗技术

- DHCP Snooping（DHCP 监听）

DHCP Snooping 技术可以防止 DHCP 服务器仿冒攻击、DoS 攻击；防止 DHCP 报文泛洪攻击、仿冒攻击；防止非 DHCP 用户攻击等。

开启 DHCP Snooping 功能后，试图与 AP 关联的终端要通过 DHCP 获取 IP 地址。若终端成功获取 IP 地址，AP 会主动向 AC 上报终端的 IP 信息，包括终端的 IP 地址、IP 版本、用户租期等信息。通过 DHCP Snooping 技术设置信任端口与不信任端口，可以防止 DHCP 服务器被仿冒攻击。如果终端是 DHCP 用户，同时服务集内也使能了 AP 的 DHCP Snooping 功能，则允许用户接入。如果终端是静态分配地址的用户，需要管理员手动建立静态绑定表，即在设备上配置固定 IP 网段，并且绑定用户 MAC 地址后才能允许用户接入。

- DAI（动态 ARP 检测）

DAI 技术可以防止 ARP 欺骗攻击、泛洪攻击，需要与 DHCP Snooping 技术结合使用。

DAI 功能开启后，AP 会对经过的 ARP 请求和响应报文进行检测。如果信息匹配，说明发送该 ARP 报文的用户是合法用户，允许此用户的 ARP 报文通过，否则就认为是非法攻击，丢弃该 ARP 报文，并向 AC 上报告警信息。DAI 功能可以防止非法用户的 ARP 报文通过 AP 访问外部网络并且对合法用户进行干扰或欺骗，还可以防止攻击者对 AP 的 CPU 形成冲击，造成 AP 功能异常甚至瘫痪。

- IPSG（IP 源保护）

IPSG 技术可以防止 IP 地址欺骗攻击。

为了防止非法用户的 IP 报文任意通过 AP 访问外网，可以在服务集模式下使能 IPSG 功能，并绑定到 AP 的射频模板上。IPSG 功能被使能后，可以对 AP 射频口收到的报文进行过滤控制，防止非法报文通过 AP，从而提高安全性。

c. 用户隔离

用户隔离功能是指关联到同一个 AP 上的所有无线用户之间的二层报文不能相互转发，无线用户之间不能直接通信，用户流量需集中至网关转发，从而便于对用户进行计费管理等。

- 基于 VAP 的用户隔离

开启用户隔离前，其他处于同一 VAP 的用户是能够互访的，这可能带来安全性或计费问题。如图 3-8 所示，开启基于 VAP 的用户隔离后，在同一个 VAP 内，所有无线用户之间的二层报文将不能相互转发，保证了用户业务的安全性和计费的准确性。

- 基于用户组的用户隔离

基于用户组的用户隔离需要把用户划分到不同的组里。用户隔离的实现有组间用户隔离和组内用户隔离两种，两种不同的隔离方式可以同时使用。如图 3-9 所示，组间用户隔离表示不同组的用户之间不能通信，例如 User group1 的用户和 User group2 的用户，相同组的内部用户可以通信，例如 User group2 内部的用户；组内用户隔离表示相同组内部用户之间不可以通信，例如 User group1 内的用户。

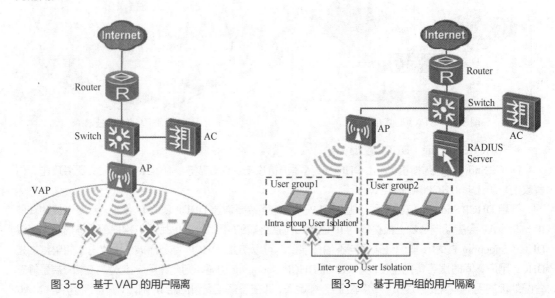

图 3-8　基于 VAP 的用户隔离　　　　　图 3-9　基于用户组的用户隔离

（3）业务安全

为了保证用户的业务数据在传输过程中的安全性，避免合法用户的业务数据在传输过程中被非法捕获，可以对传输的数据业务进行加密，以提高数据传输的可靠性。WLAN 常用的加密技术有 WEP 加密、TKIP 加密和 CCMP 加密等。

3. WLAN 安全特性

WLAN 安全机制提供了检查和防御非法用户或 AP 入侵的机制；提供了针对无线用户的安全策略机制，包括链路认证、用户接入认证和数据加密；提供了 STA 黑白名单功能，从而控制无线用户的接入；提供了用户隔离功能，可以集中管理无线用户。WLAN 提供的各种安全技术可以应用在 STA 接入无线网络的各个阶段，如图 3-10 所示。

① 当 AC 和 AP 之间的 CAPWAP 隧道建立成功后，STA 就可以接入 AP。STA 的接入分为链路认证、密钥协商和接入认证 3 个阶段。如果配置了数据加密，STA 和 AP 关联后会进入密钥协商阶段，只有认证通过后才可以访问无线网络。其中，WLAN 报文都会使用协商的密钥进行加密。STA 接入 AP 的过程中使用的安全技术，统称为 WLAN 的安全策略。AP 支持 WEP、WPA/WPA2 和 WAPI 等不同的安全策略。不同安全策略会使用不同的加密和认证方式，应用的场所也有所差异。

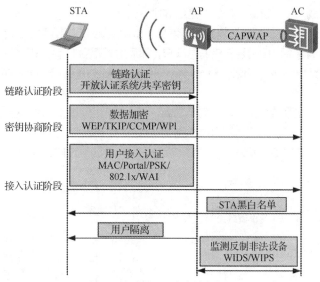

图 3-10　WLAN 安全技术应用

② 在接入认证阶段，AC 可以配置 STA 黑白名单，控制 STA 接入 WLAN。

③ 为了保证用户数据的安全，同时也便于对用户计费等进行管理，AP 可以配置用户隔离功能，保证无线用户之间二层隔离，让用户流量集中到 AC 进行处理，同时也避免了对无线信道资源的占用。

④ 为了防止攻击者使用非法设备入侵 WLAN，可以通过配置 WIDS 和 WIPS 对检测出的非法设备进行反制。

3.2.2　WLAN 认证技术

由于 802.11 无线网络的开放特性，管理员必须采取有效措施保证授权用户访问到网络资源。其中，认证就是验明用户身份与权限的一种安全措施。对于安全性能要求较高的场景，一般会采用多种认证系统共同验证设备身份的合法性。

WLAN 认证技术

1. 开放系统认证（Open System Authentication）

开放系统认证是 802.11 网络的默认认证机制，是最简单的认证算法，即不认证。如果认证类型设置为开放系统认证，则所有请求认证的 STA 都会通过认证。开放系统认证比较适合运营商部署的大规模 WLAN。

开放系统认证需要确认 AP 和网卡是否采用了相同的鉴权方式，不需对 WEP 加密密钥进行验证。如图 3-11 所示，开放系统认证过程包括以下两个步骤。

① 客户端发送一个认证请求给选定的 AP。

② 该 AP 发送一个认证成功响应报文给客户端，确认该认证并在 AP 上注册客户端。

开放系统认证的优点是布网简单、方便。其缺点是无法判断客户端的合法性，会带来安全隐患。这种认证方式主要用于公共区域或热点区域，例如机场、酒店大堂等场所。

2. 共享密钥认证（Shared-Key Authentication）

共享密钥认证必须使用 WEP 加密方式，要求 STA 和 AP 使用相同的共享密钥（Key）。共享密钥通常被称为静态 WEP 密钥。如图 3-12 所示，共享密钥认证过程主要包括以下步骤。

① STA 首先向 AP 发送认证请求，协商预置密钥。

② AP 会随机生成一个"挑战短语"发送给 STA。

③ STA 将接收到的"挑战短语"复制到新消息中，用密钥加密后再发送给 AP。

④ AP 接收到该消息后，用密钥将该消息解密，然后对解密后的字符串和最初发给 STA 的字符串进行比较。如果比较结果相同，则说明 STA 与 AP 拥有相同的共享密钥，即通过了共享密钥认证；否则共享密钥认证失败。

共享密钥认证看似比开放系统认证的安全性高，但实际上也存在较大的安全漏洞。因为每台设备上需要配置一个很长的密钥字符串，所以共享密钥认证的可扩展性不佳。另外，共享密钥认证也不是很安全，因为静态密钥使用的时间越久，就越容易被恶意用户通过逆向工程破解。

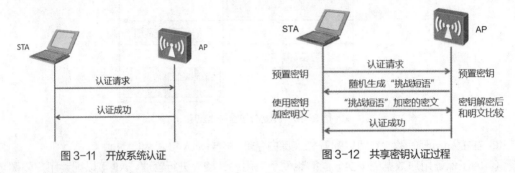

图 3-11　开放系统认证　　　　　　　图 3-12　共享密钥认证过程

3. 服务区标识（SSID）匹配

在 SSID 匹配认证中，无线客户端必须设置与 AP 相同的 SSID，才能访问 AP。如果客户端提供的 SSID 与 AP 的 SSID 不同，那么会被 AP 拒绝通过本服务区上网。通过设置 SSID 可以将用户群体分组，避免任意漫游所带来的安全和访问性能的问题。另外，管理员还可以通过设置隐藏接入点和 SSID 的区域或权限来达到保密的目的。如图 3-13 所示，将接入点 AP1 的 SSID 进行了隐藏，只有手动配置了 SSID 为 group1 的用户才能成功连接到 AP1；对于 AP2 提供的 SSID 信号，终端用户可以看到其 SSID 是 group2。因此，SSID 是一个简单的口令，可以通过提供口令认证机制来实现网络安全。但是，黑客现在也可以通过某些设备或软件搜索出隐藏 SSID 的无线网络。因此，若只使用 SSID 隐藏策略来保证无线网络安全是不行的。

4. MAC 地址认证

MAC 地址认证是一种基于端口和 MAC 地址对用户的网络访问权限进行控制的认证方法，不需要用户安装任何客户端软件。MAC 地址认证需要在设备上预先配置允许访问的 MAC 地址列表。如果客户端的 MAC 地址不在允许访问的地址列表中，将被拒绝接入。如图 3-14 所示，由于 STA1 的 MAC 地址不在地址控制接入表中，因此被拒绝接入；而 STA2、STA3 的 MAC 地址都在控制接入表中，故都被准许接入。认证过程中，用户不需要手动输入用户名或者密码。

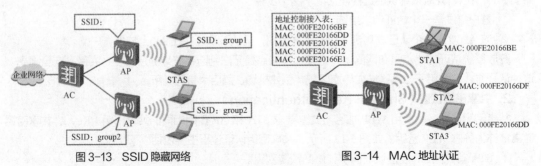

图 3-13　SSID 隐藏网络　　　　　　　图 3-14　MAC 地址认证

由于很多无线网卡支持重新配置 MAC 地址，所以 MAC 地址很容易被伪造或复制。MAC 地址认证虽是一种认证方式，但更是一种访问控制方式。不建议单独使用这种认证方法，除非是应用于一些无法提供更好的认证机制的旧设备。另外，MAC 地址认证还可以通过 RADIUS 服务器进行。

5. Portal 认证

Portal 认证又称 Web 认证。一般 Portal 认证网站被称为门户网站。客户端使用标准 Web 浏览器填入用户名、密码信息。在页面被提交后，由 Web 服务器和设备配合完成用户的认证。在 Portal 认证过程中，IP 报文会触发用户上线的认证流程，如图 3-15 所示。

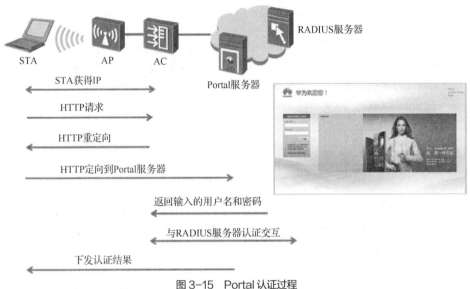

图 3-15　Portal 认证过程

① STA 通过 DHCP 或静态配置获取 IP。

② STA 通过 HTTP 访问 Web 页面，发出 HTTP 请求给 WLAN 服务端。

③ WLAN 服务端将 HTTP 请求的地址重定向到 Web 认证页面（Portal 服务器地址），返回给用户。

④ STA 在 Web 认证页面中输入账号和密码后，提交给 Portal 服务器。

⑤ Portal 服务器获取到用户账号信息后，使用从 WLAN 服务端获取到的"挑战短语"对用户名和密码进行加密，然后发送认证请求报文给 WLAN 服务端，其中请求报文会携带用户的账号、IP 等信息。

⑥ WLAN 服务端与 Radius 服务器交互，完成认证过程。认证成功后，WLAN 服务端为 STA 分配资源，下发转发表项，发送认证回应报文将认证结果告知 Portal 服务器。

⑦ Portal 服务器下发认证结果给 STA，并且回应 WLAN 服务端。

6. IEEE 802.1X 认证

802.1X 的全称是"基于端口的网络接入控制"，是 IEEE 制定的关于用户接入网络的认证标准。其中，端口可以是物理端口，也可以是逻辑端口。在 WLAN 中，端口就是一条信道。802.1X 认证的目的就是确定端口是否可用。对于一个端口，如果认证成功，就打开这个端口，允许所有的报文通过；如果认证不成功，就关闭这个端口，此时只允许 802.1X 的认证报文通过。

802.1X 系统采用典型的 C/S 体系结构，包括接入系统（Supplicant System）、认证系统（Authenticator System）和认证服务器系统（Authentication Server System）三大元素，如图 3-16 所示。802.1X 技术

是一种增强型的网络安全解决方案。在采用 802.1X 的 WLAN 中，无线用户端安装 802.1X 客户端软件作为请求方。内嵌 802.1X 认证代理的无线设备 AP/AC 作为认证方，同时还可以作为 Radius 认证服务器的客户端，负责用户与 Radius 服务器之间认证信息的转发。801.1X 认证优势较为明显，是理想的安全性高、成本低的无线认证解决方案，适用于不同规模的企业无线网络。

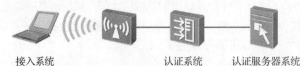

接入系统　　　　　　　　　认证系统　认证服务器系统

图 3-16　IEEE 802.1X 认证三大元素

802.1X 体系本身不是一个完整的认证机制，而是一个通用架构。802.1X 体系使用 EAP（Extensible Authentication Protocol，可扩展身份认证协议）。EAP 是一种简单的封装方式，可以运行在任何链路层，不过在 PPP 链路上并未被广泛应用。在 WLAN 中，EAP 在 LAN 链路上使用，其报文格式为 EAPOL。EAPOL 报文主要包括 Code、Identifier、Length、Data 等内容，如图 3-17 所示。

| LAN Header | Code | Identifier | Length | Data |

图 3-17　EAPOL 报文格式

（1）Code（类型码）

报文的第一个字段是 Code，长度为 1 个字节，代表 EAP 封包类型。封包的 Data（数据）字段必须通过此字段进行解析。

（2）Identifier（标识符）

Identifier 字段的长度为 1 个字节，用于请求和响应。

（3）Length（长度）

Length 字段占 2 个字节，记载了整个报文的总字数。

（4）Data（数据）

其长度不定，取决于封包类型。

可扩展性既是 EAP 的优点，又是其最大的缺点。可扩展性能够在有新的需求出现时，方便地开发出新的功能。由于可扩展性会导致不同的运营商或者企业使用不同的 EAP，彼此之间不能兼容，这也是 802.1X 没有大面积覆盖的原因。

通过多年的扩展更新，EAP 主要有 EAP-MD5、EAP-TLS、EAP-TTLS 和 EAP-PEAP 等类型，这些类型及其相应的认证方式如表 3-2 所示。

表 3-2　EAP 主要类型及其相应的认证方式

EAP 类型	认证方式	备注
EAP-MD5	用户名和密码	最早的 EAP 类型
EAP-TLS（Transport Layer Security）	客户端：证书 认证服务器：证书	第一个符合无线网络三项要求的身份验证方式
EAP-TTLS(Tunnelled Transport Layer Security)	认证服务器：证书	可以使用任何第三方 EAP 认证方法，由 Funk Software 发起
EAP-PEAP（Protected EAP）	认证服务器：证书 客户端：用户名+密码	双层加密通道，由微软、思科、RSA 发起

7. PSK 认证

预共享密钥（Pre-Shared Key，PSK）认证是设计给负担不起 802.1X 验证服务器成本和复杂度的家庭和小型公司网络使用的。PSK 认证需要在无线客户端和设备端配置相同的预共享密钥，如图 3-18 所示。通过分析端设备能否对协商的消息成功解密，来确定本端配置的预共享密钥是否和对端配置的预共享密钥相同，从而完成两端的相互认证。

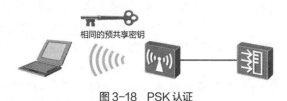

图 3-18　PSK 认证

PSK 认证要求 STA 预先配置 Key，要求 AP 通过 4 次握手来验证 STA 侧 Key 的合法性。对于小型、风险低且不需要太多数据保护的网络，建议使用 PSK 的认证方式。大型企业由于对安全性要求较高，多使用 802.1X 认证。

3.2.3　WLAN 加密技术

WLAN 安全是指保证数据的机密性、完整性和合法性。STA 需要通过认证被赋予相应的访问权限后，才可以传输个人数据或访问资源。为了保证用户的数据不被非法窃取，可以通过加密技术对需要传送的数据报文进行加密，确保只有特定设备才可以接收数据并成功解密。下面主要介绍 WEP、TKIP 和 CCMP 这 3 种主要的加密方式。

CAPWAP 加密及
用户授权管理

1. WEP 加密

WEP 是一种采用 RC4 算法的二层加密机制。802.11 标准定义了 64-bit 和 128-bit 两种版本的 WEP 协议。其中，64-bit 的 WEP 由 40-bit 静态密钥和 24-bit 初始化向量（IV）构成，而 128-bit 的 WEP 由 104-bit 静态密钥和 24-bit 的 IV 构成。IV 由无线网卡接口产生，以明文形式发送。每一数据帧的 IV 都不相同。

WEP 需要 3 个基本输入项，包括需要保护的原始数据、密钥（Key）和向量（IV）。如图 3-19 所示，为了破坏规律性，在 802.11 中引入了 IV，用 IV 和 Key 一起作为输入项生成 Key Stream，所以相同的密钥也将产生不同的加密结果。加密后的数据帧可以通过不安全的网络进行传输。

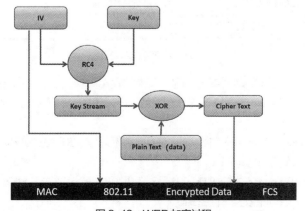

图 3-19　WEP 加密过程

WEP 加密虽然能够给网络数据带来一定的机密性，但也存在缺点。WEP 加密中的密钥是共用的，一旦丢失将导致整个网络都很危险；IV 太短，被大量使用后会出现重复，对大量数据报文进行侦听和分析后，IV 很容易就被破解；RC4 加密算法过于简单。

2. TKIP 加密

临时密钥完整性协议（Temporal Key Integrity Protocol，TKIP）是一种被广泛使用的新型链路层加密协议。开发 TKIP 的目的是升级旧式 WEP 硬件的安全性。TKIP 保留了 WEP 的基本架构与过程方式，可以保留使用原有用户的硬件，是一个升级版的 WEP 软件。在标准制定的过程中，TKIP 原本就称为 WEP2。当 WEP 最后被证明存在瑕疵后，此协议就被正式更名为 TKIP，以便与 WEP 有所区别。

TKIP 加密机制同 WEP 一样，同样采用 RC4 算法实现数据加密，但为了防范对 IV 的攻击，将 IV 的长度由 24-bit 增为 48-bit，极大地提升了 IV 的空间。TKIP 同时以密钥混合的方式来防范针对 WEP 的攻击。在 TKIP 中，各个帧均会被这种特有的 RC4 密钥加密，更进一步扩展了 IV 的空间。

密钥管理会处理从密钥产生到最终销毁整个过程的有关问题。802.11i 中密钥管理的最主要步骤是 4 次握手协议和密钥更新协议。4 次握手协议的目的是确定 STA 和 AP 得到的 PMK（Pairwise Master Key，成对主密钥）是相同且最新的，确保可以产生最新的 PTK（Pairwise Transient Key，成对临时密钥）。其中，PMK 是在认证结束时，由 STA 和 AP 协商生成。PTK 可以由 AP 发起 4 次握手定时更新，也可以在不改变 PMK 的情况下，由 STA 发出初始化 4 次握手的请求并更新。如图 3-20 所示，4 次握手过程中 EAPOL-Key 单播密钥协商流程如下。

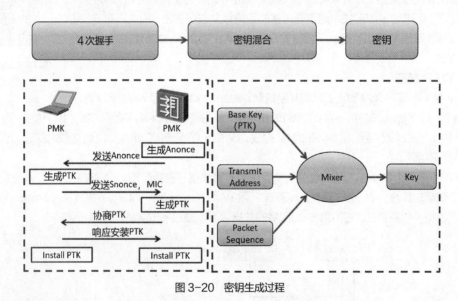

图 3-20　密钥生成过程

① AC 产生 Anonce，发送 EAPOL-Key 消息，其中包括 Anonce。图 3-20 中 Snonce、Anonce 分别代表 STA 和 AC 的 Nonce。Nonce 是指协议的任一指定用户只使用一次的数值，其类型包括时间戳、大随机数和序列号。

② STA 产生 Snonce，由 Anonce 和 Snonce 使用伪随机函数 PRF 生成 PTK，发送 EAPOL-Key 消息，包含 Snonce 和 MIC。

③ AC 由 Anonce 和 Snonce 生成 PTK，并且对 MIC 做校验，发送 EAPOL-Key 消息，其中包括 Anonce、MIC 以及是否安装加密/整体性密钥。

④ STA 发送 EAPOL-Key 消息，确认密钥已经安装。

通过 4 次握手与密钥混合，最终生成加密的 Key，这样保证了每个用户在每次的网络连接时都有一个独立的密钥。

3. CCMP 加密

计数器模式+密码块链认证码协议（Counter Mode with Cipher Block Chaining MAC Protocol，CCMP）是基于 AES（Advanced Encryption Standard）加密算法和 CCM（Counter-Mode/CBC-MAC）认证方式，围绕 AES 建立的安全协议。AES 与 CCMP 的关系就像 RC4 与 TKIP 的关系一样。AES 比 RC4 健壮，目前还没有发现破解方法，这使得 WLAN 的安全程度大大提高。由于 AES 对硬件要求比较高，因此 CCMP 无法在现有设备的基础上实现 AES，需要升级硬件才能实现。AES 同 TKIP 加密使用一样的密钥分发和管理机制，采用了 128-bit 的分组长度和 128/192/256-bit 密钥长度，进行了 10/12/14 轮迭代计算。

与 TKIP 不同，CCMP 主要采用了 AES 分组加密算法，其报文加密、密钥管理、消息完整性校验码都使用 AES 算法加密，安全性和可靠性更高。综合对比 WEP、TKIP、CCMP 这 3 种加密方式，其各自的特点如表 3-3 所示。

表 3-3　WEP、TKIP、CCMP 加密方式特点对比

加密方式	WEP	TKIP	CCMP
加密算法	RC4	RC4	AES
密钥长度	40 or 104-bit	128-bit	128-bit
密钥寿命	24-bit IV	48-bit IV	48-bit IV
数据校验算法	CRC-32	Michael	CBC
密钥管理	None	4-way Handshake	4-way Handshake

3.2.4　WLAN 安全策略

WLAN 安全提供了有线等效加密（Wired Equivalent Privacy，WEP）、Wi-Fi 安全访问协议（Wi-Fi Protected Access，WPA）、WPA2、无线局域网鉴别与保密基础结构（WLAN Authentication and Privacy Infrastructure，WAPI）这 4 种安全策略。每种安全策略均是一套安全机制，包括无线链路建立时的链路认证方式、无线用户上线时的用户接入认证方式和无线用户传输业务时的数据加密方式。

WLAN 接入安全及配置介绍

1. WEP 安全策略

WEP 是由 802.11 标准定义的协议，用于保护 WLAN 中的授权用户所传输数据的安全性，防止数据被窃听。WEP 安全策略包括了链路认证机制和数据加密机制。链路认证分为开放系统认证和共享密钥认证两种。

如果选择开放系统认证方式，链路认证过程不需要 WEP 加密。用户上线后，可以通过配置选择是否对业务数据进行 WEP 加密。

如果选择共享密钥认证方式，链路认证过程中需要完成密钥协商。用户上线后，通过协商出的密钥对业务数据进行 WEP 加密。

（1）开放系统认证

开放系统认证即不认证、不加密。任何用户不需要认证都可以接入网络。数据以明文的形式传输。选择开放系统时，建议结合 Portal 认证或者 MAC 地址认证进行配置，从而保证网络的安全性。华为设备的安全模板默认配置为开放系统认证。

① 配置步骤

在命令行中，具体配置实现过程如下。

步骤 1 执行命令 system-view，进入系统视图。

步骤 2 执行命令 wlan，进入 WLAN 视图。

步骤 3 执行命令 security-profile name *profile-name*，进入指定的安全模板视图。

步骤 4 执行命令 security open，配置安全策略为开放认证。默认情况下，安全策略为 open。

② 配置举例

```
[AC-wlan-view] security-profile name wlan-net
[AC-wlan-sec-prof-wlan-net]security open
```

③ 应用场景

WEP 开放系统认证配合 Web Portal 认证可用于访客接入场景，被广泛应用于运营商场景中。

（2）共享密钥认证

共享密钥认证是除开放系统认证外的另一种 WEP 认证机制。共享密钥认证需要 STA 和 AP 配置相同的共享密钥。

① 配置步骤

在命令行中，具体配置实现过程如下。

步骤 1 执行命令 system-view，进入系统视图。

步骤 2 执行命令 wlan，进入 WLAN 视图。

步骤 3 执行命令 security-profile name *profile-name*，进入指定的安全模板视图。

步骤 4 执行命令 security wep [share-key]，配置安全策略为 WEP。

配置参数 share-key，表示使用该共享密钥对无线终端认证，并对业务报文加密；不配置该参数，则表示仅对业务报文加密。无论该参数是否配置，无线终端上的设置都相同，都需要输入共享密钥。

步骤 5 执行命令 wep key *key-id* { wep-40 | wep-104 | wep-128 } { pass-phrase | hex } *key-value*，配置 WEP 的共享密钥和密钥索引。

步骤 6 执行命令 wep default-key *key-id*，配置 WEP 使用的共享密钥的密钥索引。默认情况下，使用索引为 0 的密钥。

② 配置举例

• WEP-40 hex 加密方式

```
[AC6005-wlan-view]security-profile name test
[AC6005-wlan-sec-prof-test]security wep share-key
[AC6005-wlan-sec-prof-test]wep key 0 wep-40 hex 0123456789
```

• WEP-40 pass-phrase 加密方式

```
[AC6005-wlan-view] security-profile name test
[AC6005-wlan-sec-prof-test]security wep share-key
[AC6005-wlan-sec-prof-test]wep key 0 wep-40 pass-phrase 12345
```

• WEP-104 hex 加密方式

```
[AC6005-wlan-view]security-profile name test
[AC6005-wlan-sec-prof-test]security wep share-key
[AC6005-wlan-sec-prof-test]wep key 0 wep-104 hex 12345678901234567890123456
```

• WEP-104 pass-phrase 加密方式

```
[AC6005-wlan-view]security-profile name test
```

```
[AC6005-wlan-sec-prof-test]security wep share-key
[AC6005-wlan-sec-prof-test]wep key 0 wep-104 pass-phrase 1234567890123
```

③ 应用场景

这种安全策略常用于对安全性要求不高的家庭和个人无线网络中，需要专人维护密钥。

2. WPA/WPA2 安全策略

由于 WEP 共享密钥认证采用的是基于 RC4 对称流的加密算法，需要预先配置相同的静态密钥，无论从加密机制还是从加密算法来看，都很容易受到安全威胁。为了解决这个问题，在 802.11i 标准没有正式推出安全性更高的安全策略之前，Wi-Fi 联盟推出了针对 WEP 改良的认证方式——WPA。WPA 的核心加密算法还是采用 RC4，并在 WEP 基础上提出了 TKIP 加密算法。

WPA 分为 WPA 个人版和 WPA 企业版。WPA 个人版采用 PSK 认证方式，不需要认证服务器。WPA 企业版采用 802.1X+EAP 的认证方式，需要有认证服务器。这两种安全策略都采用了 TKIP 加密技术。

随后 802.11i 安全标准又推出 WPA2。与 WPA 不同，WPA2 采用了 802.1X 的身份验证框架，支持 EAP-PEAP、EAP-TLS 等认证方式；采用了安全性更高的 CCMP 加密算法。

为了实现更好的兼容性，在目前的应用中，WPA 和 WPA2 都可以使用 802.1X 的接入认证、TKIP 或 CCMP 的加密算法。它们之间的区别主要体现在协议报文格式方面，在安全性方面几乎没有差别。

（1）配置步骤

① 执行命令 system-view，进入系统视图。

② 执行命令 wlan，进入 WLAN 视图。

③ 执行命令 security-profile name *profile-name*，进入指定的安全模板视图。

④ 执行命令 security { wpa | wpa2 | wpa-wpa2 } psk { pass-phrase | hex } *key-value* { aes|tkip | aes-tkip }，配置安全策略为 WPA、WPA2 或者 WPA-WPA2。

（2）配置举例

① WPA-PSK（TKIP 加密方式）

```
[AC6005-wlan-view]security-profile name test
[AC6005-wlan-sec-prof-test]security wpa psk pass-phrase 12345678 tkip
```

② WPA-EAP（TKIP 加密方式）

```
[AC6005-wlan-view]security-profile name test
[AC6005-wlan-sec-prof-test]security wpa dot1x tkip
```

③ WPA2-PSK（TKIP 加密方式）

```
[AC6005-wlan-view]security-profile name test
[AC6605-wlan-sec-prof-test]security wpa2 psk pass-phrase 12345678 tkip
```

（3）应用场景

WPA 个人版适合个人、家庭和小型 SOHO 网络，对网络安全要求相对较低，不使用认证服务器；WPA 企业版适合企业等对安全性要求较高的网络，需要有认证服务器；在大型企业网络中，通常采用 WPA/WPA2 企业版的认证方式。

3. WAPI 安全策略

WAPI 是由中国提出的以 802.11 协议为基础的无线安全标准。WAPI 能够提供比 WEP 和 WPA/WPA2 更强的安全性。WAPI 由无线局域网鉴别基础结构（WLAN Authentication Infrastructure，WAI）和无线局域网保密基础结构（WLAN Privacy Infrastructure，WPI）两部分构成。WAI 用于 WLAN 中身份鉴别和密钥管理的安全方案；WPI 用于 WLAN 中数据传输保护的安全方案，包括数据加密、数据鉴别和重放保护等功能。

（1）安全策略方式

WAPI 支持 WLAN 客户端和接入网络的双向认证，具有 WAPI-CERT 和 WAPI-PSK 两种安全策略方式。

① WAPI-CERT 方式

WAPI-CERT 整个过程包括证书鉴别、单播密钥协商和组播密钥通告。证书鉴别是基于 STA 与 AC 双方证书进行的鉴别。开始鉴别前，STA 与 AC 必须预先拥有各自的证书，然后通过认证业务单元（Authentication Service Unit，ASU）对双方的身份进行鉴别。根据双方产生的临时公钥和临时私钥生成基密钥（Base Key，BK），并为随后的单播密钥协商和组播密钥通告做好准备。

② WAPI-PSK 方式

WAPI-PSK 是基于 STA 与 AC 双方的预共享密钥进行的鉴别。开始鉴别前，STA 与 AC 必须预先配置相同的共享密钥。在鉴别时，双方直接将预共享密钥转换为 BK。

（2）配置步骤

① WAPI-PSK

步骤 1　执行命令 system-view，进入系统视图。

步骤 2　执行命令 wlan，进入 WLAN 视图。

步骤 3　执行命令 security-profile name *profile-name*，进入指定的安全模板视图。

步骤 4　执行命令 security wapi psk { pass-phrase | hex } *key-value*，配置安全策略为 WAPI-PSK 方式。

② WAPI-CERT

步骤 1　执行命令 system-view，进入系统视图。

步骤 2　执行命令 wlan，进入 WLAN 视图。

步骤 3　执行命令 security-profile name *profile-name*，进入指定的安全模板视图。

步骤 4　执行命令 security wapi certificate，配置安全策略为 WAPI-CERT 方式。

步骤 5　配置证书文件及 ASU 服务器。

• 执行命令 wapi import certificate { ac | asu | issuer } format pkcs12 file-name *file-name* password *password* 或 wapi import certificate { ac | asu | issuer } format pem file-name *file-name*，配置导入 AC 的证书文件、AC 证书颁布者的证书和 ASU 的证书文件。默认情况下，系统没有导入 AC 的证书文件、AC 证书颁布者的证书和 ASU 的证书文件。

• 执行命令 wapi import private-key format pkcs12 file-name *file-name* password *password* 或 wapi import private-key format pem file-name *file-name*，配置导入 AC 的私钥文件。默认情况下，系统没有导入 AC 的私钥文件。

• 执行命令 wapi asu ip *ip-address*，配置 ASU 服务器的 IP 地址。默认情况下，系统未配置 ASU 服务器的 IP 地址。

（3）配置举例

① WAPI-PSK

```
[AC-wlan-view] security-profile name test
[AC-wlan-sec-prof-test] security wapi psk pass-phrase 1234567@
```

② WAPI-CERT

```
[AC-wlan-view] security-profile name test
```

```
[AC-wlan-sec-prof-test] security wapi certificate
[AC-wlan-sec-prof-test] wapi asu ip 10.23.103.1
[AC-wlan-sec-prof-test] wapi import certificate ac format pem file-name flash:/ae.cer
[AC-wlan-sec-prof-test] wapi import certificate asu format pem file-name flash:/as.cer
[AC-wlan-sec-prof-test] wapi import certificate issuer format pem file-name
flash:/as.cer
[AC-wlan-sec-prof-test] wapi import private-key format pem file-name flash:/ae.cer
```

（4）应用场景

WAPI-PSK 方式适用于家庭用户或小型企业网络，不需要额外的证书系统；WAPI-CERT 方式适用于大型企业网络或运营商网络，需要部署和维护昂贵的证书系统。

3.3 项目实施 1　基于内置 Portal 认证的无线网络搭建

3.3.1　实施条件

为了能够在实训环境中模拟本项目，实训环境所需设备和器材如下。

① 华为 AC6605 设备 1 台。

② 华为 AP4050DN 设备 1 台。

③ 无线终端设备 2 台。

④ 管理主机 1 台。

⑤ 配置电缆 1 根。

⑥ 电源插座 3 个。

⑦ 吉比特以太网网线 1 根。

3.3.2　数据规划

由于无线网络具有开放性的特点，如果不采取适当的接入控制，行政办公信息就存在安全风险。为了满足企业的安全性需求，同时为了节约成本，采用内置 Portal 认证，并通过 RADIUS 服务器对无线用户进行身份认证。本项目的拓扑如图 3-21 所示。

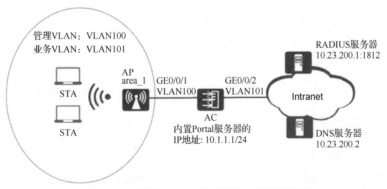

图 3-21　基于内置 Portal 认证的校园无线网络组网

为了实现 AC 对 AP 的配置管理和 STA 业务的正常转发，AC 作为 DHCP 服务器为 AP 和 STA 分配 IP 地址。具体数据规划如表 3-4 所示。

表 3-4　内置 Portal 认证项目数据规划

配置项	规划数据
管理 VLAN	VLAN100
STA 业务 VLAN	VLAN 101
DHCP 服务器	AC 作为 DHCP 服务器为 AP 和 STA 分配 IP 地址
AP 的 IP 地址池	10.23.100.2～10.23.100.254/24
STA 的 IP 地址池	10.23.101.3～10.23.101.254/24
AC 的源接口 IP 地址	VLANIF100：10.23.100.1/24
AP 组	名称：ap1 引用模板：VAP 模板 wlan-net、域管理模板 default
域管理模板	名称：default 国家码：CN
SSID 模板	名称：wlan-net SSID 名称：wlan-net
安全模板	名称：wlan-net 安全策略：WEP Open
VAP 模板	名称：wlan-net 转发模式：隧道转发 业务 VLAN：VLAN101 引用模板：SSID 模板 wlan-net、安全模板 wlan-net、认证模板 p1
认证模板	名称：p1 绑定的模板和认证方案：Portal 接入模板 portal1、RADIUS 服务器模板 radius_huawei、RADIUS 认证方案 radius_huawei、RADIUS 计费方案 scheme1、免认证规则模板 default_free_rule
免认证规则模板	名称：default_free_rule 免认证资源：DNS 服务器的地址（10.23.200.2）
Portal 接入模板	名称：portal1 使用内置 Portal 服务器，其中 内置 Portal 服务器的 IP 地址：10.1.1.1/24 使用的 SSL 策略：sslserver HTTPS 协议使用的 TCP 端口号：1025
RADIUS 认证参数	RADIUS 认证方案名称：radius_huawei RADIUS 计费方案名称：scheme1 RADIUS 服务器模板名称：radius_huawei IP 地址：10.23.200.1 认证端口号：1812 计费端口号：1813 共享密钥：Huawei@123

3.3.3　实施步骤

步骤 1　根据项目的拓扑结构，进行网络物理连接。

步骤 2　配置 AC，使 AP 与 AC 之间能够传输 CAPWAP 报文。

```
# 配置 AC，将接口 GE0/0/1 加入 VLAN100（管理 VLAN）。
<AC6605> system-view
```

```
[AC6605] sysname AC

[AC] vlan batch 100 101

[AC] interface gigabitethernet 0/0/1

[AC-GigabitEthernet0/0/1] port link-type trunk

[AC-GigabitEthernet0/0/1] port trunk pvid vlan 100

[AC-GigabitEthernet0/0/1] port trunk allow-pass vlan 100

[AC-GigabitEthernet0/0/1] quit
```

步骤 3 配置 AC 与上层网络设备互通。

```
# 配置 AC,将上行接口 GE0/0/2 加入 VLAN101(业务 VLAN)。

[AC] interface gigabitethernet 0/0/2

[AC-GigabitEthernet0/0/2] port link-type trunk

[AC-GigabitEthernet0/0/2] port trunk allow-pass vlan 101

[AC-GigabitEthernet0/0/2] quit
```

步骤 4 配置 AC,使其作为 DHCP 服务器,为 STA 和 AP 分配 IP 地址。

```
# 配置基于接口地址池的 DHCP 服务器,其中,VLANIF100 接口为 AP 提供 IP 地址,VLANIF101 为 STA
提供 IP 地址。

[AC] dhcp enable

[AC] interface vlanif 100

[AC-Vlanif100] ip address 10.23.100.1 24

[AC-Vlanif100] dhcp select interface

[AC-Vlanif100] quit

[AC] interface vlanif 101

[AC-Vlanif101] ip address 10.23.101.1 24

[AC-Vlanif101] dhcp select interface

[AC-Vlanif101] dhcp server dns-list 10.23.200.2

[AC-Vlanif101] quit
```

步骤 5 配置 AC 到服务器区的路由(假设与 AC 相连的上游设备的 IP 地址为 10.23.101.2)。

```
[AC] ip route-static 10.23.200.0 255.255.255.0 10.23.101.2
```

步骤 6 配置 AP 上线。

```
# 创建 AP 组,用于将相同配置的 AP 都加入同一 AP 组中。

[AC] wlan

[AC-wlan-view] ap-group name ap1

[AC-wlan-ap-group-ap1] quit

# 创建域管理模板,在域管理模板下配置 AC 的国家码并在 AP 组下引用域管理模板。

[AC-wlan-view] regulatory-domain-profile name default

[AC-wlan-regulate-domain-default] country-code CN

[AC-wlan-regulate-domain-default] quit

[AC-wlan-view] ap-group name ap1

[AC-wlan-ap-group-ap1] regulatory-domain-profile default

Warning: Modifying the country code will clear channel, power and antenna gain
configurations of the radio and reset the AP. Continue?[Y/N]:y
```

```
[AC-wlan-ap-group-ap1] quit

[AC-wlan-view] quit
```

配置 AC 的源接口。

```
[AC] capwap source interface vlanif 100
```

在 AC 上离线导入 AP，并将 AP 加入 AP 组 "ap1" 中。

```
[AC] wlan

[AC-wlan-view] ap auth-mode mac-auth

[AC-wlan-view] ap-id 0 ap-mac 00E0-FC42-5C80

[AC-wlan-ap-0] ap-name area_1

[AC-wlan-ap-0] ap-group ap1

Warning: This operation may cause AP reset. If the country code changes, it will clear
channel, power and antenna gain configurations of the radio, Whether to continue? [Y/N]:y

[AC-wlan-ap-0] quit
```

将 AP 上电后，当执行命令 display ap all，查看到 AP 的 "State" 字段为 "nor" 时，表示 AP 正常上线。

```
[AC-wlan-view] display ap all

Total AP information:

nor : normal     [1]

--------------------------------------------------------------------------------

ID   MAC          Name     Group    IP            Type         State STA   Uptime

--------------------------------------------------------------------------------

0  00E0-FC42-5C80  area_1   ap1   10.23.100.254  AP6010DN-AGN   nor    0    10S

--------------------------------------------------------------------------------

Total: 1
```

步骤 7　配置 RADIUS 服务器模板、RADIUS 认证方案和 RAIUDS 计费方案。

配置 RADIUS 服务器模板。

```
[AC] radius-server template radius_huawei

[AC-radius-radius_huawei] radius-server authentication 10.23.200.1 1812

[AC-radius-radius_huawei] radius-server accounting 10.23.200.1 1813

[AC-radius-radius_huawei] radius-server shared-key cipher Huawei@123

[AC-radius-radius_huawei] quit
```

配置 RADIUS 方式的认证方案。

```
[AC] aaa

[AC-aaa] authentication-scheme radius_huawei

[AC-aaa-authen-radius_huawei] authentication-mode radius

[AC-aaa-authen-radius_huawei] quit
```

配置 RADIUS 方式的计费方案。

```
[AC-aaa] accounting-scheme scheme1

[AC-aaa-accounting-scheme1] accounting-mode radius

[AC-aaa-accounting-scheme1] accounting realtime 15

[AC-aaa-accounting-scheme1] quit

[AC-aaa] quit
```

步骤 8　配置 Portal 接入模板"portal1"。

```
# 加载证书和 RSA 密钥对。

[AC] pki realm abc

[AC-pki-realm-abc] quit

[AC] pki import-certificate local realm abc pem filename abc_local.pem

[AC] pki import-certificate ca realm abc pem filename abc_ca.pem

[AC] pki import rsa-key-pair key1 pem privatekey.pem password Huawei@123

# 配置 SSL 策略"sslserver"并加载数字证书。

[AC] ssl policy sslserver type server

[AC-ssl-policy-sslserver] pki-realm abc

[AC-ssl-policy-sslserver] version tls1.0 tls1.1 tls1.2

[AC-ssl-policy-sslserver] ciphersuite rsa_aes_128_sha256 rsa_aes_256_sha256

[AC-ssl-policy-sslserver] quit[AC] http secure-server ssl-policy sslserver

[AC] http secure-server enable

# 查看 SSL 策略的配置信息，其中 CA 与本地证书的状态必须为 loaded。

[AC] display ssl policy sslserver
------------------------------------------------------------------
  Policy name                        :   sslserver

  Policy ID                          :   2

  Policy type                        :   Server

  Cipher suite                       :   rsa_aes_128_sha256 rsa_aes_256_sha256

  PKI realm                          :   abc

  Version                            :   tls1.0 tls1.1 tls1.2

  Cache number                       :   32

  Time out(second)                   :   3600

  Server certificate load status     :   loaded

  CA certificate chain load status   :   loaded

  SSL renegotiation status           :   enable

  Bind number                        :   1

  SSL connection number              :   0
  ------------------------------------------------------------------
# 使能内置 Portal 服务器功能。

[AC] interface loopback 1

[AC-LoopBack1] ip address 10.1.1.1 24

[AC-LoopBack1] quit

[AC] portal local-server ip 10.1.1.1

[AC] portal local-server https ssl-policy sslserver port 1025

# 创建 Portal 接入模板"portal1"，并配置其使用内置 Portal 服务器。

[AC] portal-access-profile name portal1

[AC-portal-access-profile-portal1] portal local-server enable

[AC-portal-access-profile-portal1] quit
```

步骤 9 配置免认证规则模板。

```
[AC] free-rule-template name default_free_rule
[AC-free-rule-default_free_rule] free-rule 1 destination ip 10.23.200.2 mask 24
[AC-free-rule-default_free_rule] quit
```

步骤 10 配置认证模板 "p1"。

```
[AC] authentication-profile name p1
[AC-authentication-profile-p1] portal-access-profile portal1
[AC-authentication-profile-p1] free-rule-template default_free_rule
[AC-authentication-profile-p1] authentication-scheme radius_huawei
[AC-authentication-profile-p1] accounting-scheme scheme1
[AC-authentication-profile-p1] radius-server radius_huawei
[AC-authentication-profile-p1] quit
```

步骤 11 配置 WLAN 业务参数。

```
# 创建名为 "wlan-net" 的安全模板，并配置安全策略。默认情况下，安全策略为 open 方式的开放认证。
[AC] wlan
[AC-wlan-view] security-profile name wlan-net
[AC-wlan-sec-prof-wlan-net]quit
# 创建名为 "wlan-net" 的 SSID 模板，并配置 SSID 名称为 "wlan-net"。
[AC-wlan-view] ssid-profile name wlan-net
[AC-wlan-ssid-prof-wlan-net] ssid wlan-net
[AC-wlan-ssid-prof-wlan-net] quit
# 创建名为 "wlan-net" 的 VAP 模板，配置业务数据转发模式、业务 VLAN，并且引用安全模板、SSID 模
板和认证模板。
[AC-wlan-view] vap-profile name wlan-net
[AC-wlan-vap-prof-wlan-net] forward-mode tunnel
[AC-wlan-vap-prof-wlan-net] service-vlan vlan-id 101
[AC-wlan-vap-prof-wlan-net] security-profile wlan-net
[AC-wlan-vap-prof-wlan-net] ssid-profile wlan-net
[AC-wlan-vap-prof-wlan-net] authentication-profile p1
[AC-wlan-vap-prof-wlan-net] quit
# 配置 AP 组引用 VAP 模板，AP 上射频 0 和射频 1 都使用 VAP 模板 "wlan-net" 的配置。
[AC-wlan-view] ap-group name ap1
[AC-wlan-ap-group-ap1] vap-profile wlan-net wlan 1 radio 0
[AC-wlan-ap-group-ap1] vap-profile wlan-net wlan 1 radio 1
[AC-wlan-ap-group-ap1] quit
```

3.3.4 项目测试

完成配置后，STA 可以搜索到 SSID 为 "wlan-net" 的无线网络。STA 关联到无线网络后，能分配到相应的 IP 地址。在 STA 上打开浏览器访问网络时，会自动跳转到 Portal 服务器提供的认证页面，在页面上输入正确的用户名和密码后，STA 认证成功并可以访问网络。

3.4 项目实施 2　基于 WPA2 认证（WPA2-PSK-AES）的无线网络搭建

3.4.1　实施条件

为了能够在实训环境中模拟本项目，实训环境所需设备和器材如下。

① 华为 AC6605 设备 1 台。
② 华为 AP4050DN 设备 2 台。
③ 华为 S3700 设备 1 台。
④ 无线终端设备 4 台。
⑤ 管理主机 1 台。
⑥ 配置电缆 1 根。
⑦ 电源插座 5 个。
⑧ 吉比特以太网网线 3 根。

WLAN 网络安全
配置

3.4.2　数据规划

本项目的拓扑如图 3-22 所示。

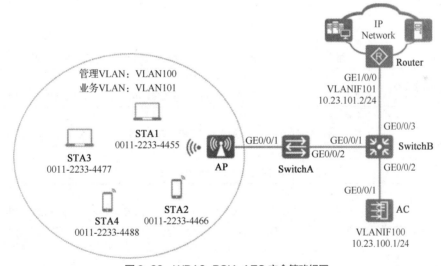

图 3-22　WPA2-PSK-AES 安全策略组网

　　为了实现 AC 对 AP 的配置管理和 STA 业务的正常转发，AC 作为 DHCP 服务器为 AP 分配 IP 地址，汇聚交换机 SwitchB 作为 DHCP 服务器为 STA 分配 IP 地址。具体数据规划如表 3-5 所示。由于校园中网管人员较少，因此使用 STA 白名单功能，将管理人员的无线终端 MAC 地址加入 STA 白名单，以避免其他员工的无线终端接入 WLAN，占用 WLAN 资源。同时，网管人员监测到少数 STA 属于非法接入设备，需要禁止其接入网络，并将这些 STA 加入 STA 黑名单，而黑名单以外的用户可以正常接入 WLAN。

表 3-5　WPA2 认证项目数据规划

配置项	规划数据
管理 VLAN	VLAN100
STA 业务 VLAN	VLAN101
DHCP 服务器	AC 作为 DHCP 服务器为 AP 分配 IP 地址 汇聚交换机 SwitchB 作为 DHCP 服务器为 STA 分配 IP 地址，STA 的默认网关为 10.23.101.2
AP 的 IP 地址池	10.23.100.2～10.23.100.254/24
STA 的 IP 地址池	10.23.101.3～10.23.101.254/24
AC 的源接口 IP 地址	VLANIF100：10.23.100.1/24
AP 组	名称：ap1 引用模板：VAP 模板 wlan-net、域管理模板 default 和 AP 系统模板 wlan-system
域管理模板	名称：default 国家码：CN
SSID 模板	名称：wlan-net SSID 名称：wlan-net
安全模板	名称：wlan-net 安全策略：WPA-WPA2+PSK+AES 密码：a1234567
VAP 模板	名称：wlan-net 转发模式：隧道转发 业务 VLAN：VLAN101 引用模板：SSID 模板 wlan-net、安全模板 wlan-net 和 STA 白名单模板 sta-whitelist
STA 白名单模板	名称：sta-whitelist 加入 STA 白名单的 STA：STA1（0011-2233-4455）、STA2（0011-2233-4466）
STA 黑名单模板	名称：sta-blacklist 加入 STA 黑名单的 STA：STA3（0011-2233-4477）、STA4（0011-2233-4488）
AP 系统模板	名称：wlan-system 引用模板：STA 黑名单模板 sta-blacklist

 注意　对于同一个 VAP 或者同一个 AP，STA 白名单和 STA 黑名单不能同时配置，即同一个 VAP 模板或同一个 AP 系统模板内，STA 白名单或 STA 黑名单仅有一种生效。

3.4.3　实施步骤

步骤 1　根据项目的拓扑结构，进行网络物理连接。

步骤 2　配置周边设备。

#配置接入交换机 SwitchA 的 GE0/0/1 和 GE0/0/2 接口，使其加入 VLAN100，GE0/0/1 接口的默认 VLAN 为 VLAN100。

```
<HUAWEI> system-view
[HUAWEI] sysname SwitchA
```

```
[SwitchA] vlan batch 100
[SwitchA] interface gigabitethernet 0/0/1
[SwitchA-GigabitEthernet0/0/1] port link-type trunk
[SwitchA-GigabitEthernet0/0/1] port trunk pvid vlan 100
[SwitchA-GigabitEthernet0/0/1] port trunk allow-pass vlan 100
[SwitchA-GigabitEthernet0/0/1] port-isolate enable
[SwitchA-GigabitEthernet0/0/1] quit
[SwitchA] interface gigabitethernet 0/0/2
[SwitchA-GigabitEthernet0/0/2] port link-type trunk
[SwitchA-GigabitEthernet0/0/2] port trunk allow-pass vlan 100
[SwitchA-GigabitEthernet0/0/2] quit
```

#配置汇聚交换机 SwitchB 的接口 GE0/0/1 和 GE0/0/2，使其加入 VLAN100，接口 GE0/0/2 和 GE0/0/3
加入 VLAN101。

```
<HUAWEI> system-view
[HUAWEI] sysname SwitchB
[SwitchB] vlan batch 100 101
[SwitchB] interface gigabitethernet 0/0/1
[SwitchB-GigabitEthernet0/0/1] port link-type trunk
[SwitchB-GigabitEthernet0/0/1] port trunk allow-pass vlan 100
[SwitchB-GigabitEthernet0/0/1] quit
[SwitchB] interface gigabitethernet 0/0/2
[SwitchB-GigabitEthernet0/0/2] port link-type trunk
[SwitchB-GigabitEthernet0/0/2] port trunk allow-pass vlan 100 101
[SwitchB-GigabitEthernet0/0/2] quit
[SwitchB] interface gigabitethernet 0/0/3
[SwitchB-GigabitEthernet0/0/3] port link-type trunk
[SwitchB-GigabitEthernet0/0/3] port trunk allow-pass vlan 101
[SwitchB-GigabitEthernet0/0/3] quit
```

#配置 Route 的接口 GE1/0/0，使其加入 VLAN101，创建接口 VLANIF101 并配置 IP 地址为
10.23.101.2/24。

```
<Huawei> system-view
[Huawei] sysname Router
[Router] vlan batch 101
[Router] interface gigabitethernet 1/0/0
[Router-GigabitEthernet1/0/0] port link-type trunk
[Router-GigabitEthernet1/0/0] port trunk allow-pass vlan 101
[Router-GigabitEthernet1/0/0] quit
[Router] interface vlanif 101
[Router-Vlanif101] ip address 10.23.101.2 24
[Router-Vlanif101] quit
```

153

步骤 3 配置 AC，使其与其他网络设备互通。

```
#配置 AC 的接口 GE0/0/1，使其加入 VLAN100 和 VLAN101。
<AC6605> system-view
[AC6605] sysname AC
[AC] vlan batch 100 101
[AC] interface gigabitethernet 0/0/1
[AC-GigabitEthernet0/0/1] port link-type trunk
[AC-GigabitEthernet0/0/1] port trunk allow-pass vlan 100 101
[AC-GigabitEthernet0/0/1] quit
```

步骤 4 配置 DHCP 服务器，为 STA 和 AP 分配 IP 地址。

```
#在 AC 上配置 VLANIF100 接口，为 AP 提供 IP 地址。
[AC] dhcp enable
[AC] interface vlanif 100
[AC-Vlanif100] ip address 10.23.100.1 24
[AC-Vlanif100] dhcp select interface
[AC-Vlanif100] quit
```

#在 SwitchB 上配置 VLANIF101 接口，为 STA 提供 IP 地址，并指定 10.23.101.2 作为 STA 的默认网关地址。

```
[SwitchB] dhcp enable
[SwitchB] interface vlanif 101
[SwitchB-Vlanif101] ip address 10.23.101.1 24
[SwitchB-Vlanif101] dhcp select interface
[SwitchB-Vlanif101] dhcp server gateway-list 10.23.101.2
[SwitchB-Vlanif101] quit
```

步骤 5 配置 AP 上线。

```
#创建 AP 组，用于将相同配置的 AP 都加入同一 AP 组中。
[AC] wlan
[AC-wlan-view] ap-group name ap1
[AC-wlan-ap-group-ap1] quit
```

#创建域管理模板，在域管理模板下配置 AC 的国家码并在 AP 组下引用域管理模板。

```
[AC-wlan-view] regulatory-domain-profile name default
[AC-wlan-regulate-domain-default] country-code CN
[AC-wlan-regulate-domain-default] quit
[AC-wlan-view] ap-group name ap1
[AC-wlan-ap-group-ap1] regulatory-domain-profile default
Warning: Modifying the country code will clear channel, power and antenna gain
configurations of the radio and reset the AP. Continue?[Y/N]:y
[AC-wlan-ap-group-ap1] quit
[AC-wlan-view] quit
```

#配置 AC 的源接口。

```
[AC] capwap source interface vlanif 100
```

```
#在 AC 上离线导入 AP，并将 AP 加入 AP 组"ap1"中。
[AC] wlan
[AC-wlan-view] ap auth-mode mac-auth
[AC-wlan-view] ap-id 0 ap-mac 00E0-FC42-5C80
[AC-wlan-ap-0] ap-name area_1
[AC-wlan-ap-0] ap-group ap1
Warning: This operation may cause AP reset. If the country code changes, it will
clear channel, power and antenna gain configurations of the radio, Whether to continue?
[Y/N]:y
[AC-wlan-ap-0] quit
```

#将 AP 上电后，当执行命令 display ap all，查看到 AP 的"State"字段为"nor"时，表示 AP 正常
上线。

```
[AC-wlan-view] display ap all
Total AP information:
nor :   normal   [1]
------------------------------------------------------------------------------
ID    MAC          Name     Group   IP            Type         State STA  Uptime
------------------------------------------------------------------------------
0   00E0-FC42-5C80  area_1   ap1    10.23.100.254  AP6010DN-AGN  nor    0    10S
------------------------------------------------------------------------------
Total: 1
```

步骤 6　配置 WLAN 业务参数。

#创建名为"wlan-net"的安全模板，并配置安全策略。

```
[AC-wlan-view] security-profile name wlan-net
[AC-wlan-sec-prof-wlan-net] security wpa2 psk pass-phrase a1234567 aes
[AC-wlan-sec-prof-wlan-net] quit
```

#创建名为"wlan-net"的 SSID 模板，并配置 SSID 名称为"wlan-net"。

```
[AC-wlan-view] ssid-profile name wlan-net
[AC-wlan-ssid-prof-wlan-net] ssid wlan-net
[AC-wlan-ssid-prof-wlan-net] quit
```

#创建名为"wlan-net"的 VAP 模板，配置业务数据转发模式、业务 VLAN，并且引用安全模板和 SSID
模板。

```
[AC-wlan-view] vap-profile name wlan-net
[AC-wlan-vap-prof-wlan-net] forward-mode tunnel
[AC-wlan-vap-prof-wlan-net] service-vlan vlan-id 101
[AC-wlan-vap-prof-wlan-net] security-profile wlan-net
[AC-wlan-vap-prof-wlan-net] ssid-profile wlan-net
[AC-wlan-vap-prof-wlan-net] quit
```

#配置 AP 组引用 VAP 模板，AP 上射频 0 和射频 1 都使用 VAP 模板"wlan-net"的配置。

```
[AC-wlan-view] ap-group name ap1
[AC-wlan-ap-group-ap1] vap-profile wlan-net wlan 1 radio 0
```

155

```
[AC-wlan-ap-group-ap1] vap-profile wlan-net wlan 1 radio 1
[AC-wlan-ap-group-ap1] quit
```

在完成配置后，WLAN 终端可以搜索到 SSID 为"wlan-net"的无线网络。用户关联到无线网络上后，无线 PC 会被分配相应的 IP 地址，用户输入预共享密钥后可以访问无线网络。

步骤 7 配置 VAP 方式的 STA 白名单。

#创建名为"sta-whitelist"的 STA 白名单模板，将 STA1 和 STA2 的 MAC 地址加入白名单。

```
[AC-wlan-view] sta-whitelist-profile name sta-whitelist
[AC-wlan-whitelist-prof-sta-whitelist] sta-mac 0011-2233-4455
[AC-wlan-whitelist-prof-sta-whitelist] sta-mac 0011-2233-4466
[AC-wlan-whitelist-prof-sta-whitelist] quit
```

#在 VAP 模板"wlan-net"中引用 STA 白名单模板，使白名单在 VAP 范围内有效。

```
[AC-wlan-view] vap-profile name wlan-net
[AC-wlan-vap-prof-wlan-net] sta-access-mode whitelist sta-whitelist
[AC-wlan-vap-prof-wlan-net] quit
```

步骤 8 配置全局方式的 STA 黑名单。

#创建名为"sta-blacklist"的 STA 黑名单模板，将 STA3 和 STA4 的 MAC 地址加入黑名单。

```
[AC-wlan-view] sta-blacklist-profile name sta-blacklist
[AC-wlan-blacklist-prof-sta-blacklist] sta-mac 0011-2233-4477
[AC-wlan-blacklist-prof-sta-blacklist] sta-mac 0011-2233-4488
[AC-wlan-blacklist-prof-sta-blacklist] quit
```

#创建名为"wlan-system"的 AP 系统模板，并引用 STA 黑名单模板，使黑名单在 AP 范围内有效。

```
[AC-wlan-view] ap-system-profile name wlan-system
[AC-wlan-ap-system-prof-wlan-system] sta-access-mode blacklist sta-blacklist
[AC-wlan-ap-system-prof-wlan-system] quit
```

#在 AP 组"ap-group1"中引用 AP 系统模板"wlan-system"。

```
[AC-wlan-view] ap-group name ap-group1
[AC-wlan-ap-group-ap-group1] ap-system-profile wlan-system
[AC-wlan-ap-group-ap-group1] quit
```

3.4.4 项目测试

无线接入用户断开原有无线连接，重新搜索到 SSID 为"wlan-net"的 WLAN。STA1 和 STA2 可以接入 WLAN，STA3 和 STA4 无法接入 WLAN。

思考与练习

一、填空题

1. 在 WLAN 中，常见的安全威胁包括（   ）、（   ）、（   ）、安全协议 WEP 脆弱、Rogue 设备入侵等几个方面。

2. 链路认证方式是对（   ）的认证，只有通过认证后才能进入后续的关联阶段。

3. 目前，无线系统防护主要有（　　　）和（　　　）两种。

4. （　　　）认证是基于端口的网络接入控制协议，定义了一种授权架构，其中端口可以是物理端口，也可以是逻辑端口。

5. CCMP 是 802.11i 定义的默认加密方式，以（　　　）加密算法为基础。

6. （　　　）即不认证、不加密。

7. 802.11 协议主要通过对数据报文进行加密的方式解决用户的数据安全问题，加密方式主要有（　　　）加密、TKIP 加密和（　　　）加密等。

8. 用户接入认证是对用户进行区分，并在用户访问网络之前限制其访问权限。用户接入认证主要包含以下几种：（　　　）认证、（　　　）认证、WAPI 认证、Protal 认证和（　　　）认证。

二、不定项选择题

1. 中国无线局域网安全强制性标准是（　　　）。

  A. WiFi   B. WAPI   C. WLAN   D. WiMAX

2. 如果要创建一个开放认证的安全模板，以下正确的配置是（　　　）。

  A. [AC-WLAN-view] security-profile name security-1 id 1

    [AC-WLAN-sec-prof-security-1] security open

    [AC-WLAN-sec-prof-security-1] quit

  B. [AC-WLAN-view] security-profile name security-1 id 1

    [AC-WLAN-sec-prof-security-1] wep authentication-method open-system

    [AC-WLAN-sec-prof-security-1] security-policy wep

    [AC-WLAN-sec-prof-security-1] quit

  C. [AC-WLAN-view] security-profile name security-1 id 1

    [AC-WLAN-sec-prof-security-1] wpa authentication-method open-system

    [AC-WLAN-sec-prof-security-1] security-policy wpa

    [AC-WLAN-sec-prof-security-1] quit

  D. [AC-WLAN-view] security-profile name security-1 id 1

    [AC-WLAN-sec-prof-security-1] wpa2 authentication-method open-system

    [AC-WLAN-sec-prof-security-1] security-policy wpa2

    [AC-WLAN-sec-prof-security-1] quit

3. 为了保证 WLAN 安全，可以采取的措施是（　　　）。

  A. 身份验证   B. 加密   C. 系统防护   D. 控制流量

4. WEP 加密的数据算法采用（　　　）算法。

  A. RC4   B. AES   C. CCMP   D. 非对称加密

5. CCMP 加密采用的是（　　　）算法。

  A. RC4   B. AES   C. SMS4   D. Michael

6. 下面几种加密方式中，安全性最好的是（　　　）。

  A. 明文加密   B. WEP 加密   C. TKIP 加密   D. CCMP 加密

7. 在 TKIP 加密方式中 IV 的长度为（　　　）-bit。

  A. 12   B. 24   C. 48   D. 64

8. 对于共享密钥认证，下面描述错误的是（　　　）。

  A. 采用共享密钥认证后，必须使用 WEP 加密方式

  B. 共享密钥要求用户和 AP 使用相同的共享密钥

C. 对于瘦 AP，共享密钥是被预置在 AC 中

D. 共享密钥的缺点在于可扩展性不佳，同时也不是很安全

9. CCMP 加密比 TKIP 加密安全性高，是因为（   ）。

A. 采用了更长的 IV

B. 加入了密钥分发机制，不再使用单一密钥

C. 采用了更复杂的加密算法

D. 加入了消息完整性检验机制

10. 以下说法正确的是（   ）。

A. WPA2 PSK 认证需要用户输入用户名和密码才能连接

B. 用户进行 Web 认证时是在获取 IP 地址成功后，由用户的 HTTP 报文触发，此时强制重定向到 Portal 服务器进行认证流程

C. WPA2 采用了 802.1X 的身份验证

D. WAPI 是中国的无线局域网国家标准体系

11. 在 802.1X 协议中，必须要具备（   ）才能够完成对用户的认证和授权。

A. esight 服务器　　　B. 客户端　　　　　　C. 认证者　　　　　　D. 认证服务器

12. 下列对 PSK 认证描述，错误的是（   ）。

A. PSK 认证需要在无线客户端和设备端配置相同的预共享密钥

B. WPA 和 WPA2 都支持 PSK

C. PSK 认证过程与共享密钥认证过程类似，所以安全性一样

D. PSK 认证是通过四次握手 Key 协商来验证 STA 侧 Key 的合法性

13. 下列对 WEP 加密的描述，错误的是（   ）。

A. WEP 加密采用一种流加密算法

B. WEP 加密加入了 IV 来破坏密钥的规律性

C. WEP 加密中 IV 的长度为 48-bit

D. WEP 加密允许设备同时存储四把密钥

14. WIDS 攻击检测包含（   ）。

A. Flood 攻击检测　　　　　　　　　B. Week IV 攻击检测

C. Spoof 攻击检测　　　　　　　　　D. 微波炉干扰检测

15. TKIP 加密比 WEP 加密安全性高，是因为（   ）。

A. 采用了更长的 IV

B. 加入了密钥分发机制，不再使用单一密钥

C. 采用了更复杂的加密算法

D. 采用了更强的数据校验算法

16. 以下关于 TKIP 加密的描述，错误的是（   ）。

A. TKIP 加密中使用的 IV 长度为 24-bit

B. TKIP 加密采用的加密算法与 WEP 加密相同

C. 开发 TKIP 加密的目的就是升级旧式 WEP 硬件的安全性

D. TKIP 加密中增加了 Key 的生成、管理和传递的机制

三、简答题

1. 简述 WLAN 的安全威胁有哪些。

2. 简述 WLAN 的认证技术有哪些。

3. 简述 WLAN 加密技术有哪些。

4. 简述 WLAN 安全策略有哪些。

5. 分析下面安全模版的配置命令并思考以下问题。

① 此安全模版的名称是什么？

② 此安全模版采用哪种安全策略？

③ 此安全策略采用哪种认证方法？采用哪种加密方法？

参考命令如下。

```
[AC-wlan-view] security-profile name huawei-ap
[AC-wlan-sec-prof-huawei-ap] security wpa2 psk pass-phrase a1234567 aes
[AC-wlan-sec-prof-huawei-ap] quit
```

项目 4

校园无线网络射频管理

知识目标

1. 了解射频资源管理的基本流程。
2. 理解射频调优的基本功能和原理。
3. 理解负载均衡的基本功能和原理。
4. 理解频谱导航的基本功能和原理。
5. 了解 WDS 和 WLAN 定位等功能。

技能目标

1. 掌握配置自动调优和手动调优的方法。
2. 掌握配置静态和动态负载均衡的方法。
3. 掌握配置频谱导航的方法。
4. 掌握根据场景灵活选择射频管理方式。

素质目标

1. 具有基本的职业素养
2. 具有基本的标准规范意识
3. 具有行业相关的法律法规意识
4. 具有团队合作意识

4.1 项目描述

1. 需求描述

新建校园无线网络时，为了保证信号的全覆盖，在办公楼、教室、体育场、宿舍等区域均部署了大量的 AP。但为了保证终端用户的业务质量，需要尽量避免相邻 AP 和其他干扰源所带来的干扰。由于每个区域的终端用户密度较大，应该避免每个 AP 上所连接终端数量不均衡的现象，减少终端用户之间业务质量的差异。此外，现在 AP 大部分是双频工作模式，但默认情况下终端用户连接的是 2.4GHz 频段，为了避免频率干扰且发挥出 AP 的最好性能，应该合理使用频段。

2. 项目方案

根据客户的需求描述，为了保证终端用户的业务质量和提高无线网络设备的性能，工程师给出了以下项目建设方案。

① 针对存在的 AP 间产生的干扰或其他干扰源所带来的干扰，需要对干扰进行准确的分类。通过手动或自动启用 AP 的射频调优功能，动态调整 AP 的信道和功率，减少彼此之间的干扰，确保每个 AP 工作在一个最佳状态，从而提高终端用户的业务质量。

② 针对不同 AP 上所连接终端用户数量不均衡的现象，可以通过启用 AP 的负载均衡技术来解决。在高密度无线网络环境中，针对不同的场景环境，通过选择静态或者动态负载均衡技术可以有效保证

终端用户的合理接入，优化网络整体性能。

③ 针对现网中终端用户默认连接 2.4GHz 频段所造成的频率干扰问题，可以通过启用 AP 的频谱导航技术，让终端用户优先接入 5GHz 频段，减少 2.4GHz 频段上的负载和干扰，从而提高整个网络的性能。

通过项目的建设方案，可以实现以下目标。

① 减少各种干扰，提高终端用户服务质量。

② 均衡每个 AP 的接入终端数量，优化网络整体性。

③ 优化终端接入频率，提升网络性能。

4.2 相关知识

WLAN 技术以射频信号作为传输介质。射频信号在自由空间中传播时，会受环境影响，出现衰减等现象，直接影响无线用户上网的服务质量。

华为 WLAN 产品
基础特性

射频资源管理（Radio Resource Management，RRM）具有自动检查周边环境、动态调整信道和发射功率等功能，可智能均衡用户接入，降低射频信号干扰。WLAN 产品射频资源管理是一种通过 AC 和 AP 进行采集、分析、决策、执行的方法，提供一套系统化的实时智能射频管理方案，使无线网络能够快速适应无线环境变化，保持最优的射频资源状态，提高用户上网体验。射频管理是一个持续性行为，在执行完射频调整后，将再一次进行射频采集环节。射频管理流程如图 4-1 所示。AP 根据 AC 提供的策略实时采集射频环境信息；AC 对 AP 收集的数据进行分析评估；AC 根据分析结果，做出统筹信道和发送功率的决策；AP 执行 AC 设置的配置，进行射频资源调整。

图 4-1　射频管理流程

4.2.1　射频调优

在 WLAN 中，AP 的工作状态会受到周围环境的影响。例如，当相邻 AP 的工作信道存在重叠频段时，功率大的 AP 会对相邻 AP 造成信号干扰。通过射频调优功能，动态调整 AP 的信道和功率，可以使所有 AP（同一 AC 管理的 AP）的信道和功率保持相对平衡，确保每个 AP 工作在一个最佳状态。

1. 功能介绍

在射频调优过程中，AC 首先对 AP 周边的环境做干扰检测和分析，然后做有针对性的信道调整和功率调整。

（1）干扰检测

WLAN 的无线信道经常会受到周围环境的影响，进而导致服务质量变差。通过配置干扰检测功能，监测 AP 可以实时了解周围无线信号环境，并及时向 AC 上报告警信号。干扰检测可以检测到的干扰类型包括 AP 同频干扰、AP 邻频干扰和 STA 干扰。

① AP 同频干扰

AP 同频干扰是指两个工作在相同频段上的 AP 之间的相互干扰。例如，对于规模较大的 WLAN，同一信道经常被不同的 AP 使用。当这些 AP 之间存在着重叠区域时，就存在同频干扰问题，这将大大降低网络性能。

② AP 邻频干扰

如果中心频率不同的两个 AP 使用的频率范围有重叠的部分，就会形成邻频干扰。邻频设备距离太近或信号太强时，将会导致整体噪声变强，影响网络性能。

③ STA 干扰

如果 AP 周围存在过多的非本 AP 管理的 STA，就可能会对本 AP 下的 STA 业务造成干扰。

（2）信道调整

对于 WLAN，为了避免信号干扰，相邻 AP 应尽量工作在非重叠信道上。例如，2.4GHz 频段划分出 14 个交叠、错列的 20MHz 信道，但非重叠信道只有 3 个。那么，工作在 2.4GHz 频段的相邻 AP 将采用非重叠信道规划重叠区域。

信道调整原理如图 4-2 所示，在信道调整前，AP2 和 AP4 都使用信道 6，彼此存在信号干扰；在信道调整后，AP4 使用信道 11，同时相邻 AP 工作在非重叠信道，消除了干扰。信道调整可以保证每个 AP 能够分配到最优的信道，尽量减少和避免相邻或相同信道的干扰，保证网络传输的可靠性。信道调整不仅能用于射频调优，而且能用于动态频率选择（Dynamic Frequency Selection，DFS）。例如，某些地区的雷达系统工作在 5GHz 频段，与同样工作在 5GHz 频段的 AP 信号会存在干扰。通过 DFS 功能，当 AP 检测到其所在信道的频段有干扰时，会自动调整到干扰最小的信道，从而尽量避免干扰。

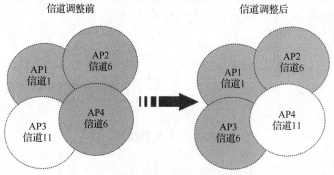

图 4-2　信道调整原理

（3）功率调整

AP 的发射功率决定了其射频信号的辐射范围。传统的射频功率控制方法只是单纯地将发射功率设置为最大值，一味地追求信号的覆盖范围。但是功率过大也会对其他无线设备造成不必要的干扰，因此需要选择一个能够平衡覆盖范围和信号质量的最佳功率。

功率调整就是在整个无线网络的运行过程中，根据实时的无线环境情况动态分配合理的功率。当增加邻居时，功率会减小。功率调整原理如图 4-3 所示，圆圈的大小代表 AP 调整发射功率后的覆盖范围，当增加 AP4 后，通过调整功率，每个 AP 的发射功率都会减小；在邻居 AP4 离线或出现故障时，每个 AP 功率都会增加，从而保证无线的覆盖区域。在删除 AP 或 AP 下线时，功率调整支持调大周围邻居的功率补盲功能。

2. 实现原理

华为设备支持射频调优功能。在重叠区域内，如果发生信号干扰，AP 将会自动调整功率或信道。

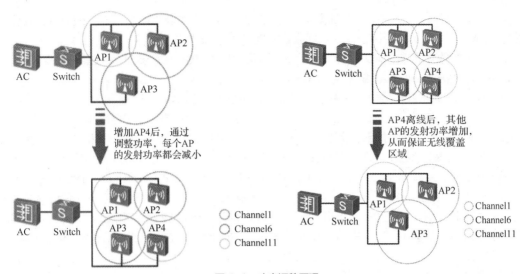

图4-3　功率调整原理

（1）调优任务

射频调优是由 AP 和 AC 两个设备共同配合完成的，每个设备都有自己的工作任务，具体如下。

① AP 任务

主动或者被动地收集周边射频环境的信息；将收集的射频环境信息发送给 AC；执行 AC 下发的调优结果。

② AC 任务

根据 AP 发送的射频环境信息，维护 AP 邻居拓扑结构信息；运行调优算法，统筹分配 AP 的信道和发射功率；将调优结果反馈给 AP 执行。

（2）调优方式

根据射频调优作用的对象，射频调优的方式包括全局射频调优和局部射频调优。

① 全局射频调优

全局射频调优是指为 AP 域内所有 AP 动态分配合理的信道和功率，一般用于新部署 WLAN 或 WLAN 出现大面积环境恶化的情况。AC 将统一调整各 AP 的信道和功率，使整体网络性能达到最优。全局射频调优的原理如图 4-4 所示。

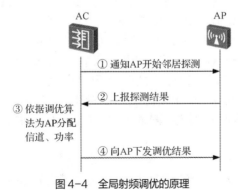

图4-4　全局射频调优的原理

a. 使能全局射频调优后，AC 通知各个 AP 开始周期性的邻居探测。探测方式分为主动探测和被动探测两种。

- 主动探测：AP 主动发送邻居探测帧，让周边邻居 AP 感知到本 AP 的存在。主动探测主要用于建立合法 AP 之间的邻居关系和获取合法邻居之间的最大干扰信号强度。
- 被动探测：AP 被动接收邻居消息，以感知周边邻居 AP 的存在。被动探测主要用于合法 AP 收集 AP 间实际的干扰和非法 AP 的干扰。

b. AP 进行周期性的邻居探测并将探测结果上报 AC。

c. AC 等待所有 AP 都上报完邻居信息后，开始运行全局调优算法，为 AP 分配信道、功率。全局调优算法的主要思想是通过局部优化达到全局的优化。调优的主要手段是调整信道和功率。调优中关于信道调整和功率调整的两个算法是独立的，不存在耦合关系。全局调优算法主要包括动态信道调整（Dynamic Channel Allocation，DCA）算法和发送功率控制（Transmit Power Control，TPC）算法。

- 动态信道调整（DCA）算法：全局射频调优根据 AP 间邻居关系紧密程度，将所有 AP 分解为许多小的局部调优组，通过为每一个调优组分配信道从而实现全局 AP 的信道分配。在局部调优组内部，采用比较简单的迭代穷举算法，迭代所有可能的"AP-信道"组合，最终选出一个最优的组合。
- 发送功率控制（TPC）算法：TPC 算法的目标是选择一个合适的发送功率，既能满足本 AP 的覆盖范围要求，又不会对邻居 AP 形成较大的干扰。

d. AC 向 AP 下发调优结果。如果是第一次启动全局射频调优，AC 等待一段时间后，根据新收集到的邻居信息将再次启动全局射频调优，如此连续调优多次，可以使调优结果接近最佳并稳定下来。

② 局部射频调优

局部射频调优是指在局部信号环境恶化时，对指定 AP 动态分配合理的信道和功率，使局部的信号环境达到最佳。局部调优算法中的 DCA 算法和 TPC 算法与全局调优算法完全相同。局部射频调优一般用于新增 AP 或 AP 域内出现局部信号干扰的情况。

- AP 上线：AC 检测到 AP 上线后，将会为新上线的 AP 分配信道和功率。为了获取更好的网络质量，AC 会为新上线 AP 的直接邻居重新分配信道或功率，从而避免互相干扰。例如，为了避免新上线 AP 和邻居间的互相干扰，可能会适当调小邻居的功率。
- AP 下线：AC 检测到 AP 下线后，会运行调优算法适当增加下线 AP 邻居的功率，以弥补下线 AP 留下的信号覆盖空洞。考虑到异常重启或者人为原因导致的短时间内重启，AC 并不是在 AP 下线后立刻开始调优，而是等待一段时间后，在更新邻居信息后再运行局部调优算法。
- 非法 AP 干扰：非法 AP 由邻居探测识别，并将干扰信息作为调优的输入。设备将根据干扰大小触发局部射频调优。当干扰大小超过门限时，被认为严重干扰，应当及时触发局部射频调优进行处理，调整非法 AP 周边 AP 的信道，从而尽量避开非法 AP 的干扰。
- 无线环境恶化：无线环境恶化是指由于干扰、信号弱等引起的丢包率、误码率等的增加。
- 非 Wi-Fi 设备干扰：非 Wi-Fi 设备干扰包括使用 Wi-Fi 频率的微波炉、无绳电话等非 Wi-Fi 设备带来的干扰。对非 Wi-Fi 设备干扰的识别由频谱分析模块负责，输出的干扰信息作为调优模块的输入。根据干扰的级别判断是否触发局部射频调优，如果存在一个严重干扰或一个周期内多次出现较大的干扰，应及时触发局部射频调优。通过调整非 Wi-Fi 设备周边 AP 的信道或功率，从而尽量避开非 Wi-Fi 设备的干扰。

3. 配置步骤

射频调优有自动模式、手动模式和定时模式 3 种。自动模式是指设备会根据调优间隔（间隔由参数 interval 指定，默认值是 1440 分钟，起始时间为 00:00:00）进行周期性的全局射频调优。手动模式是指设备不会主动进行调优，用户需要执行 calibrate manual startup 命令来手动触发全局射频调优。定时模式是指设备仅在每天指定时刻（由参数 time 指定）触发全局射频调优。由于这 3 种工作模式互斥，用户可根据自己的实际情况选择一种。建议用户使用定时模式，并将调优时间定为用户业务空闲时段。其具体配置步骤如下。

步骤 1 执行命令 system-view，进入系统视图。

步骤 2 执行命令 wlan，进入 WLAN 视图。

步骤 3 配置 AP 的信道和发送功率自动选择等功能。

① 执行命令 rrm-profile name *profile-name*，进入 RRM 模板视图。

② 执行命令 undo calibrate auto-channel-select disable，使能信道自动选择功能。默认情况下，信道自动选择功能已使能。

③ 执行命令 undo calibrate auto-txpower-select disable，使能发送功率自动选择功能。默认情况下，发送功率自动选择功能已使能。

④ 执行命令 quit，返回 WLAN 视图。

⑤ 执行命令 radio-2g-profile name *profile-name* 或 radio-5g-profile name *profile-name*，进入 2G 或 5G 射频模板视图。

⑥ 执行命令 rrm-profile *profile-name*，将 RRM 模板绑定到 2G 或 5G 射频模板。

⑦ 执行命令 quit，返回 WLAN 视图。

步骤 4 执行命令 calibrate enable { auto [interval *interval-value* [start-time *start-time*]] |manual | schedule time *time-value* }，配置射频调优的模式。默认情况下，射频调优的模式为自动模式。

步骤 5 配置调优扫描功能。配置的空口扫描模板将会同时对射频调优、智能漫游、频谱分析、WLAN 定位和 WIDS 等功能生效。

① 执行命令 air-scan-profile name *profile-name*，创建空口扫描模板并进入空口扫描模板视图。

② 执行命令 undo scan-disable，开启空口扫描功能。默认情况下，空口扫描功能处于开启状态。

③ 执行命令 scan-channel-set { country-channel | dca-channel | work-channel }，配置空口扫描信道集合。默认情况下，空口扫描信道集合为 RRU 对应国家码支持的所有信道。如果射频工作模式为监控模式，则扫描 AP 对应国家码支持的所有信道。

④ 执行命令 scan-interval *scan-time*，配置空口扫描间隔时间。默认情况下，空口扫描间隔时间为 60000 毫秒。

⑤ 执行命令 scan-period *scan-time*，配置空口扫描持续时间。默认情况下，空口扫描持续时间为 60 毫秒。

⑥ 执行命令 quit，返回 WLAN 视图。

⑦ 执行命令 radio-2g-profile name *profile-name* 或 radio-5g-profile name *profile-name*，进入 2G 或 5G 射频模板视图。

⑧ 执行命令 air-scan-profile *profile-name*，将空口扫描模板绑定到 2G 或 5G 射频模板。

⑨ 执行命令 quit，返回 WLAN 视图。

步骤 6 将指定射频模板绑定到 AP 组或者指定 AP。

① 绑定到 AP 组

a. 执行命令 ap-group name *group-name*，进入 AP 组视图。

b. 执行命令 radio-2g-profile *profile-name* radio *0* 或 radio-5g-profile *profile-name* radio *1* 将指定射频模板绑定到 AP 组。

② 绑定到指定 AP

a. 执行命令 ap-id *ap-id*、ap-mac *ap-mac* 或 ap-name *ap-name*，进入 AP 视图。

b. 执行命令 radio-2g-profile *profile-name* radio *0* 或 radio-5g-profile *profile-name* radio *1* 将指定射频模板绑定到指定 AP。

步骤 7 检查配置结果

① 执行命令 display wlan calibrate channel-set ap-group { name *ap-group-name* |all }，查看生效的调优信道和调优带宽。

② 执行命令 display rrm-profile name *profile-name*，查看 AP 信道和发送功率是否使能自动选择功能。

③ 执行命令 display air-scan-profile name *profile-name*，查看空口扫描模板的配置信息。

④ 执行命令 display radio-2g-profile name *profile-name*，查看 2G 射频模板下引用的 RRM 模板和空口扫描模板。

⑤ 执行命令 display radio-5g-profile name *profile-name*，查看 5G 射频模板下引用的 RRM 模板和空口扫描模板。

需要特别说明的是，如果选择手动模式进行信道和发送功率调整，需要将信道和功率的自动选择功能关闭。其具体配置步骤如下。

① 执行命令 rrm-profile name *profile-name*，进入 RRM 模板视图。

② 执行命令 calibrate auto-channel-select disable，关闭信道自动选择功能。

③ 执行命令 calibrate auto-txpower-select disable，关闭发送功率自动选择功能。

④ 执行命令 quit，返回 WLAN 视图。

⑤ 执行命令 ap-id *ap-id*，进入 AP 视图。

⑥ 执行命令 radio *radio-id*，进入 radio 视图。

⑦ 执行命令 channel { 20mhz | 40mhz-minus | 40mhz-plus | 80mhz } *channel*，配置指定射频的工作带宽和信道。默认情况下，射频的工作带宽为 20MHz，未配置指定射频的信道。

⑧ 执行命令 eirp *eirp*，配置射频的发射功率。默认情况下，射频的发射功率为 127dBm。

⑨ 执行命令 coverage distance *distance*，配置射频覆盖距离参数。默认情况下，所有射频的射频覆盖距离参数为 3，单位为 100m。

⑩ 通过命令可以配置射频的类型。在 2G 射频模板下，执行命令 radio-type { dot11b | dot11g | dot11n }，默认情况下，2G 射频模板中的射频类型为 dot11n；在 5G 射频模板下，执行命令 radio-type { dot11a | dot11ac | dot11n }，默认情况下，5G 射频模板中的射频类型为 dot11ac。

⑪ 通过命令可以配置射频的速率，包含基础速率集和支持速率集两种类型。基础速率集是指 STA 成功关联 AP 时，AP 和 STA 都必须支持的速率集。支持速率集是在基础速率集的基础上 AP 支持的更多的速率的集合，目的是让 AP 和 STA 之间能够支持更多的数据传输速率。例如，在 2G 射频模板下，执行命令 dot11bg basic-rate { *dot11a-rate-value* &<1-8> | all }，默认情况下，2G 射频模板中 802.11bg 协议的基础速率集为 1Mbit/s、2Mbit/s；执行命令 dot11bg supported-rate { *dot11bg-rate-value* &<1-12> | all }，默认情况下，在 2G 射频模板中 802.11bg 协议的支持速率集为 1Mbit/s、2Mbit/s、5.5Mbit/s、6Mbit/s、9Mbit/s、11Mbit/s、12Mbit/s、18Mbit/s、24Mbit/s、36Mbit/s、48Mbit/s 和 54Mbit/s。

4.2.2 负载均衡

负载均衡功能适用于 AP 覆盖范围重叠度较高的场景。如果同一个 AC 管理下的 AP 之间负载量差别很大，将会影响部分用户上网的体验，需要通过负载均衡功能实现最佳的网络性能。

1. 功能介绍

负载均衡功能可以平衡 WLAN 中 AP 的 STA 负载，充分保证每个 STA 的带宽。负载均衡适用于高密度无线网络环境，用于有效保证 STA 的合理接入。如图 4-5 所示，AP_1、AP_2 都与 AC 关联，AP_1 下有 4 个在线用户（STA_1～STA_4），AP_2 下有 1 个在线用户（STA_5）。如果 AP_1 覆盖范围内无线用户过多，且都通过 AP_1 连接到 Internet，这会导致 AP_1 上负载过重，而 AP_2 上资源空闲。

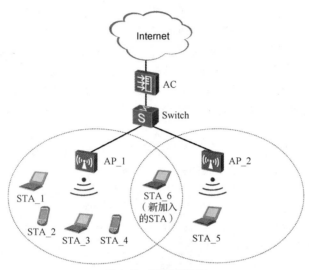

图 4-5　负载均衡组网

使能负载均衡后，当有新的 STA（STA_6）想通过某 AP 接入 Internet 时，AC 将根据负载均衡算法判断是否允许该 STA 接入此 AP。通过负载均衡技术，可以限制新关联用户接入重负荷 AP，从而减轻其负担。

> **注意**　使能负载均衡功能的 AP 必须连接到同一 AC 上，而且 STA 能够扫描到相互进行负载均衡的 AP 的 SSID 信号。

2. 实现原理

负载均衡包括基于 AP 的负载均衡和基于用户数的负载均衡。如果按照是否需要手动创建负载均衡组，负载均衡还可以分为静态负载均衡和动态负载均衡。

（1）静态负载均衡

静态负载均衡是将提供相同业务的一些 AP，通过手动配置加入到一个负载均衡组中；AP 周期性地向 AC 发送与其关联的 STA 信息；AC 将根据这些信息执行负载均衡过程；当 STA 发送关联请求时，AC 根据负载均衡算法判断 STA 是否允许接入。要想实现静态负载均衡，需要满足以下条件。

① 一个负载均衡组内各 AP 必须工作在同一个频段。

② 一个 AP 的射频只能加入一个负载均衡组。如果采用多频 AP，需要在相同射频的 AP 之间实现负载均衡，即一个双频 AP 同时可以加入两个负载均衡组。

③ 同一个负载均衡组内成员的工作信道必须不同。

④ 每个负载均衡组内成员有限，最多支持 16 个。

⑤ 针对中心 AP+RRU 敏捷分布式组网，仅需将 RRU 的射频加入静态负载均衡组即可。

（2）动态负载均衡

动态负载均衡是指 STA 接入 AP 前，发送广播 Probe Request 报文扫描周围 AP；AP 收到 STA 探测信号后，上报给 AC；AC 将所有上报该 STA 的 AP 动态组成一个组，然后根据负载均衡算法来决定是否允许 STA 接入。动态负载均衡克服了静态负载均衡中成员数量有限的缺点。

（3）负载均衡算法

当 STA 向 AP 发起关联请求时，AC 首先会判断目前 AP 的接入用户数是否超出负载均衡起始门限。如果没有超出门限，则允许 STA 上线。如果超出门限，则根据负载均衡算法来决定是否允许 STA 接入。负载均衡算法是通过公式（当前射频已关联用户数/当前射频支持的最大关联用户数）×100%，计算出均衡组内所有 AP 成员的负载百分比，得到最小值。然后取 STA 预加入的 AP 射频的负载百分比与最小值的差值，并将此差值与设置的负载差值门限比较。如果差值小于预设置的负载差值门限，则认为负载均衡，允许该 STA 接入；否则，认为负载不均衡，拒绝 STA 接入请求。如果 STA 继续向此 AP 发送关联请求，重复次数大于设置的最大拒绝关联次数后，最终还是允许 STA 接入。

以静态负载均衡为例，说明负载均衡的实现过程。如图 4-5 所示，AP_1 射频下有 4 个在线 STA，AP_2 射频下有 1 个在线 STA，超过负载均衡起始门限 5，AP_1 射频和 AP_2 射频支持的最大关联用户数为 10，配置的负载差值门限为 5%，STA_6 期望加入到 AP_1。当 STA_6 向 AP_1 发起关联请求时，由于已经超过起始门限，则此时需通过负载均衡算法判断是否允许 STA 接入。通过公式可以得出，AP_1 射频的负载百分比为 40%（4/10×100%=40%），AP_2 射频的负载百分比为 10%（1/10×100%=10%）。因此，负载百分比的最小值为 10%。STA_6 预加入到 AP_1 后，AP_1 射频的负载百分比为 50%（5/10×100%=50%），与最小值的差值为 40%（50%-10%=40%），大于负载差值门限值（5%）。判断结果为当前两 AP 的负载不均衡，需要执行负载均衡，因此拒绝 STA_6 向 AP_1 发起的关联请求。

3. 配置步骤

通过配置负载均衡，可以在 WLAN 中平衡 AP 的负载，充分保证每个 STA 的性能和带宽。在配置负载均衡之前，管理员需完成 WLAN 基本业务配置，同时还要确保相互进行负载均衡的 AP 关联到同一 AC 上。配置静态负载均衡和配置动态负载均衡是互斥关系，请根据实际情况选择配置。

（1）配置静态负载均衡

静态负载均衡是将提供相同业务的一些 AP 通过手动配置加入一个负载均衡组中。其具体的配置步骤如下。

步骤 1 执行命令 system-view，进入系统视图。

步骤 2 执行命令 wlan，进入 WLAN 视图。

步骤 3 执行命令 sta-load-balance static-group name *group-name*，创建静态负载均衡组并进入静态负载均衡组视图。默认情况下，系统没有静态负载均衡组。

步骤 4 执行命令 member { { ap-name *ap-name* | ap-id *ap-id* } [radio *radio-id*] }&<1-8>，向负载均衡组中添加 AP 射频。默认情况下，静态负载均衡组中未添加 AP 射频。

步骤 5 （可选）执行命令 start-threshold *start-threshold-value*，配置静态负载均衡组的负载均衡起始门限。默认情况下，静态负载均衡组的负载均衡起始门限是 10。

步骤 6 （可选）执行命令 gap-threshold *gap-threshold-value*，配置静态负载均衡组的负载差值门限。默认情况下，静态负载均衡组的负载差值门限为 20%。

步骤 7 （可选）执行命令 deny-threshold *deny-threshold*，配置静态负载均衡组的拒绝关联最大次数。默认情况下，拒绝关联最大次数为 3。

步骤 8　检查配置结果

执行命令 display sta-load-balance static-group { all | name *group-name* }，查看静态负载均衡组的信息。

（2）配置动态负载均衡

动态负载均衡解决了静态负载均衡中 AP 数量过少的问题。其具体的配置步骤如下。

步骤 1　执行命令 system-view，进入系统视图。

步骤 2　执行命令 wlan，进入 WLAN 视图。

步骤 3　执行命令 rrm-profile name *profile-name*，创建 RRM 模板并进入模板视图。

步骤 4　执行命令 sta-load-balance dynamic enable，使能动态负载均衡功能。默认情况下，动态负载均衡功能处于未使能状态。

步骤 5　（可选）执行命令 sta-load-balance dynamic start-threshold *start-threshold*，配置动态负载均衡的起始门限。默认情况下，动态负载均衡的起始门限为 10。

步骤 6　（可选）执行命令 sta-load-balance dynamic gap-threshold *gap-threshold*，配置动态负载均衡的差值门限。默认情况下，动态负载均衡的差值门限为 20%。

步骤 7　（可选）执行命令 sta-load-balance dynamic deny-threshold *deny-threshold*，配置动态负载均衡拒绝终端关联最大次数。默认情况下，拒绝终端关联最大次数为 3 次。

步骤 8　执行命令 quit，返回 WLAN 视图。

步骤 9　将指定 RRM 模板绑定到射频模板。

① 执行命令 radio-2g-profile name *profile-name* 或 radio-5g-profile name *profile-name*，进入 2G 或 5G 射频模板视图。

② 执行命令 rrm-profile *profile-name*，将 RRM 模板绑定到 2G 或 5G 射频模板。

③ 执行命令 quit，返回 WLAN 视图。

步骤 10　将指定射频模板绑定到 AP 组或者指定 AP。

① 绑定到 AP 组。

a. 执行命令 ap-group name *group-name*，进入 AP 组视图。

b. 执行命令 radio-2g-profile *profile-name* radio *0* 或 radio-5g-profile *profile-name* radio *1* 将指定射频模板绑定到 AP 组。

② 绑定到指定 AP。

a. 执行命令 ap-id *ap-id*、ap-mac *ap-mac* 或 ap-name *ap-name*，进入 AP 视图。

b. 执行命令 radio-2g-profile *profile-name* radio *0* 或 radio-5g-profile *profile-name* radio *1* 将指定射频模板绑定到指定 AP。

步骤 11　检查配置结果。

① 执行命令 display rrm-profile name *profile-name*，查看动态负载均衡的相关参数配置信息。

② 执行命令 display radio-2g-profile name *profile-name*，查看 2G 射频模板下引用的 RRM 模板。

③ 执行命令 display radio-5g-profile name *profile-name*，查看 5G 射频模板下引用的 RRM 模板。

④ 执行命令 display station load-balance sta-mac *mac-address*，查看指定 STA 的动态负载均衡组信息。

4.2.3　频谱导航

频谱导航是指对于双频 AP（AP 同时支持 2.4GHz 和 5GHz 频段），如果 STA 也同时支持 5GHz

和 2.4GHz 频段，则 AP 将控制 STA 优先接入 5GHz 频段，从而提高整个网络的性能。

1. 功能介绍

在现有应用中，大多数 STA 具有同时支持 5GHz 和 2.4GHz 频段的功能。STA 通过 AP 接入 Internet 时，通常默认选择 2.4GHz 频段接入。如果用户想要接入 5GHz 频段，一般需要手动选择。在高密度用户或者 2.4GHz 频段干扰较为严重的环境中，5GHz 频段可以提供更好的接入能力，减少干扰对用户上网的影响。通过频谱导航功能，AP 可以控制 STA 优先接入 5GHz 频段，减少 2.4GHz 频段上的负载和干扰，提升用户体验。

2. 实现原理

频谱导航的工作原理主要分为两阶段，如图 4-6 所示。

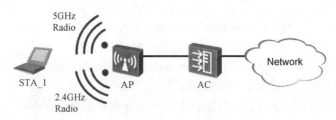

图 4-6　频谱导航工作原理

（1）优先接入 5GHz 频段

在 AP 的接入用户数达到双频间负载均衡的起始门限前，STA 优先接入 5GHz 频段。当 AP 收到一个新 STA（STA_1）发送的探测请求（Probe Request）帧时，如果是 2.4GHz 频段接收的，则先不发送探测应答（Probe Response）帧；如果是 5GHz 频段收到探测请求帧，AP 会立即发送探测应答帧，这时 STA 就可以接入 5GHz 频段，并在 AC 上记录该 STA 支持频段为 5GHz。

如果 AP 在 2.4GHz 频段收到多次探测请求帧后，而在 5GHz 频段上还没有收到探测请求帧，则在 2.4GHz 频段上发送探测应答帧。这时，STA 就可以接入 2.4GHz 频段，并在 AC 上记录该 STA 支持频段为 2.4GHz。

当 STA_1 再次接入 AP 时，AP 会先判断该 AP 支持的频段，如果是仅支持 2.4GHz 频段，则立即允许 STA 在 2.4GHz 频段接入。

（2）双频之间负载均衡

当 AP 的接入用户数达到双频间负载均衡的起始门限后，AP 将根据 2.4GHz 频段接入的用户数和 5GHz 频段接入的用户数的差值来判断 STA 在哪个频段接入。

举例来说，STA 在 2.4GHz 频段向 AP 发起关联请求时，假设现在用户数超过双频间负载均衡的起始门限，同时此时（5GHz 频段接入的用户数-2.4GHz 频段接入的用户数）/5GHz 频段接入的用户数×100%大于差值门限，则优先使该用户在 2.4GHz 频段上线；反之，则优先使该用户在 5GHz 频段上线。

3. 配置步骤

在配置频谱导航功能之前，应该确保 AP 同时支持 2.4GHz 频段和 5GHz 频段，且两个频段必须配置相同的 SSID 和安全策略。

步骤 1　执行命令 system-view，进入系统视图。

步骤 2　执行命令 wlan，进入 WLAN 视图。

步骤 3　执行命令 vap-profile name *profile-name*，创建 VAP 模板并进入模板视图。

步骤 4　执行命令 undo band-steer disable，使能频谱导航功能。默认情况下，频谱导航功能已经使能。

步骤 5　执行命令 quit，返回 WLAN 视图。

步骤 6　（可选）配置频谱导航相关参数。

① 执行命令 rrm-profile name *profile-name*，创建 RRM 模板并进入模板视图。

② 执行命令 band-steer balance start-threshold *start-threshold*，配置频谱导航双频间负载均衡的起始门限。默认情况下，双频间负载均衡的起始门限为 10 个。

③ 执行命令 band-steer balance gap-threshold *gap-threshold*，配置频谱导航双频间负载均衡的差值门限。默认情况下，双频间负载均衡的差值门限为 20%。

④ 执行命令 band-steer deny-threshold *deny-threshold*，配置频谱导航拒绝终端关联的最大次数。默认情况下，拒绝终端关联的最大次数为 2 次。

⑤ 执行命令 band-steer client-band-expire *probe-counters*，配置终端支持频段信息老化条件。默认情况下，终端支持频段信息老化条件为 AP 连续只在同一频段收到终端的 Probe 帧次数超过 35 次。

步骤 7　执行命令 quit，返回 WLAN 视图。

步骤 8　将指定 RRM 模板绑定到射频模板。系统仅对 2G 射频模板下配置的频谱导航参数生效。

① 执行命令 radio-2g-profile name *profile-name* 或 radio-5g-profile name *profile-name*，进入 2G 或 5G 射频模板视图。

② 执行命令 rrm-profile *profile-name*，将 RRM 模板绑定到 2G 射频模板，绑定 5G 射频模板不生效。

③ 执行命令 quit，返回 WLAN 视图。

步骤 9　将指定射频模板和 VAP 模板绑定到 AP 组或者指定 AP。

① 将 VAP 模板绑定到 AP 组

a. 执行命令 ap-group name *group-name*，进入 AP 组视图。

b. 执行命令 vap-profile profile-name wlan wlan-id { radio { radio-id | all } }，将指定的 VAP 模板引用到射频。缺省情况下，射频未引用 VAP 模板。

② 将 VAP 模板绑定到指定 AP

a. 执行命令 ap-id *ap-id*、ap-mac *ap-mac* 或 ap-name *ap-name*，进入 AP 视图。

b. 执行命令 vap-profile profile-name wlan wlan-id { radio { radio-id | all } }，将指定的 VAP 模板引用到射频。缺省情况下，射频未引用 VAP 模板。

步骤 10　检查配置结果。

① 执行命令 display vap-profile name *profile-name*，查看频谱导航的使能状态。

② 执行命令 display rrm-profile name *profile-name*，查看频谱导航的相关参数配置信息。

③ 执行命令 display radio-2g-profile name *profile-name*，查看 2G 射频模板下引用的 RRM 模板。

④ 执行命令 display radio-5g-profile name *profile-name*，查看 5G 射频模板下引用的 RRM 模板。

4.2.4　其他射频特性

射频资源管理不仅能优化信道、功率、频谱等特性，而且还可优化 WDS、Mesh、黑白名单、用户隔离、安全特性、QoS 特性、WLAN 定位等。下面将着重介绍 WDS、QoS 特性、WLAN 定位等特性。

1. WDS 系统

WDS 是指 AP 之间通过无线链路连接两个或者多个独立的局域网（包括有线局域网和无线局域网），组建一个互通的网络实现数据传输。

在传统的 WLAN 中，STA 与 AP 之间以无线信道为传输介质。AP 的上行链路都是有线网络。为了扩大无线网络的覆盖面积，需要通过交换机等设备将 AP 互连，这将导致部署成本增加，而且部署时间较长。同时，在某些复杂的环境（如地铁、隧道、码头等）中部署 AP 时，AP 间采用有线方式连接 Internet 的难度很大。通过 WDS 技术，AP 之间可以做到无线连接，便于在一些复杂的环境中部署 WLAN，节约了网络部署成本，且易于扩展，从而可实现灵活组网。根据 AP 在 WLAN 中的功能，可以分为业务型 VAP 和 WDS 型 VAP。

在传统 WLAN 中，AP 是为 STA 提供 WLAN 业务功能的实体。VAP 是 AP 上虚拟出来的概念，即一个 AP 上可以创建多个 VAP 以满足多个用户群组的接入服务。如图 4-7 所示，AP3 上创建的 VAP0 即为业务型 VAP，专门用于转发用户的业务。

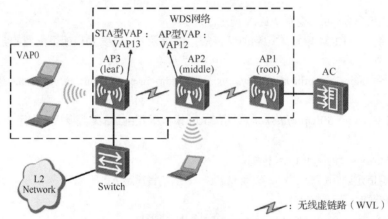

图 4-7 WDS 网络结构

在 WDS 网络中，AP 是为邻居设备提供 WDS 服务的功能实体。WDS 型 VAP 又分为 AP 型 VAP 和 STA 型 VAP。AP 型 VAP 为 STA 型 VAP 提供连接功能。如图 4-7 所示，AP3 上创建的 VAP13 即为 STA 型 VAP，AP2 上创建的 VAP12 即为 AP 型 VAP。

无线虚链路（Wireless Virtual Link，WVL）是指相邻 AP 之间 STA 型 VAP 和 AP 型 VAP 建立的 WDS 链路，如图 4-7 中 AP2 与 AP1、AP3 之间的无线链路。

根据 AP 在 WDS 网络中的实际位置，AP 的工作模式分为 root 模式、middle 模式和 leaf 模式。

① root 模式：AP 作为根节点与 AC 通过有线相连，同时以 AP 型 VAP 向下与 STA 型 VAP 建立无线虚链路。

② middle 模式：AP 作为中间节点以 STA 型 VAP 向上连接 AP 型 VAP、以 AP 型 VAP 向下连接 STA 型 VAP。

③ leaf 模式：AP 作为叶子节点以 STA 型 VAP 向上连接 AP 型 VAP。

2. QoS 特性

QoS 是为了满足无线用户的不同网络流量需求而提供的一种差分服务能力。在 WLAN 中使用 QoS 技术可以实现如下效果。

① 无线信道资源的高效利用：通过 Wi-Fi 多媒体（Wi-Fi Multi Media，WMM）标准让高优先级的数据优先竞争无线信道。

② 网络带宽的有效利用：通过优先级映射让高优先级数据优先进行传输。

③ 网络拥塞的降低：通过流量监管，限制用户的发送速率，有效避免因为网络拥塞所导致的数据丢包。

④ 无线信道的公平占用：通过 Airtime 调度，同一射频下的多个用户可以在时间上相对公平地占用无线信道。

⑤ 不同类型业务的差分服务：通过将报文信息与 ACL 规则进行匹配，为符合相同 ACL 规则的报文提供相同的 QoS 服务，实现对不同类型业务的差分服务。

3. WLAN 定位

定位的无线技术有多种，最主要的几种包括 WLAN、GPS、ZigBee 和 RFID。其中，GPS 的方案成本高且无法适用于室内环境；ZigBee 和 RFID 均需要部署符合其协议标准的专用设备，成本高且可扩展性差，不支持双向通信。而基于 WLAN 的定位技术，一方面网络带宽和性能因采用先进的 802.11 技术而得以保障，另一方面其网络是标准的 WLAN，可以与其他业务系统共享网络，大大降低了部署成本。WLAN 定位分为 WLAN Tag 定位和终端定位两种。

WLAN Tag 定位技术是指利用射频识别（Radio Frequency Identification，RFID）设备和定位系统，通过 WLAN 定位特定目标位置的技术。AP 将收集到的 RFID Tag 信息发送到定位服务器。定位服务器进行物理位置计算后将位置数据传送给第三方设备，使用户可以通过地图、表格等形式直观地查看目标的位置。

终端定位包括对正常接入网络的 Wi-Fi 终端的定位和对非法 AP 的定位，是指根据 AP 收集的周围环境中的无线信号强度信息定位终端位置的技术。AP 将收集到的周围环境中终端发射的无线信号信息上报给定位服务器。定位服务器根据无线信号强度信息与 AP 的位置计算出终端的位置信息，通过显示设备呈现给用户。

4.3 项目实施 1　基于射频调优的无线网络搭建

4.3.1　实施条件

为了能够在实训环境中模拟本项目，实训环境所需设备和器材如下。

① 华为 AC6605 设备 1 台。
② 华为 AP4050DN 设备 2 台。
③ 华为 S3700 设备 1 台。
④ 无线终端设备 4 台。
⑤ 管理主机 1 台。
⑥ 配置电缆 1 根。
⑦ 电源插座 5 个。
⑧ 吉比特以太网网线 3 根。

4.3.2　数据规划

本项目的拓扑如图 4-8 所示。

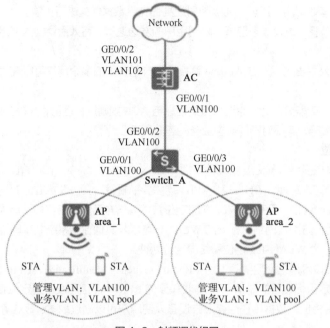

图 4-8　射频调优组网

为了实现 AC 对 AP 的配置管理和 STA 业务的正常转发，AC 作为 DHCP 服务器为 AP 和 STA 分配 IP 地址。具体数据规划如表 4-1 所示。

表 4-1　射频调优项目数据规划

配置项	规划数据
管理 VLAN	VLAN100
STA 业务 VLAN	VLAN pool 名称：sta-pool VLAN pool 中加入的 VLAN：101、102
DHCP 服务器	AC 作为 DHCP 服务器为 AP 和 STA 分配 IP 地址
AP 的 IP 地址池	10.23.100.2～10.23.100.254/24
STA 的 IP 地址池	10.23.101.3～10.23.101.254/24
AC 的源接口 IP 地址	VLANIF100：10.23.100.1/24
AP 组	名称：ap1 引用模板：VAP 模板 wlan-net、域管理模板 default
域管理模板	名称：default 国家码：CN
SSID 模板	名称：wlan-net SSID 名称：wlan-net
安全模板	名称：wlan-net 安全策略：WEP Open
VAP 模板	名称：wlan-net 转发模式：直接转发 业务 VLAN：VLAN pool 引用模板：SSID 模板 wlan-net、安全模板 wlan-net

续表

配置项	规划数据
5G 射频模板	名称：wlan-radio5g 引用模板：RRM 模板 wlan-rrm、空口扫描模板 wlan-airscan
2G 射频模板	名称：wlan-radio2g 引用模板：RRM 模板 wlan-rrm、空口扫描模板 wlan-airscan
RRM 模板	名称：wlan-rrm
空口扫描模板	名称：wlan-airscan 空口扫描信道集合：AP 对应国家码支持的所有信道 空口扫描间隔时间：80000 毫秒 空口扫描持续时间：80 毫秒

4.3.3 实施步骤

步骤 1 根据项目的拓扑结构，进行网络物理连接。

步骤 2 配置周边设备。

```
#配置接入交换机 Switch_A 的 GE0/0/1、GE0/0/2 和 GE0/0/3 接口，使其分别加入 VLAN100、VLAN101
和 VLAN102，GE0/0/1 和 GE0/0/3 接口的默认 VLAN 为 VLAN100。
<Huawei> system-view
<Huawei> sysname Switch_A
[Switch_A] vlan batch 100 101 102
[Switch_A] interface gigabitethernet 0/0/1
[Switch_A-GigabitEthernet0/0/1] port link-type trunk
[Switch_A-GigabitEthernet0/0/1] port trunk pvid vlan 100
[Switch_A-GigabitEthernet0/0/1] port trunk allow-pass vlan 100 101 102
[Switch_A-GigabitEthernet0/0/1] port-isolate enable
[Switch_A-GigabitEthernet0/0/1] quit
[Switch_A] interface gigabitethernet 0/0/3
[Switch_A-GigabitEthernet0/0/3] port link-type trunk
[Switch_A-GigabitEthernet0/0/3] port trunk pvid vlan 100
[Switch_A-GigabitEthernet0/0/3] port trunk allow-pass vlan 100 101 102
[Switch_A-GigabitEthernet0/0/3] port-isolate enable
[Switch_A-GigabitEthernet0/0/3] quit
[Switch_A] interface gigabitethernet 0/0/2
[Switch_A-GigabitEthernet0/0/2] port link-type trunk
[Switch_A-GigabitEthernet0/0/2] port trunk allow-pass vlan 100 101 102
[Switch_A-GigabitEthernet0/0/2] quit
```

步骤 3 配置 AC，使其与其他网络设备互通。

```
#配置 AC 的接口 GE0/0/1，使其加入 VLAN100、VLAN101 和 VLAN102。
<AC6605> system-view
[AC6605] sysname AC
[AC] vlan batch 100 101 102
```

```
[AC] interface gigabitethernet 0/0/1
[AC-GigabitEthernet0/0/1] port link-type trunk
[AC-GigabitEthernet0/0/1] port trunk allow-pass vlan 100 101 102
[AC-GigabitEthernet0/0/1] quit
```

步骤 4 配置 DHCP 服务器，为 STA 和 AP 分配 IP 地址。

#在 AC 上配置 VLANIF100 接口，为 AP 提供 IP 地址，配置 VLANIF101 和 VLANIF102 接口，为 STA 提供 IP 地址。

```
[AC] dhcp enable
[AC] interface vlanif 100
[AC-Vlanif100] ip address 10.23.100.1 24
[AC-Vlanif100] dhcp select interface
[AC-Vlanif100] quit
[AC] interface vlanif 101
[AC-Vlanif101] ip address 10.23.101.1 24
[AC-Vlanif101] dhcp select interface
[AC-Vlanif101] quit
[AC] interface vlanif 102
[AC-Vlanif102] ip address 10.23.102.1 24
[AC-Vlanif102] dhcp select interface
[AC-Vlanif102] quit
```

步骤 5 配置 VLAN pool，作为业务 VLAN。

#在 AC 上新建 VLAN pool1，并将 VLAN101 和 VLAN102 加入其中，配置 VLAN pool 中的 VLAN 分配算法为 "hash"。

```
[AC] vlan pool sta-pool
[AC-vlan-pool-sta-pool] vlan 101 102
[AC-vlan-pool-sta-pool] assignment hash
[AC-vlan-pool-sta-pool] quit
```

步骤 6 配置 AP 上线。

#创建 AP 组，用于将相同配置的 AP 都加入同一 AP 组中。

```
[AC] wlan
[AC-wlan-view] ap-group name ap1
[AC-wlan-ap-group-ap1] quit
```

#创建域管理模板，在域管理模板下配置 AC 的国家码并在 AP 组下引用域管理模板。

```
[AC-wlan-view] regulatory-domain-profile name default
[AC-wlan-regulate-domain-default] country-code CN
[AC-wlan-regulate-domain-default] quit
[AC-wlan-view] ap-group name ap1
[AC-wlan-ap-group-ap1] regulatory-domain-profile default
Warning: Modifying the country code will clear channel, power and antenna gain
configurations of the radio and reset the AP. Continue?[Y/N]:y
[AC-wlan-ap-group-ap1] quit
```

```
[AC-wlan-view] quit
```
#配置 AC 的源接口。
```
[AC] capwap source interface vlanif 100
```
#在 AC 上离线导入 AP,并将 AP 加入 AP 组"ap1"中。
```
[AC] wlan
[AC-wlan-view] ap auth-mode mac-auth
[AC-wlan-view] ap-id 0 ap-mac 00E0-FC42-5C80
[AC-wlan-ap-0] ap-name area_1
[AC-wlan-ap-0] ap-group ap1
Warning: This operation may cause AP reset. If the country code changes, it will
clear channel, power and antenna gain configurations of the radio, Whether to continue?
[Y/N]:y
[AC-wlan-ap-0] quit
[AC-wlan-view] ap-id 1 ap-mac 00E0-FC3A-47D5
[AC-wlan-ap-1] ap-name area_2
[AC-wlan-ap-1] ap-group ap1
Warning: This operation may cause AP reset. If the country code changes, it will
clear channel, power and antenna gain configurations of the radio, Whether to continue?
[Y/N]:y
[AC-wlan-ap-1] quit
```
#将 AP 上电后,当执行命令 display ap all,查看到 AP 的"State"字段为"nor"时,表示 AP 正常
上线。
```
[AC-wlan-view] display ap all
Total AP information:
nor :  normal   [2]
-------------------------------------------------------------------------
ID   MAC         Name    Group   IP            Type          State  STA  Uptime
-------------------------------------------------------------------------
0  00E0-FC42-5C80  area_1  ap1   10.23.100.254  AP6010DN-AGN   nor    0    10S
1  00E0-FC3A-47D5  area_2  ap1   10.23.100.253  AP6010DN-AGN   nor    0    15S
-------------------------------------------------------------------------
Total: 2
```
步骤 7 配置 WLAN 业务参数。

#创建名为"wlan-net"的安全模板,并配置安全策略。
```
[AC-wlan-view] security-profile name wlan-net
[AC-wlan-sec-prof-wlan-net] security open
[AC-wlan-sec-prof-wlan-net] quit
```
#创建名为"wlan-net"的 SSID 模板,并配置 SSID 名称为"wlan-net"。
```
[AC-wlan-view] ssid-profile name wlan-net
[AC-wlan-ssid-prof-wlan-net] ssid wlan-net
[AC-wlan-ssid-prof-wlan-net] quit
```

#创建名为"wlan-net"的VAP模板，配置业务数据转发模式、业务VLAN，并且引用安全模板和SSID模板。

```
[AC-wlan-view] vap-profile name wlan-net
[AC-wlan-vap-prof-wlan-net] forward-mode direct-forward
[AC-wlan-vap-prof-wlan-net] service-vlan vlan-pool sta-pool
[AC-wlan-vap-prof-wlan-net] security-profile wlan-net
[AC-wlan-vap-prof-wlan-net] ssid-profile wlan-net
[AC-wlan-vap-prof-wlan-net] quit
```

#配置AP组，引用VAP模板，AP上射频0和射频1都使用VAP模板"wlan-net"的配置。WLAN后面数字表示WLAN ID，表示其在VAP内部编号。

```
[AC-wlan-view] ap-group name ap1
[AC-wlan-ap-group-ap1] vap-profile wlan-net wlan 1 radio all
[AC-wlan-ap-group-ap1] quit
```

步骤8　配置射频调优功能。

#创建RRM模板"wlan-rrm"，在RRM模板下使能信道自动选择功能和发送功率自动选择功能。默认情况下，信道自动选择功能和发送功率自动选择功能都已经使能。

```
[AC] wlan
[AC-wlan-view] rrm-profile name wlan-rrm
[AC-wlan-rrm-prof-wlan-rrm] undo calibrate auto-channel-select disable
[AC-wlan-rrm-prof-wlan-rrm] undo calibrate auto-txpower-select disable
[AC-wlan-rrm-prof-wlan-rrm] quit
```

#创建空口扫描模板"wlan-airscan"，并配置空口扫描信道集合、扫描间隔时间和扫描持续时间。默认情况下，空口扫描信道集合为AP对应国家码支持的所有信道。

```
[AC-wlan-view] air-scan-profile name wlan-airscan
[AC-wlan-air-scan-prof-wlan-airscan] scan-channel-set country-channel
[AC-wlan-air-scan-prof-wlan-airscan] scan-period 80
[AC-wlan-air-scan-prof-wlan-airscan] scan-interval 80000
[AC-wlan-air-scan-prof-wlan-airscan] quit
```

#创建2G射频模板"wlan-radio2g"，并在该模板下引用RRM模板"wlan-rrm"和空口扫描模板"wlan-airscan"。

```
[AC-wlan-view] radio-2g-profile name wlan-radio2g
[AC-wlan-radio-2g-prof-wlan-radio2g] rrm-profile wlan-rrm
[AC-wlan-radio-2g-prof-wlan-radio2g] air-scan-profile wlan-airscan
[AC-wlan-radio-2g-prof-wlan-radio2g] quit
```

#创建5G射频模板"wlan-radio5g"，并在该模板下引用RRM模板"wlan-rrm"和空口扫描模板"wlan-airscan"。

```
[AC-wlan-view] radio-5g-profile name wlan-radio5g
[AC-wlan-radio-5g-prof-wlan-radio5g] rrm-profile wlan-rrm
[AC-wlan-radio-5g-prof-wlan-radio5g] air-scan-profile wlan-airscan
[AC-wlan-radio-5g-prof-wlan-radio5g] quit
```

#在名为"ap1"的AP组下引用5G射频模板"wlan-radio5g"和2G射频模板"wlan-radio2g"。

```
[AC-wlan-view] ap-group name ap1
```

```
[AC-wlan-ap-group-ap1] radio-5g-profile wlan-radio5g radio 1
Warning: This action may cause service interruption. Continue?[Y/N]y
[AC-wlan-ap-group-ap1] radio-2g-profile wlan-radio2g radio 0
Warning: This action may cause service interruption. Continue?[Y/N]y
[AC-wlan-ap-group-ap1] quit
#配置射频调优模式为手动调优，并手动触发射频调优。默认情况下，射频调优的模式为自动模式。
[AC-wlan-view] calibrate enable manual
[AC-wlan-view] calibrate manual startup
Warning: The operation may cause business interruption, continue?[Y/N]:y
```

4.3.4 项目测试

按照以上实施步骤操作后，可以通过以下步骤进行结果测试。通过观察相关的设备现象或查看相关的参数，判断该项目是否成功。

```
#在 AC 上执行 display radio all 命令，查看射频调优效果。
[AC-wlan-view] display radio all
CH/BW:Channel/Bandwidth
CE:Current EIRP (dBm)
ME:Max EIRP (dBm)
CU:Channel utilization
------------------------------------------------------------------------
AP ID   Name   RfID   Band   Type   Status   CH/BW      CE/ME   STA   CU
------------------------------------------------------------------------
1       area_2   0     2.4G   bgn    on       1/20M      28/28   1     10%
1       area_2   1     5G     an     on       149/20M    29/29   0     15%
0       area_1   0     2.4G   bgn    on       6/20M      28/28   1     15%
0       area_1   1     5G     an     on       153/20M    29/29   0     49%
------------------------------------------------------------------------
Total:4
```

4.4 项目实施 2 基于静态负载均衡的无线网络搭建

4.4.1 实施条件

为了能够在实训环境中模拟本项目，实训环境所需设备和器材如下。

① 华为 AC6605 设备 1 台。

② 华为 AP4050DN 设备 2 台。

③ 华为 S3700 设备 1 台。

④ 华为 R2240 设备 1 台。

⑤ 华为 S5700 设备 1 台。

⑥ 无线终端设备 4 台。

⑦ 管理主机 1 台。

⑧ 配置电缆 1 根。

⑨ 电源插座 7 个。

⑩ 吉比特以太网网线 5 根。

4.4.2 数据规划

本项目的拓扑如图 4-9 所示。

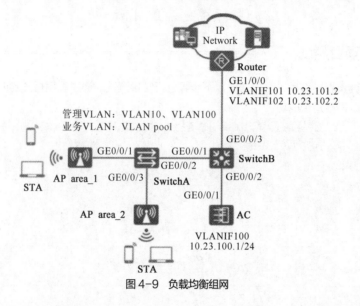

图 4-9　负载均衡组网

为了实现 AC 对 AP 的配置管理和 STA 业务的正常转发，AC 作为 DHCP 服务器为 AP 分配 IP 地址；汇聚交换机 SwitchB 作为 DHCP 服务器为 STA 分配 IP 地址。具体数据规划如表 4-2 所示。AP area_1 和 AP area_2 组成静态负载均衡组，均衡各 AP 上的负载，避免单个 AP 上接入过多的用户。组成的静态均衡组需要满足以下要求。

① AP area_1 和 AP area_2 由同一个 AC 管理。

② STA 能够同时扫描到进行负载均衡的 AP 的 SSID。

表 4-2　静态负载均衡项目数据规划

配置项	规划数据
管理 VLAN	VLAN10、VLAN100
STA 业务 VLAN	VLAN pool 名称：sta-pool VLAN pool 中加入的 VLAN：101、102
DHCP 服务器	AC 作为 AP 的 DHCP 服务器 汇聚交换机作为 STA 的 DHCP 服务器，STA 的默认网关为 10.23.101.2 和 10.23.102.2
AP 的 IP 地址池	10.23.10.2～10.23.10.254/24

续表

配置项	规划数据
STA 的 IP 地址池	10.23.101.3～10.23.101.254/24 10.23.102.3～10.23.102.254/24
AC 的源接口 IP 地址	VLANIF100：10.23.100.1/24
AP 组	名称：ap1 引用模板：VAP 模板 wlan-net、域管理模板 default
域管理模板	名称：default 国家码：CN
SSID 模板	名称：wlan-net SSID 名称：wlan-net
安全模板	名称：wlan-net 安全策略：WPA-WPA2+PSK+AES 密码：a1234567
VAP 模板	名称：wlan-net 转发模式：直接转发 业务 VLAN：VLAN pool 引用模板：SSID 模板 wlan-net、安全模板 wlan-net
静态负载均衡组	名称：wlan-static 负载均衡起始门限：10 个 负载均衡差值门限：5%

4.4.3 实施步骤

步骤 1 根据项目的拓扑结构，进行网络物理连接。

步骤 2 配置周边设备。

#配置接入交换机 SwitchA 的 GE0/0/1、GE0/0/2 和 GE0/0/3 接口，使其分别加入 VLAN10、VLAN101 和 VLAN102，GE0/0/1 和 GE0/0/3 接口的默认 VLAN 为 VLAN10。

```
<HUAWEI> system-view
[HUAWEI] sysname SwitchA
[SwitchA] vlan batch 10 101 102
[SwitchA] interface gigabitethernet 0/0/1
[SwitchA-GigabitEthernet0/0/1] port link-type trunk
[SwitchA-GigabitEthernet0/0/1] port trunk pvid vlan 10
[SwitchA-GigabitEthernet0/0/1] port trunk allow-pass vlan 10 101 102
[SwitchA-GigabitEthernet0/0/1] port-isolate enable
[SwitchA-GigabitEthernet0/0/1] quit
[SwitchA] interface gigabitethernet 0/0/3
[SwitchA-GigabitEthernet0/0/3] port link-type trunk
[SwitchA-GigabitEthernet0/0/3] port trunk pvid vlan 10
[SwitchA-GigabitEthernet0/0/3] port trunk allow-pass vlan 10 101 102
[SwitchA-GigabitEthernet0/0/3] port-isolate enable
```

```
[SwitchA-GigabitEthernet0/0/3] quit

[SwitchA] interface gigabitethernet 0/0/2

[SwitchA-GigabitEthernet0/0/2] port link-type trunk

[SwitchA-GigabitEthernet0/0/2] port trunk allow-pass vlan 10 101 102

[SwitchA-GigabitEthernet0/0/2] quit
```

#配置汇聚交换机 SwitchB 的接口 GE0/0/1，使其加入 VLAN10、VLAN101 和 VLAN102，接口 GE0/0/2
加入 VLAN100，接口 GE0/0/3 加入 VLAN101 和 VLAN102，并创建接口 VLANIF100，地址为 10.23.100.2/24。

```
<HUAWEI> system-view

[HUAWEI] sysname SwitchB

[SwitchB] vlan batch 10 100 101 102

[SwitchB] interface gigabitethernet 0/0/1

[SwitchB-GigabitEthernet0/0/1] port link-type trunk

[SwitchB-GigabitEthernet0/0/1] port trunk allow-pass vlan 10 101 102

[SwitchB-GigabitEthernet0/0/1] quit

[SwitchB] interface gigabitethernet 0/0/2

[SwitchB-GigabitEthernet0/0/2] port link-type trunk

[SwitchB-GigabitEthernet0/0/2] port trunk allow-pass vlan 100

[SwitchB-GigabitEthernet0/0/2] quit

[SwitchB] interface gigabitethernet 0/0/3

[SwitchB-GigabitEthernet0/0/3] port link-type trunk

[SwitchB-GigabitEthernet0/0/3] port trunk allow-pass vlan 101 102

[SwitchB-GigabitEthernet0/0/3] quit

[SwitchB] interface vlanif 100

[SwitchB-Vlanif100] ip address 10.23.100.2 24

[SwitchB-Vlanif100] quit
```

#配置 Router 的接口 GE1/0/0，使其加入 VLAN101 和 VLAN102，创建接口 VLANIF101 并配置 IP 地址为
10.23.101.2/24，创建接口 VLANIF102 并配置 IP 地址为 10.23.102.2/24。

```
<Huawei> system-view

[Huawei] sysname Router

[Router] vlan batch 101 102

[Router] interface gigabitethernet 1/0/0

[Router-GigabitEthernet1/0/0] port link-type trunk

[Router-GigabitEthernet1/0/0] port trunk allow-pass vlan 101 102

[Router-GigabitEthernet1/0/0] quit

[Router] interface vlanif 101

[Router-Vlanif101] ip address 10.23.101.2 24

[Router-Vlanif101] quit

[Router] interface vlanif 102

[Router-Vlanif102] ip address 10.23.102.2 24

[Router-Vlanif102] quit
```

步骤 3 配置 AC，使其与其他网络设备互通。

```
#配置 AC 的接口 GE0/0/1，使其加入 VLAN100，并创建接口 VLANIF100。
<AC6605> system-view
[AC6605] sysname AC
[AC] vlan batch 100
[AC] interface vlanif 100
[AC-Vlanif100] ip address 10.23.100.1 24
[AC-Vlanif100] quit
[AC] interface gigabitethernet. 0/0/1
[AC-GigabitEthernet0/0/1] port link-type trunk
[AC-GigabitEthernet0/0/1] port trunk allow-pass vlan 100
[AC-GigabitEthernet0/0/1] quit
#配置 AC 到 AP 的路由，下一跳为 SwitchB 的 VLANIF100。
[AC] ip route-static 10.23.10.0 24 10.23.100.2
```

步骤 4 配置 DHCP 服务器，为 STA 和 AP 分配 IP 地址。

```
#在 SwitchB 上配置 DHCP 中继，代理 AC 分配 IP 地址。
[SwitchB] dhcp enable
[SwitchB] interface vlanif 10
[SwitchB-Vlanif10] ip address 10.23.10.1 24
[SwitchB-Vlanif10] dhcp select relay
[SwitchB-Vlanif10] dhcp relay server-ip 10.23.100.1
[SwitchB-Vlanif10] quit
#在 SwitchB 上创建 VLANIF101 和 VLANIF102 接口，为 STA 提供地址，并指定默认网关。
[SwitchB] interface vlanif 101
[SwitchB-Vlanif101] ip address 10.23.101.1 24
[SwitchB-Vlanif101] dhcp select interface
[SwitchB-Vlanif101] dhcp server gateway-list 10.23.101.2
[SwitchB-Vlanif101] quit
[SwitchB] interface vlanif 102
[SwitchB-Vlanif102] ip address 10.23.102.1 24
[SwitchB-Vlanif102] dhcp select interface
[SwitchB-Vlanif102] dhcp server gateway-list 10.23.102.2
[SwitchB-Vlanif102] quit
#在 AC 上创建全局地址池，为 AP 提供地址。
[AC] dhcp enable
[AC] ip pool huawei
[AC-ip-pool-huawei] network 10.23.10.0 mask 24
[AC-ip-pool-huawei] gateway-list 10.23.10.1
[AC-ip-pool-huawei] option 43 sub-option 3 ascii 10.23.100.1
[AC-ip-pool-huawei] quit
[AC] interface vlanif 100
```

```
[AC-Vlanif100] dhcp select global
[AC-Vlanif100] quit
```

步骤 5 配置 VLAN pool，作为业务 VLAN。

#在 AC 上新建 VLAN pool，并将 VLAN101 和 VLAN102 加入其中，配置 VLAN pool 中的 VLAN 分配算法为 "hash"。

```
[AC] vlan pool sta-pool
[AC-vlan-pool-sta-pool] vlan 101 102
[AC-vlan-pool-sta-pool] assignment hash
[AC-vlan-pool-sta-pool] quit
```

步骤 6 配置 AP 上线。

#创建 AP 组，用于将相同配置的 AP 都加入同一 AP 组中。

```
[AC] wlan
[AC-wlan-view] ap-group name ap1
[AC-wlan-ap-group-ap1] quit
```

#创建域管理模板，在域管理模板下配置 AC 的国家码并在 AP 组下引用域管理模板。

```
[AC-wlan-view] regulatory-domain-profile name default
[AC-wlan-regulate-domain-default] country-code CN
[AC-wlan-regulate-domain-default] quit
[AC-wlan-view] ap-group name ap1
[AC-wlan-ap-group-ap1] regulatory-domain-profile default
Warning: Modifying the country code will clear channel, power and antenna gain
configurations of the radio and reset the AP. Continue?[Y/N]:y
[AC-wlan-ap-group-ap1] quit
[AC-wlan-view] quit
```

#配置 AC 的源接口。

```
[AC] capwap source interface vlanif 100
```

#在 AC 上离线导入 AP，并将 AP 加入 AP 组 "ap1" 中。

```
[AC] wlan
[AC-wlan-view] ap auth-mode mac-auth
[AC-wlan-view] ap-id 0 ap-mac 00E0-FC42-5C80
[AC-wlan-ap-0] ap-name area_1
[AC-wlan-ap-0] ap-group ap1
Warning: This operation may cause AP reset. If the country code changes, it will clear
channel, power and antenna gain configurations of the radio, Whether to continue? [Y/N]:y
[AC-wlan-ap-0] quit
[AC-wlan-view] ap-id 1 ap-mac 00E0-FC50-4F62
[AC-wlan-ap-1] ap-name area_2
[AC-wlan-ap-1] ap-group ap1
Warning: This operation may cause AP reset. If the country code changes, it will clear
channel, power and antenna gain configurations of the radio, Whether to continue? [Y/N]:y
[AC-wlan-ap-1] quit
```

```
#将 AP 上电后,当执行命令 display ap all,查看到 AP 的 "State" 字段为 "nor" 时,表示 AP 正常上线。
[AC-wlan-view] display ap all
Total AP information:
nor : normal    [2]
--------------------------------------------------------------------------------
ID    MAC          Name     Group     IP             Type         State STA   Uptime
--------------------------------------------------------------------------------
0   00E0-FC42-5C80  area_1   ap1   10.23.100.254  AP6010DN-AGN   nor    0     10S
1   00E0-FC50-4F62  area_2   ap1   10.23.100.253  AP6010DN-AGN   nor    0     15S
--------------------------------------------------------------------------------
Total: 2
```

步骤 7 配置 WLAN 业务参数。

```
#创建名为 "wlan-net" 的安全模板,并配置安全策略。
[AC-wlan-view] security-profile name wlan-net
[AC-wlan-sec-prof-wlan-net] security wpa-wpa2 psk pass-phrase a1234567 aes
[AC-wlan-sec-prof-wlan-net] quit
#创建名为 "wlan-net" 的 SSID 模板,并配置 SSID 名称为 "wlan-net"。
[AC-wlan-view] ssid-profile name wlan-net
[AC-wlan-ssid-prof-wlan-net] ssid wlan-net
[AC-wlan-ssid-prof-wlan-net] quit
#创建名为 "wlan-net" 的 VAP 模板,配置业务数据转发模式、业务 VLAN,并且引用安全模板和 SSID 模板。
[AC-wlan-view] vap-profile name wlan-net
[AC-wlan-vap-prof-wlan-net] forward-mode direct-forward
[AC-wlan-vap-prof-wlan-net] service-vlan vlan-pool sta-pool
[AC-wlan-vap-prof-wlan-net] security-profile wlan-net
[AC-wlan-vap-prof-wlan-net] ssid-profile wlan-net
[AC-wlan-vap-prof-wlan-net] quit
#配置 AP 组引用 VAP 模板,AP 上射频 0 和射频 1 都使用 VAP 模板 "wlan-net" 的配置。
[AC-wlan-view] ap-group name ap1
[AC-wlan-ap-group-ap1] vap-profile wlan-net wlan 1 radio 0
[AC-wlan-ap-group-ap1] vap-profile wlan-net wlan 1 radio 1
[AC-wlan-ap-group-ap1] quit
```

步骤 8 配置 AP 射频的信道和功率。

```
#关闭射频的信道和功率自动调优功能。射频的信道和功率自动调优功能默认开启,如果不关闭此功能则会导
致手动配置不生效。
[AC-wlan-view] rrm-profile name default
[AC-wlan-rrm-prof-default] calibrate auto-channel-select disable
[AC-wlan-rrm-prof-default] calibrate auto-txpower-select disable
[AC-wlan-rrm-prof-default] quit
#配置 AP 射频 0 的信道和功率。
[AC-wlan-view] ap-id 0
```

```
[AC-wlan-ap-0] radio 0

[AC-wlan-radio-0/0] channel 20mhz 6

Warning: This action may cause service interruption. Continue?[Y/N]y

[AC-wlan-radio-0/0] eirp 127

[AC-wlan-radio-0/0] quit

#配置 AP 射频 1 的信道和功率。

[AC-wlan-ap-0] radio 1

[AC-wlan-radio-0/1] channel 20mhz 149

Warning: This action may cause service interruption. Continue?[Y/N]y

[AC-wlan-radio-0/1] eirp 127

[AC-wlan-radio-0/1] quit

[AC-wlan-ap-0] quit
```

步骤 9 配置静态负载均衡功能。

```
#创建静态负载均衡组，将 AP area_1 和 AP area_2 加入静态负载均衡组。

[AC-wlan-view] sta-load-balance static-group name wlan-static

[AC-wlan-sta-lb-static-wlan-static] member ap-name area_1

[AC-wlan-sta-lb-static-wlan-static] member ap-name area_2

#指定静态负载均衡起始门限为 10 个，负载均衡差值门限为 5%。

[AC-wlan-sta-lb-static-wlan-static] start-threshold 10

[AC-wlan-sta-lb-static-wlan-static] gap-threshold 5

[AC-wlan-sta-lb-static-wlan-static] quit
```

4.4.4 项目测试

　　按照以上实施步骤操作后，可以通过以下步骤进行结果测试。通过观察相关的设备现象或查看相关的参数，判断该项目是否成功。

```
#在 AC 上执行命令 display sta-load-balance static-group name wlan-static，可以查看到
静态负载均衡的相关信息。

[AC-wlan-view] display sta-load-balance static-group name wlan-static
--------------------------------------------------------------------------------
Group name : wlan-static

Load-balance status : balance

Start threshold : 10

Gap threshold(%) : 5

Deny threshold : 3
--------------------------------------------------------------------------------
RfID: Radio ID

CurEIRP: Current EIRP (dBm)

Act CH: Actual channel, Cfg CH: Config channel
--------------------------------------------------------------------------------
AP ID    AP Name    RfID    Act CH/Cfg  CH    CurEIRP/MaxEIRP    Client
```

```
------------------------------------------------------------------------
0        area_1      0       6/-              20/28          10
0        area_1      1      153/-             29/29          20
1        area_2      0       1/-              20/28           5
1        area_2      1      149/-             29/29           5
------------------------------------------------------------------------

Total: 4
```
#新用户想连接到 AP area_1 时，AC 会根据 AP 的上报情况执行静态负载均衡算法，让新用户接入负载相对较小的 AP area_2。

4.5 项目实施 3 基于动态负载均衡的无线网络搭建

4.5.1 实施条件

为了能够在实训环境中模拟本项目，实训环境所需设备和器材如下。

① 华为 AC6605 设备 1 台。

② 华为 AP4050DN 设备 2 台。

③ 华为 S3700 设备 1 台。

④ 华为 R2240 设备 1 台。

⑤ 华为 S5700 设备 1 台。

⑥ 无线终端设备 4 台。

⑦ 管理主机 1 台。

⑧ 配置电缆 1 根。

⑨ 电源插座 7 个。

⑩ 吉比特以太网网线 5 根。

4.5.2 数据规划

本项目的拓扑如图 4-9 所示。为了实现 AC 对 AP 的配置管理和 STA 业务的正常转发，AC 作为 DHCP 服务器为 AP 分配 IP 地址；汇聚交换机 SwitchB 作为 DHCP 服务器为 STA 分配 IP 地址。具体数据规划如表 4-3 所示。AP area_1 和 AP area_2 组成动态负载均衡组，均衡各 AP 上的负载，避免单个 AP 上接入过多的用户。组成的动态均衡组需要满足以下要求。

① AP area_1 和 AP area_2 由同一个 AC 管理。

② STA 能够同时扫描到进行负载均衡的 AP 的 SSID。

表 4-3 动态负载均衡项目数据规划

配置项	规划数据
管理 VLAN	VLAN10、VLAN100
STA 业务 VLAN	VLAN pool 名称：sta-pool VLAN pool 中加入的 VLAN：101、102

续表

配置项	规划数据
DHCP 服务器	AC 作为 AP 的 DHCP 服务器 汇聚交换机作为 STA 的 DHCP 服务器，STA 的默认网关为 10.23.101.2 和 10.23.102.2
AP 的 IP 地址池	10.23.10.2～10.23.10.254/24
STA 的 IP 地址池	10.23.101.3～10.23.101.254/24 10.23.102.3～10.23.102.254/24
AC 的源接口 IP 地址	VLANIF100: 10.23.100.1/24
AP 组	名称: ap1 引用模板: VAP 模板 wlan-net、域管理模板 default
域管理模板	名称: default 国家码: CN
SSID 模板	名称: wlan-net SSID 名称: wlan-net
安全模板	名称: wlan-net 安全策略: WPA-WPA2+PSK+AES 密码: a1234567
VAP 模板	名称: wlan-net 转发模式: 直接转发 业务 VLAN: VLAN pool 引用模板: SSID 模板 wlan-net、安全模板 wlan-net
RRM 模板	名称: wlan-net 动态负载均衡起始门限: 10 个 动态负载均衡差值门限: 20%
2G 射频模板	名称: wlan-radio2g 引用模板: RRM 模板 wlan-net
5G 射频模板	名称: wlan-radio5g 引用模板: RRM 模板 wlan-net

4.5.3 实施步骤

步骤 1 根据项目的拓扑结构，进行网络物理连接。

步骤 2 配置周边设备。

#配置接入交换机 SwitchA 的 GE0/0/1、GE0/0/2 和 GE0/0/3 接口，使其分别加入 VLAN10、VLAN101 和 VLAN102，GE0/0/1 和 GE0/0/3 接口的默认 VLAN 为 VLAN10。

```
<HUAWEI> system-view
[HUAWEI] sysname SwitchA
[SwitchA] vlan batch 10 101 102
[SwitchA] interface gigabitethernet 0/0/1
[SwitchA-GigabitEthernet0/0/1] port link-type trunk
[SwitchA-GigabitEthernet0/0/1] port trunk pvid vlan 10
[SwitchA-GigabitEthernet0/0/1] port trunk allow-pass vlan 10 101 102
[SwitchA-GigabitEthernet0/0/1] port-isolate enable
```

```
[SwitchA-GigabitEthernet0/0/1] quit
[SwitchA] interface gigabitethernet 0/0/3
[SwitchA-GigabitEthernet0/0/3] port link-type trunk
[SwitchA-GigabitEthernet0/0/3] port trunk pvid vlan 10
[SwitchA-GigabitEthernet0/0/3] port trunk allow-pass vlan 10 101 102
[SwitchA-GigabitEthernet0/0/3] port-isolate enable
[SwitchA-GigabitEthernet0/0/3] quit
[SwitchA] interface gigabitethernet 0/0/2
[SwitchA-GigabitEthernet0/0/2] port link-type trunk
[SwitchA-GigabitEthernet0/0/2] port trunk allow-pass vlan 10 101 102
[SwitchA-GigabitEthernet0/0/2] quit
```
#配置汇聚交换机 SwitchB 的接口 GE0/0/1,使其加入 VLAN10、VLAN101 和 VLAN102,接口 GE0/0/2加入 VLAN100,接口 GE0/0/3 加入 VLAN101 和 VLAN102,并创建接口 VLANIF100,地址为 10.23.100.2/24。
```
<HUAWEI> system-view
[HUAWEI] sysname SwitchB
[SwitchB] vlan batch 10 100 101 102
[SwitchB] interface gigabitethernet 0/0/1
[SwitchB-GigabitEthernet0/0/1] port link-type trunk
[SwitchB-GigabitEthernet0/0/1] port trunk allow-pass vlan 10 101 102
[SwitchB-GigabitEthernet0/0/1] quit
[SwitchB] interface gigabitethernet 0/0/2
[SwitchB-GigabitEthernet0/0/2] port link-type trunk
[SwitchB-GigabitEthernet0/0/2] port trunk allow-pass vlan 100
[SwitchB-GigabitEthernet0/0/2] quit
[SwitchB] interface gigabitethernet 0/0/3
[SwitchB-GigabitEthernet0/0/3] port link-type trunk
[SwitchB-GigabitEthernet0/0/3] port trunk allow-pass vlan 101 102
[SwitchB-GigabitEthernet0/0/3] quit
[SwitchB] interface vlanif 100
[SwitchB-Vlanif100] ip address 10.23.100.2 24
[SwitchB-Vlanif100] quit
```
#配置 Router 的接口 GE1/0/0,使其加入 VLAN101 和 VLAN102,创建接口 VLANIF101 并配置 IP 地址为10.23.101.2/24,创建接口 VLANIF102 并配置 IP 地址为 10.23.102.2/24。
```
<Huawei> system-view
[Huawei] sysname Router
[Router] vlan batch 101 102
[Router] interface gigabitethernet 1/0/0
[Router-GigabitEthernet1/0/0] port link-type trunk
[Router-GigabitEthernet1/0/0] port trunk allow-pass vlan 101 102
[Router-GigabitEthernet1/0/0] quit
[Router] interface vlanif 101
```

```
[Router-Vlanif101] ip address 10.23.101.2 24
[Router-Vlanif101] quit
[Router] interface vlanif 102
[Router-Vlanif102] ip address 10.23.102.2 24
[Router-Vlanif102] quit
```

步骤 3 配置 AC，使其与其他网络设备互通。

\#配置 AC 的接口 GE0/0/1，使其加入 VLAN100，并创建接口 VLANIF100。

```
<AC6605> system-view
[AC6605] sysname AC
[AC] vlan batch 100
[AC] interface vlanif 100
[AC-Vlanif100] ip address 10.23.100.1 24
[AC-Vlanif100] quit
[AC] interface gigabitethernet 0/0/1
[AC-GigabitEthernet0/0/1] port link-type trunk
[AC-GigabitEthernet0/0/1] port trunk allow-pass vlan 100
[AC-GigabitEthernet0/0/1] quit
```

\#配置 AC 到 AP 的路由，下一跳为 SwitchB 的 VLANIF100。

```
[AC] ip route-static 10.23.10.0 24 10.23.100.2
```

步骤 4 配置 DHCP 服务器，为 STA 和 AP 分配 IP 地址。

\#在 SwitchB 上配置 DHCP 中继，代理 AC 分配 IP 地址。

```
[SwitchB] dhcp enable
[SwitchB] interface vlanif 10
[SwitchB-Vlanif10] ip address 10.23.10.1 24
[SwitchB-Vlanif10] dhcp select relay
[SwitchB-Vlanif10] dhcp relay server-ip 10.23.100.1
[SwitchB-Vlanif10] quit
```

\#在 SwitchB 上创建 VLANIF101 和 VLANIF102 接口，为 STA 提供地址，并指定默认网关。

```
[SwitchB] interface vlanif 101
[SwitchB-Vlanif101] ip address 10.23.101.1 24
[SwitchB-Vlanif101] dhcp select interface
[SwitchB-Vlanif101] dhcp server gateway-list 10.23.101.2
[SwitchB-Vlanif101] quit
[SwitchB] interface vlanif 102
[SwitchB-Vlanif102] ip address 10.23.102.1 24
[SwitchB-Vlanif102] dhcp select interface
[SwitchB-Vlanif102] dhcp server gateway-list 10.23.102.2
[SwitchB-Vlanif102] quit
```

\#在 AC 上创建全局地址池，为 AP 提供地址。

```
[AC] dhcp enable
[AC] ip pool huawei
```

```
[AC-ip-pool-huawei] network 10.23.10.0 mask 24

[AC-ip-pool-huawei] gateway-list 10.23.10.1

[AC-ip-pool-huawei] option 43 sub-option 3 ascii 10.23.100.1

[AC-ip-pool-huawei] quit

[AC] interface vlanif 100

[AC-Vlanif100] dhcp select global

[AC-Vlanif100] quit
```

步骤 5 配置 VLAN pool，作为业务 VLAN。

#在 AC 上新建 VLAN pool，并将 VLAN101 和 VLAN102 加入其中，配置 VLAN pool 中的 VLAN 分配算法为 "hash"。

```
[AC] vlan pool sta-pool

[AC-vlan-pool-sta-pool] vlan 101 102

[AC-vlan-pool-sta-pool] assignment hash

[AC-vlan-pool-sta-pool] quit
```

步骤 6 配置 AP 上线。

#创建 AP 组，用于将相同配置的 AP 都加入同一 AP 组中。

```
[AC] wlan

[AC-wlan-view] ap-group name ap1

[AC-wlan-ap-group-ap1] quit
```

#创建域管理模板，在域管理模板下配置 AC 的国家码并在 AP 组下引用域管理模板。

```
[AC-wlan-view] regulatory-domain-profile name default

[AC-wlan-regulate-domain-default] country-code CN

[AC-wlan-regulate-domain-default] quit

[AC-wlan-view] ap-group name ap1

[AC-wlan-ap-group-ap1] regulatory-domain-profile default

Warning: Modifying the country code will clear channel, power and antenna gain
configurations of the radio and reset the AP. Continue?[Y/N]:y

[AC-wlan-ap-group-ap1] quit

[AC-wlan-view] quit
```

#配置 AC 的源接口。

```
[AC] capwap source interface vlanif 100
```

#在 AC 上离线导入 AP，并将 AP 加入 AP 组 "ap1" 中。

```
[AC] wlan

[AC-wlan-view] ap auth-mode mac-auth

[AC-wlan-view] ap-id 0 ap-mac 00E0-FC42-5C80

[AC-wlan-ap-0] ap-name area_1

[AC-wlan-ap-0] ap-group ap1

Warning: This operation may cause AP reset. If the country code changes, it will
clear channel, power and antenna gain configurations of the radio, Whether to continue?
[Y/N]:y

[AC-wlan-ap-0] quit
```

```
[AC-wlan-view] ap-id 1 ap-mac 00E0-FC50-4F62

[AC-wlan-ap-1] ap-name area_2

[AC-wlan-ap-1] ap-group ap1

Warning: This operation may cause AP reset. If the country code changes, it will
clear channel, power and antenna gain configurations of the radio, Whether to continue?
[Y/N]:y

[AC-wlan-ap-1] quit
```

#将 AP 上电后，当执行命令 display ap all，查看到 AP 的"State"字段为"nor"时，表示 AP 正常
上线。

```
[AC-wlan-view] display ap all

Total AP information:

nor : normal    [2]

----------------------------------------------------------------------------

ID    MAC        Name      Group    IP              Type         State  STA  Uptime

----------------------------------------------------------------------------

0  00E0-FC42-5C80  area_1   ap1   10.23.100.254   AP6010DN-AGN   nor     0    10S

1  00E0-FC50-4F62  area_2   ap1   10.23.100.253   AP6010DN-AGN   nor     0    15S

----------------------------------------------------------------------------

Total: 2
```

步骤 7 配置 WLAN 业务参数。

#创建名为"wlan-net"的安全模板，并配置安全策略。

```
[AC-wlan-view] security-profile name wlan-net

[AC-wlan-sec-prof-wlan-net] security wpa-wpa2 psk pass-phrase a1234567 aes

[AC-wlan-sec-prof-wlan-net] quit
```

创建名为"wlan-net"的 SSID 模板，并配置 SSID 名称为"wlan-net"。

```
[AC-wlan-view] ssid-profile name wlan-net

[AC-wlan-ssid-prof-wlan-net] ssid wlan-net

[AC-wlan-ssid-prof-wlan-net] quit
```

#创建名为"wlan-net"的 VAP 模板，配置业务数据转发模式、业务 VLAN，并且引用安全模板和 SSID
模板。

```
[AC-wlan-view] vap-profile name wlan-net

[AC-wlan-vap-prof-wlan-net] forward-mode direct-forward

[AC-wlan-vap-prof-wlan-net] service-vlan vlan-pool sta-pool

[AC-wlan-vap-prof-wlan-net] security-profile wlan-net

[AC-wlan-vap-prof-wlan-net] ssid-profile wlan-net

[AC-wlan-vap-prof-wlan-net] quit
```

#配置 AP 组引用 VAP 模板，AP 上射频 0 和射频 1 都使用 VAP 模板"wlan-net"的配置。

```
[AC-wlan-view] ap-group name ap1

[AC-wlan-ap-group-ap1] vap-profile wlan-net wlan 1 radio 0

[AC-wlan-ap-group-ap1] vap-profile wlan-net wlan 1 radio 1

[AC-wlan-ap-group-ap1] quit
```

步骤 8 配置 AP 射频的信道和功率。

#关闭射频的信道和功率自动调优功能。射频的信道和功率自动调优功能默认开启，如果不关闭此功能则会导致手动配置不生效。

```
[AC-wlan-view] rrm-profile name default
[AC-wlan-rrm-prof-default] calibrate auto-channel-select disable
[AC-wlan-rrm-prof-default] calibrate auto-txpower-select disable
[AC-wlan-rrm-prof-default] quit
```
#配置 AP 射频 0 的信道和功率。
```
[AC-wlan-view] ap-id 0
[AC-wlan-ap-0] radio 0
[AC-wlan-radio-0/0] channel 20mhz 6
Warning: This action may cause service interruption. Continue?[Y/N]y
[AC-wlan-radio-0/0] eirp 127
[AC-wlan-radio-0/0] quit
```
#配置 AP 射频 1 的信道和功率。
```
[AC-wlan-ap-0] radio 1
[AC-wlan-radio-0/1] channel 20mhz 149
Warning: This action may cause service interruption. Continue?[Y/N]y
[AC-wlan-radio-0/1] eirp 127
[AC-wlan-radio-0/1] quit
[AC-wlan-ap-0] quit
```

步骤 9 配置动态负载均衡功能。

#创建 RRM 模板 "wlan-net"，在 RRM 模板 "wlan-net" 使能动态负载均衡功能，并指定动态负载均衡的起始门限为 10 个，差值门限为 20%。

```
[AC-wlan-view] rrm-profile name wlan-net
[AC-wlan-rrm-prof-wlan-net] sta-load-balance dynamic enable
[AC-wlan-rrm-prof-wlan-net] sta-load-balance dynamic start-threshold 10
[AC-wlan-rrm-prof-wlan-net] sta-load-balance dynamic gap-threshold 20
[AC-wlan-rrm-prof-wlan-net] quit
```
#创建 2G 射频模板 "wlan-radio2g"，并在该模板下引用 RRM 模板 "wlan-net"。
```
[AC-wlan-view] radio-2g-profile name wlan-radio2g
[AC-wlan-radio-2g-prof-wlan-radio2g] rrm-profile wlan-net
[AC-wlan-radio-2g-prof-wlan-radio2g] quit
```
#创建 5G 射频模板 "wlan-radio5g"，并在该模板下引用 RRM 模板 "wlan-net"。
```
[AC-wlan-view] radio-5g-profile name wlan-radio5g
[AC-wlan-radio-5g-prof-wlan-radio5g] rrm-profile wlan-net
[AC-wlan-radio-5g-prof-wlan-radio5g] quit
```
#在名为 "ap1" 的 AP 组下引用 5G 射频模板 "wlan-radio5g" 和 2G 射频模板 "wlan-radio2g"。
```
[AC-wlan-view] ap-group name ap1
[AC-wlan-ap-group-ap1] radio-5g-profile wlan-radio5g radio 1
```

```
[AC-wlan-ap-group-ap1] radio-2g-profile wlan-radio2g radio 0
[AC-wlan-ap-group-ap1] quit
```

4.5.4 项目测试

按照以上实施步骤操作后，可以通过以下步骤进行结果测试。通过观察相关的设备现象或查看相关的参数，判断该项目是否成功。

```
#在 AC 上执行命令 display rrm-profile name wlan-net，可以查看到动态负载均衡的配置。
[AC-wlan-view] display rrm-profile name wlan-net
--------------------------------------------------------------------------------
...
Station load balance :                     enable
Station load balance start threshold :     10
Station load balance gap threshold() :     20
...

--------------------------------------------------------------------------------
#在 AC 上执行命令 display station load-balance sta-mac e019-1dc7-1e08，查看参与动态负
载均衡的 AP 射频。
[AC-wlan-view] display station load-balance sta-mac e019-1dc7-1e08
Station load balance status: balance
--------------------------------------------------------------------------------
AP name     Radio ID
--------------------------------------------------------------------------------
area_1        1
area_1        0
area_2        1
area_2        0
--------------------------------------------------------------------------------
Total: 4
#新用户想连接到 AP area_1 时，AC 会根据 AP 的上报情况执行动态负载均衡算法，让新用户接入负载相对
较小的 AP area_2。
```

4.6 项目实施 4 基于频谱导航的无线网络搭建

4.6.1 实施条件

为了能够在实训环境中模拟本项目，实训环境所需设备和器材如下。

① 华为 AC6605 设备 1 台。

② 华为 AP4050DN 设备 1 台。

③ 华为 S3700 设备 1 台。

④ 华为 R2240 设备 1 台。

⑤ 华为 S5700 设备 1 台。

⑥ 无线终端设备 2 台。

⑦ 管理主机 1 台。

⑧ 配置电缆 1 根。

⑨ 电源插座 6 个。

⑩ 吉比特以太网网线 4 根。

4.6.2　数据规划

本项目的拓扑如图 4-10 所示。

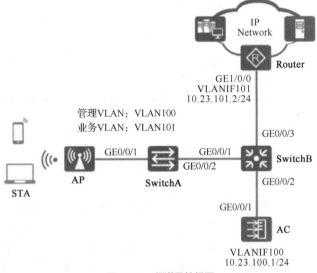

图 4-10　频谱导航组网

为了实现 AC 对 AP 的配置管理和 STA 业务的正常转发，AC 作为 DHCP 服务器为 AP 分配 IP 地址；汇聚交换机 SwitchB 作为 DHCP 服务器为 STA 分配 IP 地址。具体数据规划如表 4-4 所示。其中，AP 同时支持 2.4GHz 频段和 5GHz 频段。

表 4-4　频谱导航项目数据规划

配置项	规划数据
管理 VLAN	VLAN100
STA 业务 VLAN	VLAN101
DHCP 服务器	AC 作为 AP 的 DHCP 服务器 汇聚交换机作为 STA 的 DHCP 服务器，STA 的默认网关为 10.23.101.2
AP 的 IP 地址池	10.23.100.2～10.23.100.254/24
STA 的 IP 地址池	10.23.101.3～10.23.101.254/24
AC 的源接口 IP 地址	VLANIF100：10.23.100.1/24
AP 组	名称：ap1 引用模板：VAP 模板 wlan-net、域管理模板 default
域管理模板	名称：default 国家码：CN

续表

配置项	规划数据
SSID 模板	名称：wlan-net SSID 名称：wlan-net
安全模板	名称：wlan-net 安全策略：WPA-WPA2+PSK+AES 密码：a1234567
VAP 模板	名称：wlan-net 频谱导航功能：开启 转发模式：直接转发 业务 VLAN：VLAN101 引用模板：SSID 模板 wlan-net、安全模板 wlan-net
RRM 模板	名称：wlan-rrm 双频间负载均衡起始门限：15 个 双频间负载均衡差值门限：25%
2G 射频模板	名称：wlan-radio2g 引用模板：RRM 模板 wlan-net

4.6.3 实施步骤

步骤 1 根据项目的拓扑结构，进行网络物理连接。

步骤 2 配置周边设备。

#配置接入交换机 SwitchA 的 GE0/0/1 和 GE0/0/2 接口，使其加入 VLAN100 和 VLAN101，GE0/0/1 的默认 VLAN 为 VLAN100。

```
<HUAWEI> system-view
[HUAWEI] sysname SwitchA
[SwitchA] vlan batch 100 101
[SwitchA] interface gigabitethernet 0/0/1
[SwitchA-GigabitEthernet0/0/1] port link-type trunk
[SwitchA-GigabitEthernet0/0/1] port trunk pvid vlan 100
[SwitchA-GigabitEthernet0/0/1] port trunk allow-pass vlan 100 101
[SwitchA-GigabitEthernet0/0/1] port-isolate enable
[SwitchA-GigabitEthernet0/0/1] quit
[SwitchA] interface gigabitethernet 0/0/2
[SwitchA-GigabitEthernet0/0/2] port link-type trunk
[SwitchA-GigabitEthernet0/0/2] port trunk allow-pass vlan 100 101
[SwitchA-GigabitEthernet0/0/2] quit
```

#配置汇聚交换机 SwitchB 的接口 GE0/0/1，使其加入 VLAN100 和 VLAN101，接口 GE0/0/2 加入 VLAN100，接口 GE0/0/3 加入 VLAN101。

```
<HUAWEI> system-view
[HUAWEI] sysname SwitchB
[SwitchB] vlan batch 100 101
[SwitchB] interface gigabitethernet 0/0/1
```

```
[SwitchB-GigabitEthernet0/0/1] port link-type trunk
[SwitchB-GigabitEthernet0/0/1] port trunk allow-pass vlan 100 101
[SwitchB-GigabitEthernet0/0/1] quit
[SwitchB] interface gigabitethernet 0/0/2
[SwitchB-GigabitEthernet0/0/2] port link-type trunk
[SwitchB-GigabitEthernet0/0/2] port trunk allow-pass vlan 100
[SwitchB-GigabitEthernet0/0/2] quit
[SwitchB] interface gigabitethernet 0/0/3
[SwitchB-GigabitEthernet0/0/3] port link-type trunk
[SwitchB-GigabitEthernet0/0/3] port trunk allow-pass vlan 101
[SwitchB-GigabitEthernet0/0/3] quit
```
#配置 Router 的接口 GE1/0/0，使其加入 VLAN101，创建接口 VLANIF101 并配置 IP 地址为
10.23.101.2/24。
```
<Huawei> system-view
[Huawei] sysname Router
[Router] vlan batch 101
[Router] interface gigabitethernet 1/0/0
[Router-GigabitEthernet1/0/0] port link-type trunk
[Router-GigabitEthernet1/0/0] port trunk allow-pass vlan 101
[Router-GigabitEthernet1/0/0] quit
[Router] interface vlanif 101
[Router-Vlanif101] ip address 10.23.101.2 24
[Router-Vlanif101] quit
```
步骤 3 配置 AC，使其与其他网络设备互通。

#配置 AC 的接口 GE0/0/1，使其加入 VLAN100。
```
<AC6605> system-view
[AC6605] sysname AC
[AC] vlan batch 100 101
[AC] interface gigabitethernet 0/0/1
[AC-GigabitEthernet0/0/1] port link-type trunk
[AC-GigabitEthernet0/0/1] port trunk allow-pass vlan 100
[AC-GigabitEthernet0/0/1] quit
```
步骤 4 配置 DHCP 服务器，为 STA 和 AP 分配 IP 地址。

#在 AC 上配置 VLANIF100 接口，为 AP 提供 IP 地址。
```
[AC] dhcp enable
[AC] interface vlanif 100
[AC-Vlanif100] ip address 10.23.100.1 24
[AC-Vlanif100] dhcp select interface
[AC-Vlanif100] quit
```
#在 SwitchB 上配置 VLANIF101 接口，为 STA 提供 IP 地址，并指定 10.23.101.2 作为 STA 的默认网关
地址。

```
[SwitchB] dhcp enable

[SwitchB] interface vlanif 101

[SwitchB-Vlanif101] ip address 10.23.101.1 24

[SwitchB-Vlanif101] dhcp select interface

[SwitchB-Vlanif101] dhcp server gateway-list 10.23.101.2

[SwitchB-Vlanif101] quit
```

步骤 5 配置 AP 上线。

#创建 AP 组，用于将相同配置的 AP 都加入同一 AP 组中。

```
[AC] wlan

[AC-wlan-view] ap-group name ap1

[AC-wlan-ap-group-ap1] quit
```

#创建域管理模板，在域管理模板下配置 AC 的国家码并在 AP 组下引用域管理模板。

```
[AC-wlan-view] regulatory-domain-profile name default

[AC-wlan-regulate-domain-default] country-code CN

[AC-wlan-regulate-domain-default] quit

[AC-wlan-view] ap-group name ap1

[AC-wlan-ap-group-ap1] regulatory-domain-profile default
```

Warning: Modifying the country code will clear channel, power and antenna gain configurations of the radio and reset the AP. Continue?[Y/N]:y

```
[AC-wlan-ap-group-ap1] quit

[AC-wlan-view] quit
```

#配置 AC 的源接口。

```
[AC] capwap source interface vlanif 100
```

#在 AC 上离线导入 AP，并将 AP 加入 AP 组 "ap1" 中。

```
[AC] wlan

[AC-wlan-view] ap auth-mode mac-auth

[AC-wlan-view] ap-id 0 ap-mac 00E0-FC42-5C80

[AC-wlan-ap-0] ap-name area_1

[AC-wlan-ap-0] ap-group ap1
```

Warning: This operation may cause AP reset. If the country code changes, it will clear channel, power and antenna gain configurations of the radio, Whether to continue? [Y/N]:y

```
[AC-wlan-ap-0] quit
```

#将 AP 上电后，当执行命令 display ap all，查看到 AP 的 "State" 字段为 "nor" 时，表示 AP 正常上线。

```
[AC-wlan-view] display ap all

Total AP information:

nor :  normal    [1]

-------------------------------------------------------------------------------

ID   MAC          Name     Group   IP            Type         State  STA  Uptime

-------------------------------------------------------------------------------

0  00E0-FC42-5C80  area_1   ap1   10.23.100.254  AP6010DN-AGN  nor     0    10S

-------------------------------------------------------------------------------
```

```
Total: 1
```

步骤 6　配置 WLAN 业务参数。

#创建名为"wlan-net"的安全模板，并配置安全策略。

```
[AC-wlan-view] security-profile name wlan-net

[AC-wlan-sec-prof-wlan-net] security wpa-wpa2 psk pass-phrase a1234567 aes

[AC-wlan-sec-prof-wlan-net] quit
```

#创建名为"wlan-net"的 SSID 模板，并配置 SSID 名称为"wlan-net"。

```
[AC-wlan-view] ssid-profile name wlan-net

[AC-wlan-ssid-prof-wlan-net] ssid wlan-net

[AC-wlan-ssid-prof-wlan-net] quit
```

#创建名为"wlan-net"的 VAP 模板，配置业务数据转发模式、业务 VLAN，并且引用安全模板和 SSID 模板。

```
[AC-wlan-view] vap-profile name wlan-net

[AC-wlan-vap-prof-wlan-net] forward-mode direct-forward

[AC-wlan-vap-prof-wlan-net] service-vlan vlan-id 101

[AC-wlan-vap-prof-wlan-net] security-profile wlan-net

[AC-wlan-vap-prof-wlan-net] ssid-profile wlan-net

[AC-wlan-vap-prof-wlan-net] quit
```

#配置 AP 组引用 VAP 模板，AP 上射频 0 和射频 1 都使用 VAP 模板"wlan-net"的配置。

```
[AC-wlan-view] ap-group name ap1

[AC-wlan-ap-group-ap1] vap-profile wlan-net wlan 1 radio 0

[AC-wlan-ap-group-ap1] vap-profile wlan-net wlan 1 radio 1

[AC-wlan-ap-group-ap1] quit
```

步骤 7　配置 AP 射频的信道和功率。

#关闭射频的信道和功率自动调优功能。射频的信道和功率自动调优功能默认开启，如果不关闭此功能则会导致手动配置不生效。

```
[AC-wlan-view] rrm-profile name default

[AC-wlan-rrm-prof-default] calibrate auto-channel-select disable

[AC-wlan-rrm-prof-default] calibrate auto-txpower-select disable

[AC-wlan-rrm-prof-default] quit
```

#配置 AP 射频 0 的信道和功率。

```
[AC-wlan-view] ap-id 0

[AC-wlan-ap-0] radio 0

[AC-wlan-radio-0/0] channel 20mhz 6

Warning: This action may cause service interruption. Continue?[Y/N]y

[AC-wlan-radio-0/0] eirp 127

[AC-wlan-radio-0/0] quit
```

#配置 AP 射频 1 的信道和功率。

```
[AC-wlan-ap-0] radio 1

[AC-wlan-radio-0/1] channel 20mhz 149

Warning: This action may cause service interruption. Continue?[Y/N]y

[AC-wlan-radio-0/1] eirp 127
```

```
[AC-wlan-radio-0/1] quit
[AC-wlan-ap-0] quit
```

步骤 8 配置频谱导航功能。

#在 VAP 模板"wlan-net"下，使能频谱导航功能。默认情况下，已使能频谱导航功能。

```
[AC-wlan-view] vap-profile name wlan-net
[AC-wlan-vap-prof-wlan-net] undo band-steer disable
[AC-wlan-vap-prof-wlan-net] quit
```

#创建 RRM 模板"wlan-rrm"，并在 RRM 模板视图下配置频谱导航射频间的负载均衡，以免某一频段负载过重。频谱导航射频间负载均衡的起始门限是 15 个，差值门限是 25%。

```
[AC-wlan-view] rrm-profile name wlan-rrm
[AC-wlan-rrm-prof-wlan-rrm] band-steer balance start-threshold 15
[AC-wlan-rrm-prof-wlan-rrm] band-steer balance gap-threshold 25
[AC-wlan-rrm-prof-wlan-rrm] quit
```

#创建 2G 射频模板"radio2g"，并在该模板下引用 RRM 模板"wlan-rrm"。

```
[AC-wlan-view] radio-2g-profile name radio2g
[AC-wlan-radio-2g-prof-radio2g] rrm-profile wlan-rrm
[AC-wlan-radio-2g-prof-radio2g] quit
```

在名为"ap1"的 AP 组下引用 2G 射频模板"radio2g"。

```
[AC-wlan-view] ap-group name ap1
[AC-wlan-ap-group-ap1] radio-2g-profile radio2g radio 0
[AC-wlan-ap-group-ap1] quit
```

4.6.4 项目测试

按照以上实施步骤操作后，可以通过以下步骤进行结果测试。通过观察相关的设备现象或查看相关的参数，判断该项目是否成功。

#在 AC 上执行命令 display vap-profile name wlan-net，可以查看到 VAP 模板下已经使能频谱导航功能。

```
[AC-wlan-view] display vap-profile name wlan-net
----------------------------------------------------------------------------
...
Band steer :       enable
...
----------------------------------------------------------------------------
```

#在 AC 上执行命令 display rrm-profile name wlan-rrm，可以查看到频谱导航的配置。

```
[AC-wlan-view] display rrm-profile name wlan-rrm
----------------------------------------------------------
...
Band balance start threshold :     15
Band balance gap threshold(%) :    25
...
```

\#大部分终端能够接入 5GHz 频段，并获得良好的使用体验。

思考与练习

一、填空题

1. WLAN 产品射频资源管理是指通过 AC 和 AP 进行（　　）、（　　）、（　　）、执行的一套系统化的实时智能视频管理方案，使无线网络能够快速适用无线环境变化，保持最优的射频资源状态。

2. WLAN 的无线信道经常会受到周围环境影响而导致服务质量变差。通过配置（　　），监测 AP 可以实时了解周围无线信号环境，并及时向 AC 上报告警。

3. 干扰检测可以检测的干扰类型包括：（　　）干扰、（　　）干扰和（　　）干扰。

4. 根据射频调优作用的对象，射频调优的方式包括（　　）和（　　）。

5. （　　）功能可以实现在 WLAN 中平衡 AP 的负载，充分地保证每个 STA 的带宽。

6. （　　）是指对于双频 AP（AP 同时支持 2.4GHz 和 5GHz 频段），如果 STA 也同时支持 5GHz 和 2.4GHz 频段的功能，则 AP 控制 STA 优先接入 5GHz 频段。

7. （　　）是为了满足无线用户的不同网络流量需求而提供的一种差分服务的能力。

8. 通过（　　）技术，AP 之间可以做到无线连接，方便在一些复杂的环境中部署 WLAN，节约网络部署成本，易于扩展，实现灵活组网。

9. WLAN 安全主要包括（　　）安全、（　　）安全及业务安全。

二、不定项选择题

1. AP 射频资源管理的系统化流程是（　　）。

    A. 采集→决策→分析→执行　　　　　　B. 分析→采集→决策→执行

    C. 采集→分析→执行→决策　　　　　　D. 采集→分析→决策→执行

2. 关于 5GHz 优先的工作原理，下面说法正确的是（　　）。

    A. 5GHz 优先特性是指让 5GHz 频段的客户端优先发送数据

    B. 5GHz 优先开启后，只支持 2.4GHz 频段的客户端网络传输速度会变慢

    C. 5GHz 优先要求 AP 是双频 AP 时才可以正常工作

    D. 5GHz 优先要求所有的客户端都要同时支持 2.4GHz 和 5GHz 频段

3. 以下选项中，（　　）是采用 5GHz 优先接入的原因。

    A. 5GHz 频段下比较容易进行组网规划

    B. 5GHz 频段下可以提供更好的接入能力和容量

    C. 5GHz 频段下用户与 AP 连接速度很快

    D. 5GHz 频段传输速率比 2.4GHz 频段高

4. AC 根据（　　）信息执行负载均衡过程。

    A. AP 周期性地向 AC 发送与其关联的 STA 信息

    B. STA 周期性地上报当前关联的 AP 标识

    C. AC 定时查询 AP 关联的 STA 数目

    D. STA 周期性搜索周边的 AP 信息并通过关联 AP 上报 AP 标识

5. 以下选项中，（　　）是启动华为负载均衡的前提条件。

    A. AP 属于同一类型

    B．AP 处于同一 AC 管理下，并且 AP 之间信号有重叠

    C．STA 能扫描到相互进行负载均衡的 AP

    D．AP 的输出功率一致

6．在 WLAN 中使用 QoS 技术，可以实现（　　　）。

    A．无线信道资源的高效利用　　　　　　B．网络带宽的有效利用

    C．网络拥塞的降低　　　　　　　　　　D．不同类型业务的同等服务

三、判断题

1．如果终端同时支持 5GHz 和 2.4GHz 频段的功能，则 AP 可以配置控制这种终端优先接入 5GHz 频段。（　　　）

2．负载均衡功能可以实现在 WLAN 中平衡 AC 的负载，充分保证每个 STA 的带宽。（　　　）

3．通过配置干扰检测，设备如果检测到同频、邻频或 STA 干扰达到指定值，则向 AP 发送告警消息则触发告警信息。（　　　）

4．STA 黑白名单可实现对无线客户端的接入控制，以保证合法客户端能够正常接入 WLAN，避免非法客户端强行接入 WLAN。（　　　）

5．在高密度用户或者 2.4GHz 频段干扰较为严重的环境中，5GHz 频段可以提供更好的接入能力，减少干扰对用户上网的影响。（　　　）

四、简答题

1．为什么要进行射频调优？

2．射频调优有哪两种方式？各适用什么场景？

3．负载均衡的作用是什么？

4．什么是 5GHz 优先？为什么采用 5GHz 优先？

5．简述配置射频调优的步骤。

项目 5

校园无线网络的可靠性设计

知识目标

① 了解 WLAN 可靠性的基本概念。
② 理解负载分担的概念。
③ 掌握 WLAN 可靠性实现技术。
④ 理解 VRRP 实现可靠性的工作原理。

⑤ 掌握双机热备份的工作原理。
⑥ 掌握双链路冷备份的工作原理。
⑦ 掌握 N+1 备份的工作原理。

技能目标

① 掌握根据不同场景选择合适可靠性技术的方法。
② 掌握 VRRP 实现 WLAN 可靠性的配置方法。
③ 掌握双机热备份实现 WLAN 可靠性的配置方法。

④ 掌握双链路冷备份实现 WLAN 可靠性的配置方法。

素质目标

① 具有良好的质量意识
② 具有精益求精的大国工匠精神

③ 具有使命担当精神
④ 具有一定的设计思维和工程理念

5.1 项目描述

1. 需求描述

在新建校园 WLAN 中，一台 AC 需要管理几百台 AP，承担着重要角色。如果 AC 发生故障，其关联的所有 AP 将失去控制，同时业务也会中断。为了降低 AC 故障对网络的影响，可以通过 WLAN 可靠性的配置，有效减少网络故障或服务中断对用户业务的影响，从而提高 WLAN 的服务质量。校园各功能区对 WLAN 可靠性的需求如下。

（1）教学楼、学生寝室、行政楼

教学楼、学生寝室及行政楼区域的 WLAN 主要负责承载校园内部工作和学习的业务，属于校园网络的核心业务。负责这些区域的 AC 一旦发生故障，后果不堪设想。要求对 AC 进行实时备份，尽量减少业务丢包率，同时还要使设备达到其最优性能。

（2）体育场

体育场区域的 WLAN 主要用于满足师生及外来访客休闲锻炼时的上网需求，并非 WLAN 的核心业务，对业务的可靠性要求并不是很高。

2．项目方案

（1）教学楼、学生寝室、行政楼

通过对这些区域网络可靠性需求的分析，为实现数据业务的实时备份和减少丢包率，建议采用双链路热备份技术；为实现设备性能最优，建议采用负载分担方式将管理和业务转发功能分担到每个 AC，优化整个网络的性能。因此，建议在这些区域采用基于负载分担的双链路热备份技术。

（2）体育场

根据对体育场区域网络可靠性需求的分析，体育场区域整体对网络安全性的要求不高，为了降低成本及简化配置，建议采用双链路冷备份或者是 N+1 备份方式。

5.2 相关知识

随着网络的快速普及和应用的日益深入，各种增值业务（如 IPTV、视频会议等）得到了广泛应用。网络中断可能影响大量业务传输并造成重大损失。因此，WLAN 作为业务承载主体的基础网络，其可靠性日益成为受关注的焦点。通过 WLAN 可靠性的配置，可以有效减少网络故障或服务中断对用户业务的影响，从而提高 WLAN 的服务质量。

华为 WLAN 产品
关键特性

5.2.1 可靠性概述

在实际网络中，某些非技术原因可能会造成网络故障和服务中断。因此，提高系统容错能力、提高故障恢复速度、降低故障对业务的影响，是提高系统可靠性的有效途径。

1．可靠性介绍

为了更好地保障 WLAN 质量，有必要先对可靠性需求、可靠性度量指标等内容进行介绍。

（1）可靠性需求

根据建设目标和实现方法的不同，WLAN 的可靠性需求可分为 3 个级别。各级别的具体目标和实现方法如表 5-1 所示。其中，第 1 级别需求的满足应在网络设备的设计和生产过程中予以考虑；第 2 级别需求的满足应在设计网络架构时予以考虑；第 3 级别需求则应在网络部署过程中根据网络架构和业务特点采用相应的可靠性技术来予以满足。

表 5-1 可靠性需求的级别分类

级别	目标	实现方法
1	减少系统的软、硬件故障	硬件：简化电路设计、提高生产工艺、进行可靠性试验等 软件：软件可靠性设计、软件可靠性测试等
2	即使发生故障，系统功能也不受影响	设备和链路的冗余设计、部署倒换策略、提高倒换成功率
3	尽管发生故障导致功能受损，但系统能够快速恢复	提供故障检测、诊断、隔离和恢复技术

（2）可靠性度量指标

通常，使用平均故障间隔时间（Mean Time Between Failures，MTBF）和平均修复时间（Mean Time To Repair，MTTR）这两个技术指标来评价系统的可靠性。

MTBF 是指一个系统无故障运行的平均时间，通常以小时为单位。MTBF 越大，可靠性也就越高。

MTTR 是指一个系统从故障发生到恢复所需的平均时间。广义的 MTTR 还涉及备件管理、客户服务等内容，是设备维护的一项重要指标。MTTR 值越小，可靠性就越高。MTTR 的计算公式如下。

MTTR=故障检测时间+硬件更换时间+系统初始化时间+链路恢复时间+路由覆盖时间+转发恢复时间

2. 可靠性技术

提高 MTBF 或降低 MTTR 都可以提高网络的可靠性。在实际网络中，各种因素造成的故障难以避免，因此能够让网络从故障中快速恢复的技术就显得非常重要。下面的可靠性技术主要从降低 MTTR 的角度分析，为满足第 3 级别的可靠性需求来提供技术手段。由于可靠性的技术种类繁多，各项技术解决网络故障的侧重点也不同，下面着重介绍故障检测技术和保护倒换技术。

（1）故障检测技术

故障检测技术侧重于网络的故障检测和诊断。

双向转发检测（Bidirectional Forwarding Detection，BFD）：BFD 是一种通用的故障检测技术，适用于各层面的故障检测，可用于快速检测、监控网络中链路或 IP 路由的转发连通状况。

第一英里以太网（Ethernet in the First Mile，EFM）：EFM 是以太网 OAM（Operation Administration and Maintenance，操作维护管理）中一种监控网络故障的工具，主要用于解决以太网接入"最后一英里"中常见的链路问题。用户通过在两个点到点连接的设备上启用 EFM 功能，可以监控这两台设备之间的链路状态。

（2）保护倒换技术

保护倒换技术侧重于网络的故障恢复，主要通过对硬件、链路、路由信息和业务信息等进行冗余备份以及故障时的快速切换，从而保证网络业务的连续性。对各种保护倒换技术的介绍如表 5-2 所示。

表 5-2　保护倒换技术

备份方式	实现方法	切换速度	主备 AC 异地部署	约束条件	适用范围
VRRP	主备 AC 两个独立的 IP 地址，通过 VRRP 对外虚拟为同一个 IP 地址，单个 AP 和虚拟 IP 建立一条 CAPWAP 链路。主 AC 备份 AP 信息、STA 信息和 CAPWAP 链路信息，并通过 HSB 主备服务将信息同步给备 AC。主 AC 发生故障后，备 AC 直接接替工作	主备切换速度快，对业务影响小。通过配置 VRRP 抢占时间，相比于其他备份方式可实现更快的双机切换	VRRP 是二层协议，不支持主备 AC 异地部署	主备 AC 的型号和软件版本需完全一致。一台备 AC 只支持为一台主 AC 提供备份	对可靠性要求高，且无须异地部署主备 AC 的场景
双机热备份	单个 AP 分别和主备 AC 建立 CAPWAP 链路，一条主链路，一条备链路。主 AC 仅备份 STA 信息，并通过 HSB 主备服务将信息同步给备 AC。主 AC 故障后，AP 切换到备链路上，备 AC 接替工作	AP 状态切换慢，需等待检测到 CAPWAP 断链超时后才会切换，主备切换过后 STA 不需要掉线重连	支持	主备 AC 的型号和软件版本需完全一致。一台备 AC 只支持为一台主 AC 提供备份	对可靠性要求高，且要求异地部署主备 AC 的场景
双链路冷备份	单个 AP 分别和主备 AC 建立 CAPWAP 链路，一条主链路，一条备链路。备 AC 不备份同步信息。主 AC 故障后，AP 切换到备链路上，备 AC 接替工作	AP 状态切换慢，需等待检测到 CAPWAP 断链超时后才会切换，STA 需要重新上线，业务会出现短暂中断	支持	主备 AC 产品形态可以不同，AC 的软件版本必须一致。一台备 AC 只支持为一台主 AC 提供备份	对可靠性要求较低的场景

续表

备份方式	实现方法	切换速度	主备 AC 异地部署	约束条件	适用范围
N+1 备份	单个 AP 只和一个 AC 建立 CAPWAP 链路。AC 不备份同步信息。主 AC 故障后，AP 重新与备 AC 建立 CAPWAP 链路，备 AC 接替工作	AP 状态切换慢，需等待检测到 CAPWAP 断链超时后才会切换，AP、STA 均需要重新上线，业务会出现短暂中断，中断时间比双链路冷备份中断时间长	支持	主备 AC 产品形态可以不同，AC 的软件版本必须一致。一台备 AC 支持为多台主 AC 提供备份，能降低购买设备的成本	对可靠性要求较低，对成本控制要求较高的场景

① 虚拟路由器冗余协议

虚拟路由器冗余协议（Virtual Router Redundancy Protocol，VRRP）是一种容错协议，在具有组播或广播能力的局域网中，在设备出现故障时仍能提供默认链路，可有效地避免单一链路发生故障后出现网络中断的问题。

② 双机热备份

双机热备份为每个业务模块提供统一的备份机制。当主用设备出现故障后，备用设备及时接替主用设备的业务并继续运行，从而保障网络的可靠性。双机热备份可以分为双链路热备份和 VRRP 热备份。

双链路热备份只备份 STA 信息，不备份 AP 信息和 CAPWAP 链路信息。AP 同时与主备 AC 建立两条链路，可同时与主备 AC 进行管理报文交互。

VRRP 热备份同时备份 AP 信息和 STA 信息，还可以备份 CAPWAP 链路信息。AP 和主 AC 建立 CAPWAP 链路后，通过备份方式直接将 CAPWAP 链路信息备份到备 AC 上，AP 只会与主 AC 进行报文交互。

③ 双链路冷备份

双链路冷备份是指在 AC+FIT AP 的网络架构中，使用两台 AC 来管理相同的 AP。一台 AP 同时与两台 AC 建立 CAPWAP 链路，其中一台 AC 作为主 AC，为 AP 提供业务服务；另一台 AC 作为备 AC，不提供业务服务。当主 AC 发生故障或主 AC 与 AP 间 CAPWAP 链路故障时，备 AC 替代主 AC 来管理 AP，为 AP 提供业务服务。

④ N+1 备份

N+1 备份是指在 AC+FIT AP 的网络架构中，使用一台 AC 作为备 AC，为多台主 AC 提供备份服务的一种解决方案。在网络正常情况下，AP 只与各自所属的主 AC 建立 CAPWAP 链路。当主 AC 发生故障或主 AC 与 AP 间 CAPWAP 链路故障时，备 AC 替代主 AC 来管理 AP，并与 AP 建立 CAPWAP 链路，为 AP 提供业务服务。

5.2.2 双机热备份

在无线接入网络中，一台 AC 能管理几百台 AP。如果 AC 发生故障，则 AC 关联的所有 AP 的业务都会中断，所以 AC 的可靠性对于网络的高可用性十分重要。通常，AC 间采用双机热备份机制来实现网络的可靠性。

1. 功能介绍

双机热备份（Hot-Standby Backup，HSB）是指当两台设备在确定主用（Master）设备和备用

（Backup）设备后，由主用设备进行业务的转发，而备用设备处于监控状态，同时主用设备实时向备用设备发送状态信息和需要备份的信息；当主用设备出现故障后，备用设备及时接替主用设备的业务运行。双机热备份机制可以保证在主设备发生故障时，业务能够不中断地顺利切换到备用设备。

双机热备份的实现主要分为数据同步和流量切换两个环节。其中，正常情况下的数据同步环节可保证主备设备信息一致；在故障发生与故障恢复时的流量切换环节可保证故障后业务能够不中断运行。

（1）数据同步

当主用设备出现故障且流量切换到备用设备时，备份系统要求主用设备和备用设备的会话表项完全一致，否则有可能导致会话中断。因此，需要一种机制在主用设备会话建立或表项变化时，将相关信息同步保存到备用设备上。HSB 主备服务处理模块可以提供数据的备份功能，负责在两个互为备份的设备间建立主备通道，并维护主备通道的链路状态，提供报文的收发服务。数据同步的方式有批量备份、实时备份和定时同步。

批量备份：主用设备工作了一段时间后，可能已经存在大量的会话表项。此时加入备用设备，在两台设备上配置双机热备份功能后，先运行的主用设备将已有的会话表项一次性同步到新加入的备用设备上，这个过程称为批量备份。

实时备份：主用设备在运行过程中，可能会产生新的会话表项。为了保证主备设备上表项的完全一致，主用设备在产生新表项或表项变化后会及时备份到备用设备上，这个过程称为实时备份。

定时同步：为了进一步保证主备设备上表项的完全一致，备用设备会每隔 30 分钟检查已有的会话表项与主用设备是否一致。若不一致，则备用设备将主用设备上的会话表项同步过来，这个过程称为定时同步。

（2）流量切换

依据流量切换方式，双机热备份可以分为 VRRP 热备份和双链路热备份两种。在工程应用中，一般采用 HSB 结合 VRRP 或双链路方式，实现两台设备之间的批量备份和同步备份。VRRP 或双链路能够快速检测到主 AC 发生故障，从而及时将备 AC 切换为主 AC，将用户的业务数据流切换到新主 AC 上，以保证用户业务不中断。VRRP 热备份只适用于主备方式；双链路热备份适用于主备方式和负载分担方式。

2. 工作原理

双机热备份需要在主备 AC 之间实现状态监控和信息备份，然后在满足条件的情况下完成设备的切换。根据组网情况不同，双机热备份解决方案可以分为主备方式和负载分担方式两种。

（1）主备方式（与 VRRP 热备份配合使用）

在基于 VRRP 的双机热备份方式中，与热备份相关的业务都注册到同一个 HSB 备份组中。HSB 备份组内部绑定 HSB 服务，同时与一个 VRRP 实例进行绑定，根据 VRRP 的状态协商出业务的主备状态。HSB 备份组的主备状态与 VRRP 的主备状态一致，监控所绑定的主备通道和 VRRP 的状态变化，通知各个业务模块进行流量切换。

如图 5-1 所示，在正常情况下，AC1 和 AC2 分别配置 VRRP 功能，组成一个 VRRP 备份组，根据配置的优先级，其中 AC1 成为 VRRP 备份组的主用设备，AC2 成为 VRRP 备份组的备用设备；双机热备份根据 VRRP 的主备状态，协商出 AC1 作为主用设备，AC2 作为备用设备（即双机热备份主备设备的选择与 VRRP 组主备设备的选择保持一致）；在 AC1 与 AC2 之间建立主备通道，HSB 主备服务会将主用设备 AC1 上的相关信息备份到备用设备 AC2 上；无线终端的业务数据都是经过主用设备 AC1 转发；AC2 不处理业务，只用作备份。

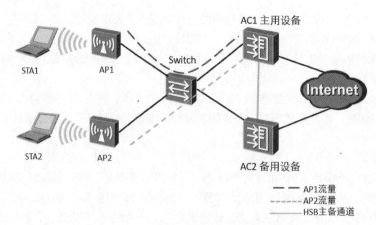

图 5-1　双机热备份主备方式组网（正常工作）

如图 5-2 所示，当主用设备 AC1 发生故障时，备用设备 AC2 会成为新的主用设备；所有终端的业务数据由 AC1 切换到 AC2 进行转发，从而实现了流量的切换；由于备用设备上备份了会话信息，从而保证新发起的会话能正常建立，当前正在进行的会话也不会发生中断，提高了网络的可靠性。

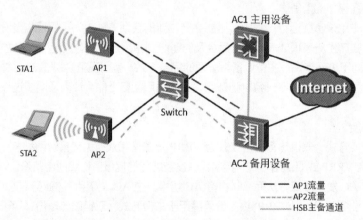

图 5-2　双机热备份主备方式组网（发生故障）

原来的主用设备故障恢复之后，如果在抢占方式下，将重新被选举成为主用设备；如果在非抢占方式下，将保持在备用状态。

华为 AC 支持 VRRP 单实例整机热备，不支持负载均衡。VRRP 热备份具有以下特点。

① 上行链路可以互为备份；主备 VRRP 可以 track 上行口状态；AC 整机主备状态可能与各下行链路通断状态不一致。

② 下行多条链路（包括有线、无线）采用 MSTP 破坏环路；当 MSTP 状态变更时，设备会自动清除链路上的 MAC/ARP 表。

③ HSB 除备份用户表项外，还需要备份 CAPWAP 隧道以及 AP 表项等信息。

④ 部分网络资源长期处于空闲状态。

（2）负载分担方式（与双链路热备份配合使用）

在双链路热备份场景下，业务直接绑定 HSB 备份服务，不绑定 HSB 备份组，这样 HSB 对业务仅提供备份数据收发功能。用户的主备状态由双链路机制进行维护。

如图 5-3 所示，在正常情况下，每个 AP 与两台 AC 之间建立双链路，通过 CAPWAP 报文中的优先级选择主链路和备链路；两台 AC 之间建立双机热备份 HSB 隧道；对于 AP1 上的业务流量，作为主用设备的 AC1 处理所有业务，并将产生的会话信息通过主备通道传送到备用设备 AC2 进行备份，而作为备用设备的 AC2 不处理业务，只用于备份；对于 AP2 上的业务流量，作为主用设备的 AC2 处理所有业务，并将产生的会话信息通过主备通道传送到备用设备 AC1 进行备份，而作为备用设备的 AC1 不处理业务，只用于备份。这样，在正常情况下，AP1 的业务流量通过 AC1 转发，AP2 的业务流量通过 AC2 转发，实现了流量的负载分担。

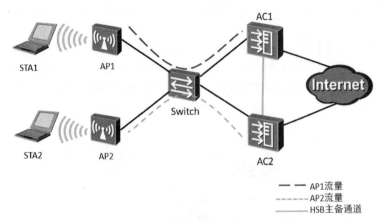

图 5-3　双机热备份负载分担方式组网（正常工作）

如图 5-4 所示，如果 AC1 发生故障，AP1 会自动将原来的备链路切换为主链路，负责转发的业务流量会自动切换到备用设备 AC2 上，实现了流量的切换，保证了网络的可靠性；同时，对于 AP2 上的业务流量，其主用设备 AC2 仍然正常工作，流量转发路径保持不变。

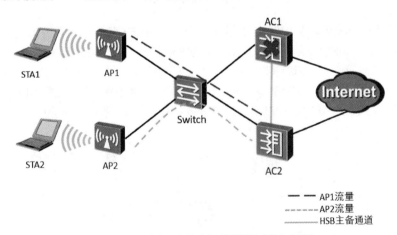

图 5-4　双机热备份负载分担方式组网（发生故障）

当原来的主用设备故障恢复之后，用户可以根据配置决定是否将业务流量切回到原来的主用设备上。在双链路热备份场景下，整机热备具有以下特点。

① HSB 对业务仅提供备份数据收发的功能。

② 不同 AP 的主链路会分布在不同的 AC 上，这样每个 AC 不仅支持用户接入上线，而且支持负载均衡。

③ 双链路热备份支持 AP、AC 间三层连接，可以通过双链路方式支持远程热备。

3. 应用场景

在无线网络中，为了减少单点故障对网络的影响，传统方案要求在接入点部署多台设备形成主备备份。对于无线网络而言，接入设备通常会运行 DHCP、NAC 和 WLAN 等业务，需要将主用设备上的信息实时备份到备用设备上，否则链路切换后，会导致当前业务发生中断。在接入设备上部署双机热备份能够很好地解决这个问题。双机热备份可以实现两台设备之间的信息批量备份和实时同步。在链路切换前，主备设备之间可实现同步。在主用设备故障后，业务切换到备用设备，保证不会中断，提高了用户连接的可靠性。在无线接入网络中，双机热备份可以选择主备方式或负载分担方式进行工作。

如图 5-5 所示，无线网络以主备方式部署了双机热备份功能，其中 AC1 为主用设备，AC2 为备用设备；AC1、AC2 上均部署了 DHCP、NAC 和 WLAN 等业务；当 AC1 发生故障时，由于 AC1 的信息实时备份到了 AC2，AC2 将切换成为主用设备，继续承担 DHCP、NAC 和 WLAN 等业务，保证用户业务正常运行。

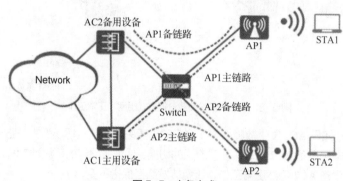

图 5-5　主备方式

为了充分利用网络资源，双机热备份也可以采用负载分担方式运行（目前 DHCP 业务暂不支持以负载分担方式运行）。如图 5-6 所示，对于 AP1 上的业务流量，AC1 为主用设备，AC2 为备用设备，正常情况下业务流量通过 AC1 进行转发；对于 AP2 上的业务流，AC2 为主用设备，AC1 为备用设备，正常情况下业务流量通过 AC2 进行转发。AC1 和 AC2 都是主用设备，又互为备用设备，不仅保障了网络的可靠性，又实现了 AP1 和 AP2 上业务流量的不同转发路径，提高了网络的利用率，

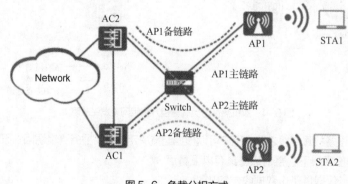

图 5-6　负载分担方式

4. 配置步骤

配置双机热备份之前，需要提前完成 WLAN 基本业务的配置。下面将分别对 VRRP 热备份和双链

路备份的配置步骤做介绍。

（1）配置 VRRP 热备份

在不改变组网的情况下，VRRP 备份组能够将多台设备虚拟成一台网关设备，将主机的网关地址设置成虚拟设备的 IP 地址，实现网关的备份。配置 VRRP 备份组后，流量通过主用设备转发。当主用设备故障时，由选举出的新主用设备继续承担流量转发，实现网关冗余备份。

① 配置 VRRP 备份组

配置 VRRP 备份组的具体操作步骤如下。

步骤 1 执行命令 system-view，进入系统视图。

步骤 2 执行命令 interface vlanif *vlan-id*，进入 VLANIF 接口视图。

步骤 3 执行命令 vrrp vrid *virtual-router-id* virtual-ip *virtual-address*，创建 VRRP 备份组并配置虚拟 IP 地址。默认情况下，设备上无 VRRP 备份组。

步骤 4 执行命令 vrrp vrid *virtual-router-id* priority *priority-value*，配置设备在 VRRP 备份组中的优先级。默认情况下，设备在 VRRP 备份组中的优先级为 100。

② 配置 HSB 主备服务

HSB 主备服务负责在两个互为备份的设备之间建立主备备份通道，维护主备通道的链路状态，为其他业务提供报文的收发服务。HSB 主备备份通道参数必须在本端和对端同时配置。在配置完成后，HSB 主备备份通道参数不能直接被修改，如果要进行修改，需要先删除 HSB 主备服务，再重新配置。只有使能双机热备份功能后，配置的 HSB 主备备份通道参数才会生效。

配置 HSB 主备服务的具体步骤如下。

步骤 1 执行命令 system-view，进入系统视图。

步骤 2 执行命令 hsb-service *service-index*，创建 HSB 备份服务并进入 HSB 备份服务视图。默认情况下，未创建 HSB 主备服务。

步骤 3 执行命令 service-ip-port local-ip *local-ip-address* peer-ip *peer-ip-address* local-data-port *local-port* peer-data-port *peer-port*，配置建立 HSB 主备备份通道的 IP 地址和端口号。默认情况下，未配置 HSB 主备备份通道的 IP 地址和端口号。

步骤 4 （可选）执行命令 service-keep-alive detect retransmit *retransmit-times* interval *interval-value*，配置 HSB 主备服务报文的重传次数和发送间隔。默认情况下，报文的重传次数为 5，发送间隔为 3 秒。

③ 配置 HSB 备份组

主备业务备份组负责通知各个业务模块进行批量备份、实时备份和状态同步。各个业务备份功能依赖于业务备份组提供的状态协商和事件通知机制，实现业务信息的主备同步。HSB 备份组的具体配置步骤如下。

步骤 1 执行命令 system-view，进入系统视图。

步骤 2 执行命令 hsb-group *group-index*，创建 HSB 备份组并进入 HSB 备份组视图。默认情况下，设备上未创建 HSB 备份组。

步骤 3 执行命令 bind-service *service-index*，配置 HSB 备份组绑定的主备服务。默认情况下，HSB 备份组未绑定 HSB 主备服务。

步骤 4 执行命令 track vrrp vrid *virtual-router-id* interface *interface-type interface-number*，配置 HSB 备份组绑定的 VRRP 备份组。默认情况下，HSB 备份组未绑定 VRRP 备份组。

④ 使能 HSB 备份组

使能 HSB 备份组后，HSB 备份组的相关配置才会生效，在状态发生变化时才会通知相应的业务模块进行处理。

步骤 1　执行命令 system-view，进入系统视图。

步骤 2　执行命令 hsb-group *group-index*，进入 HSB 备份组视图。

步骤 3　执行命令 hsb enable，使能 HSB 备份组。

注意　　AP 在主备 AC 上线之前，需要先在主备 AC 上都完成离线添加。若 AP 已经在主 AC 上上线，再在备 AC 上离线添加 AP 信息，在备 AC 上的 AP 状态会显示为 fault。此时需要在备 AC 的 HSB 备份组视图下，先执行 undo hsb enable 命令去使能 HSB 主备备份功能，再执行 hsb enable 命令使能 HSB 主备备份功能，重新将主 AC 上的信息备份过来，实现主备信息备份一致，此时备 AC 上的 AP 状态将会显示为 standby。

⑤ 检查配置结果

步骤 1　执行 display hsb-group *group-index* 命令，查看 HSB 主备备份组的信息。

步骤 2　执行 display hsb-service *service-index* 命令，查看 HSB 主备服务的信息。

（2）配置双链路备份

在配置双链路备份之前，需要在主备 AC 上完成 WLAN 的基本业务配置，并且必须保持一致。

① 配置双链路备份

配置双链路备份可分为 AC 全局配置和 AP 指定配置两种。AP 指定配置优先级高于 AC 全局配置。

AC 全局配置：在 AC 的 WLAN 视图下配置双链路备份参数，下发给所有 AP（指定配置的 AP 除外），适用于批量创建双链路备份。

AP 指定配置：在 AC 的 AP 系统模板视图下配置双链路备份参数，适用于所有引用该 AP 系统模板的 AP。

a. AC 全局配置

步骤 1　执行命令 system-view，进入系统视图。

步骤 2　（可选）执行命令 capwap echo { interval *interval-value* | times *times-value* }*，配置 CAPWAP 心跳检测的间隔时间和报文次数。默认情况下，CAPWAP 心跳检测的间隔时间为 25 秒，心跳检测报文次数为 6。如果开启了双链路备份功能，则默认情况下，CAPWAP 心跳检测的间隔时间为 25 秒，心跳检测报文次数为 3。

步骤 3　执行命令 wlan，进入 WLAN 视图。

步骤 4　执行命令 ac protect protect-ac { *ip-address* | ipv6 *ipv6-address* }，配置备 AC 的 IP 地址。默认情况下，WLAN 视图下未配置备 AC 的 IP 地址。

步骤 5　执行命令 ac protect priority *priority*，配置 AC 的优先级。默认情况下，WLAN 视图下 AC 的优先级为 0。备 AC 上配置的优先级必须低于主 AC 上配置的优先级。优先级取值越小，优先级越高。

步骤 6　执行命令 undo ac protect restore disable，使能全局回切功能。默认情况下，全局回切功能处于使能状态。

步骤 7　（可选）执行命令 ac protect cold-backup kickoff-station，配置设备发生主备切换时，中断认证方式为开放系统认证的 STA 连接。默认情况下，设备发生主备切换时，对于认证方式为开放系统认证的 STA，其连接不会被中断。

步骤 8　执行命令 ac protect enable，使能双链路备份功能。默认情况下，双链路备份功能未使能。

步骤 9　执行命令 ap-reset { all | ap-name *ap-name* | ap-mac *ap-mac* | ap-id *ap-id* | ap-group *ap-group* | ap-type { type *type-name* | type-id *type-id* } }，重启 AP，使双链路备份功能生效。

b．AP 指定配置

步骤 1　执行命令 system-view，进入系统视图。

步骤 2　（可选）执行命令 capwap echo { interval *interval-value* | times *times-value* }*，配置 CAPWAP 心跳检测的间隔时间和报文次数。默认情况下，CAPWAP 心跳检测的间隔时间为 25 秒，心跳检测报文次数为 6。如果开启了双链路备份功能，则默认情况下，CAPWAP 心跳检测的间隔时间为 25 秒，心跳检测报文次数为 3。

步骤 3　执行命令 wlan，进入 WLAN 视图。

步骤 4　执行命令 ap-system-profile name *profile-name*，创建 AP 系统模板，并进入模板视图。默认情况下，系统上存在名为 default 的 AP 系统模板。

步骤 5　执行命令 protect-ac { ip-address *ip-address* | ipv6-address *ipv6-address* }，配置备份 AC 的 IP 地址。默认情况下，AP 系统模板视图下未配置备 AC 的 IP 地址。

步骤 6　执行命令 priority *priority-level*，配置 AC 的优先级。默认情况下，AP 系统模板视图下未配置 AC 的优先级。备 AC 上配置的优先级必须低于主 AC 上配置的优先级。如果 AP 连接的两台 AC 都配置了优先级，则优先级高的将成为主 AC。

步骤 7　执行命令 quit，返回 WLAN 视图。

步骤 8　执行命令 undo ac protect restore disable，使能全局回切功能。默认情况下，全局回切功能处于使能状态。

步骤 9　（可选）执行命令 ac protect cold-backup kickoff-station，配置设备发生主备切换时，中断认证方式为开放系统认证的 STA 连接。默认情况下，设备发生主备切换时，对于认证方式为开放系统认证的 STA，其连接不会被中断。

步骤 10　执行命令 ac protect enable，使能双链路备份功能。默认情况下，双链路备份功能未使能。

步骤 11　引用 AP 系统模板。

● 在 AP 组中引用 AP 系统模板。

执行命令 ap-group name *group-name*，进入 AP 组视图。

执行命令 ap-system-profile *profile-name*，在 AP 组中引用 AP 系统模板。默认情况下，AP 组下引用名为 default 的 AP 系统模板。

● 在 AP 中引用 AP 系统模板。

执行命令 ap-id *ap-id*、ap-mac *ap-mac* 或 ap-name *ap-name*，进入 AP 视图。

执行命令 ap-system-profile *profile-name*，在 AP 中引用 AP 系统模板。默认情况下，AP 未引用 AP 系统模板。

步骤 12　执行命令 ap-reset { all | ap-name *ap-name* | ap-mac *ap-mac* | ap-id *ap-id* | ap-group *ap-group* | ap-type { type *type-name* | type-id *type-id* } }，重启 AP，使双链路备份功能生效。

② 配置 HSB 主备服务

步骤 1　执行命令 system-view，进入系统视图。

步骤 2　执行命令 hsb-service *service-index*，创建 HSB 备份服务并进入 HSB 备份服务视图。

步骤 3　执行命令 service-ip-port local-ip *local-ip-address* peer-ip *peer-ip-address* local-data-port *local-port* peer-data-port *peer-port*，建立 HSB 主备备份通道。HSB 主备备份通道参数必须在本端和对端同时配置，且本端的源 IP 地址、目的 IP 地址、源端口和目的端口分别为对端的目的 IP 地址、源 IP 地

址、目的端口和源端口。

步骤 4 （可选）执行命令 service-keep-alive detect retransmit *retransmit-times* interval *interval-value*，配置 HSB 主备服务报文的发送间隔和重传次数。默认情况下，HSB 主备服务报文的发送间隔为 3 秒，重传次数为 5。

③ 配置业务功能绑定 HSB 主备服务

步骤 1 执行命令 system-view，进入系统视图。

步骤 2 配置业务功能与 HSB 主备服务绑定。

● 配置 WLAN 业务绑定 HSB 主备服务。

执行命令 hsb-service-type ap hsb-service *service-number*，配置 WLAN 业务绑定 HSB 主备服务。

● 配置 NAC 业务绑定 HSB 主备服务。

执行命令 hsb-service-type access-user hsb-service *service-index*，配置 NAC 业务绑定 HSB 主备服务。

④ 检查配置结果

步骤 1 执行命令 display hsb-service *service-index*，查看 HSB 主备服务的信息。

步骤 2 执行命令 display ac protect，查看双链路备份开关状态、AC 的回切功能开关状态、WLAN 视图下 AC 的优先级和备 AC 的 IP 地址。

步骤 3 执行命令 display ap-system-profile { all | name *profile-name* }，查看 AP 系统模板视图下 AC 的优先级和备 AC 的 IP 地址。

5.2.3 双链路冷备份

在一般的 AC+FIT AP 的网络架构中，AC 控制管理多个 AP。如果 AC 或者 CAPWAP 链路发生故障，AP 将无法为 STA 继续提供业务服务，影响 STA 的正常使用。使用双链路冷备份，可以有效减少 CAPWAP 链路故障带给 STA 的影响，提高网络可靠性。

1. 功能介绍

双链路冷备份是指在 AC+FIT AP 的网络架构中，两台 AC 同时管理相同的 AP，并都与这台 AP 建立 CAPWAP 链路。其中一台 AC 作为主 AC，为 AP 提供业务服务；另一台 AC 作为备 AC，不提供业务服务。当主 AC 发生故障或主 AC 与 AP 间 CAPWAP 链路发生故障时，备 AC 替代主 AC 来管理 AP，为 AP 提供业务服务。为保证主备 AC 都能为用户提供相同的业务服务，需要在主备 AC 上配置相同的业务。

双链路冷备份原理如图 5-7 所示，WLAN 部署了主备两台 AC，与 AP 之间建立 CAPWAP 隧道，定期交互 CAPWAP 报文来检测链路状态；同时与 AP 之间分别建立主用和备用数据通道。正常情况下，主 AC 控制 STA 的无线接入功能。当 AP 检测到与主 AC 之间的链路发生故障时，会通知备 AC 启动主备倒换。备 AC 升为主 AC 控制 STA 的无线接入功能，提高了 WLAN 的可靠性。当原来的主 AC 故障恢复后，AP 通知主备 AC 进行主备回切，则恢复故障的 AC 将重新变为主 AC，控制 STA 的无线接入。

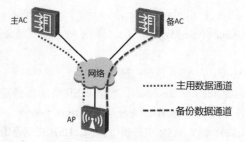

图 5-7　双链路冷备份原理

2．工作原理

在双链路冷备份过程中，AP 通过交互报文选择主备 AC，并与主备 AC 之间根据状态完成链路的切换。

（1）建立主链路

建立主链路时，除了 Discovery 阶段要优选出主 AC 外，其他过程与正常情况下的 CAPWAP 隧道建立过程一致。如图 5-8 所示，在开启双链路备份功能后，AP 会以单播方式或广播方式发送 Discover Request 报文，用于发现 AC；正常工作的 AC 会回应 Discover Response 报文，并在报文中携带双链路特性开关、各自的优先级、各自的负载情况和各自的 IP 地址；AP 收集到所有 AC 回应的 Discover Response 报文后，根据优先级、设备的负载情况、AC 的 IP 地址来决定跟哪个 AC 先建立 CAPWAP 隧道。

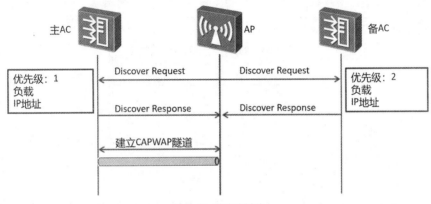

图 5-8　建立主链路

在选择主 AC 的过程中，先比较优先级，优先级低的为主；优先级相同情况下，再比较负载情况，负载轻的为主；如果负载也相同，最后比较 IP 地址，IP 地址小的为主。当然，也有可能此时有一个 AC 是有故障的，那么 AP 会先跟非故障的 AC 建立 CAPWAP 隧道。此时先建立的隧道并不一定是主隧道，后续会根据另外一条隧道的优先级及 AC 的 IP 来决定哪个为主设备。AC 的优先级为整数，取值范围是 0～7，取值越小优先级越高。

（2）建立备链路

由于 AP 收集的 Discover Response 携带了双链路特性开关，为了避免业务配置重复下发产生错误，AP 和主 AC 建立隧道并且下发完配置后，才开始启动备隧道的建立。如图 5-9 所示，AP 向备 AC 发送单播 Discover Request 报文；备 AC 在正常情况下，会回应 Discover Response 报文，并在该报文中携带双链路特性开关、负载情况及其优先级；AP 收到备 AC 回应的 Discover Response 报文后，获取到双链路特性开关状态为打开，并保存其优先级；AP 发送 Join Request 报文，携带一个自定义消息类型，告诉 AC 配置已经下发过了，不需要再下发；AC 收到 Join Request 后，获取自定义消息，跳过配置下发流程，避免对 AP 重复下发。AP 根据两个链路的优先级及各自的 IP 地址会重新选择出主备 AC。如果需要回切，AP 则进行回切处理。

（3）主备倒换

如图 5-10 所示，建立双链路后，AP 会与主备 AC 进行 ECHO 探测，并在 ECHO 报文中携带链路的主备信息；当检测到主链路中断后，AP 在发送给备 AC 的 Echo Request 报文中携带主信息；AC 收到 Echo Request 报文后，判断该隧道已经变为主状态，会将自己切换为主 AC；AP 把 STA 的数据业务发往新的主 AC。

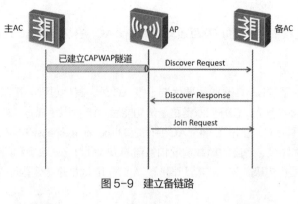

图 5-9　建立备链路

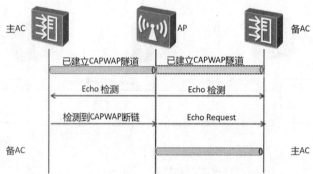

图 5-10　主备倒换

从主 AC 发生故障到 AP 检测到主 AC 故障，默认需要 3 个 Echo 周期，其中每个 Echo 周期 25 秒。当检测到主 AC 故障后，需要进行主备倒换，确保用户业务正常传输。在用户不需要下线的情况下，业务中断时间就是主备倒换时间，其数量级为毫秒级；在用户下线重新接入的情况下，用户重新接入时间取决于用户接入方式和终端性能。

（4）双链路回切

如图 5-11 所示，AP 会定期发送 Discover Request 报文检测原来的主链路何时恢复；当链路恢复后，AP 检测到该链路的优先级比当前使用的主链路优先级更高，触发回切；当回切时间到时，通过 Echo 报文通知 AC 进行倒换；同时 AP 把 STA 的数据业务发往新的主 AC。为了避免网络震荡导致频繁倒换，网络一般采用延迟回切机制。延迟回切时间不支持配置，固定为 20 个 Echo 周期时间。另外，双链路回切的前提是要确保 AP 的回切功能已经使能。

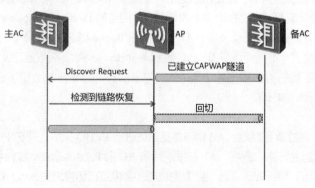

图 5-11　双链路回切

> **说明**　双链路热备份和双链路冷备份都需要单个 AP 与主备 AC 分别建立 CAPWAP 链路，其中一条为主链路，另一条为备链路。两者的不同点是，在双链路热备份中，主 AC 仅备份 STA 信息，并通过 HSB 主备服务将信息同步给备 AC；在双链路冷备份中，AC 不备份同步信息。

3. 应用场景

在 AC+FIT AP 的网络架构中，AC 集中管理和控制无线用户的 WLAN 业务。当 AC 出现故障或者 AC 与 AP 之间的链路出现故障时，双链路冷备份功能可以实现"1+1"双链路的备份，减少了业务中断时间。

如图 5-12 所示，AC1、AC2 与 AP 建立"1+1"双链路，为无线用户提供链路备份；AC1 为主设备，与 AP1、AP2 建立 CAPWAP 主链路，为 STA 提供业务服务；AC2 为备设备，与 AP1、AP2 建立 CAPWAP 备链路，时刻准备为 STA 提供业务服务。当 AP 检测到 AC1 发生故障时，AP 和 AC2 之间的 CAPWAP 隧道立即由备用转为主用，同时 AC2 转变为主设备。当 AC1 的故障恢复后，根据配置情况，AC1 可以选择保持在备用状态或者回切到主用状态。

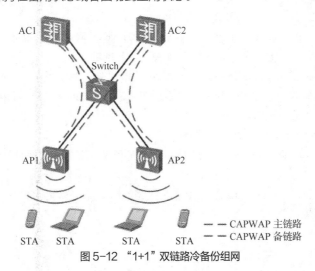

图 5-12　"1+1"双链路冷备份组网

4. 配置步骤

配置冷备份之前，需要完成 WLAN 基本业务的配置。双链路冷备份可分为 AC 全局配置和 AP 指定配置两种。

（1）AC 全局配置

步骤 1　执行命令 system-view，进入系统视图。

步骤 2　（可选）执行命令 capwap echo { interval *interval-value* | times *times-value* }*，配置 CAPWAP 心跳检测的间隔时间和报文次数。默认情况下，CAPWAP 心跳检测的间隔时间为 25 秒，心跳检测报文次数为 6。如果开启了双链路备份功能，在默认情况下，CAPWAP 心跳检测的间隔时间为 25 秒，心跳检测报文次数为 3。

步骤 3　执行命令 wlan，进入 WLAN 视图。

执行命令 ac protect protect-ac { *ip-address* | ipv6 *ipv6-address* }，配置备 AC 的 IP 地址。默认情况下，WLAN 视图下未配置备 AC 的 IP 地址。

步骤 4　执行命令 ac protect priority *priority*，配置 AC 的优先级。默认情况下，WLAN 视图下

AC 的优先级为 0。备 AC 上配置的优先级必须低于主 AC 上配置的优先级。优先级取值越小，优先级越高。

步骤 5 执行命令 undo ac protect restore disable，使能全局回切功能。默认情况下，全局回切功能处于使能状态。

步骤 6 （可选）执行命令 ac protect cold-backup kickoff-station，配置设备发生主备切换时，中断认证方式为开放系统认证的 STA 连接。默认情况下，设备发生主备切换时，对于认证方式为开放系统认证的 STA，其连接不会被中断。

步骤 7 执行命令 ac protect enable，使能双链路备份功能。默认情况下，双链路备份功能未使能。

步骤 8 执行命令 ap-reset { all | ap-name *ap-name* | ap-mac *ap-mac* | ap-id *ap-id* | ap-group *ap-group* | ap-type { type *type-name* | type-id *type-id* } }，重启 AP，使双链路备份功能生效。

（2）AP 指定配置

步骤 1 执行命令 wlan，进入 WLAN 视图。

步骤 2 执行命令 ap-system-profile name *profile-name*，创建 AP 系统模板，并进入模板视图。默认情况下，系统上存在名为 default 的 AP 系统模板。

步骤 3 执行命令 protect-ac { ip-address *ip-address* | ipv6-address *ipv6-address* }，配置备 AC 的 IP 地址。默认情况下，AP 系统模板视图下未配置备 AC 的 IP 地址。

步骤 4 执行命令 priority *priority-level*，配置 AC 的优先级。默认情况下，AP 系统模板视图下未配置 AC 的优先级。备 AC 上配置的优先级必须低于主 AC 上配置的优先级。如果 AP 连接的两台 AC 都配置了优先级，则优先级高的成为主 AC。

步骤 5 执行命令 quit，返回 WLAN 视图。

步骤 6 执行命令 undo ac protect restore disable，使能全局回切功能。默认情况下，全局回切功能处于使能状态。

步骤 7 执行命令 ac protect enable，使能双链路备份功能。默认情况下，双链路备份功能未使能。

步骤 8 引用 AP 系统模板。

- 在 AP 组中引用 AP 系统模板。

执行命令 ap-group name *group-name*，进入 AP 组视图。

执行命令 ap-system-profile *profile-name*，在 AP 组中引用 AP 系统模板。默认情况下，AP 组下引用名为 default 的 AP 系统模板。

- 在 AP 中引用 AP 系统模板。

执行命令 ap-id *ap-id*、ap-mac *ap-mac* 或 ap-name *ap-name*，进入 AP 视图。

执行命令 ap-system-profile *profile-name*，在 AP 中引用 AP 系统模板。默认情况下，AP 未引用 AP 系统模板。

步骤 9 执行命令 ap-reset { all | ap-name *ap-name* |ap-mac *ap-mac* | ap-id *ap-id* | ap-group *ap-group* | ap-type { type *type-name* | type-id *type-id* } }，重启 AP，使双链路备份功能生效。

5.2.4 N+1 备份

N+1 备份是指在 AC+FIT AP 的网络架构中，只使用一台备 AC 为多台主 AC 提供备份服务的一种解决方案。

1. 工作原理

N+1 备份组网中包括 AC 的主备选择、主备倒换和主备回切等过程。在 N+1 备份组网中存在着多个 AC，AP 需要对发现的多个 AC 进行主备选择，选择其中优先级最高的 AC 作为主 AC，与其建立 CAPWAP 链路。当主 AC 或主 AC 与 AP 间链路发生故障时，AP 需要进行主备倒换，从而提高 WLAN 可靠性。当原来的主 AC 或链路故障恢复后，AP 进行主备回切，以便备 AC 释放资源为其他主 AC 继续提供备份服务。

（1）主备选择

在 N+1 备份组网中，AP 与 AC 建立 CAPWAP 链路的过程和普通的 CAPWAP 链路建立过程类似。区别在于在 Discovery 阶段，AP 发现 AC 后，还要选择出最高优先级的 AC 作为主 AC 接入。

在 Discovery 阶段，AP 发送 Discovery Request 报文。AC 收到 AP 的报文后会回应 Discovery Response 报文，并在 Discovery Response 报文中携带优选 AC 的 IP 地址、备 AC 的 IP 地址、N+1 备份开关、AC 优先级、负载情况和 AC 的 IP 地址。AP 根据收到的多个 AC 回应信息，选择出主 AC 并与其建立 CAPWAP 链路。优选顺序规则如下。

① AP 查看优选 AC；如果只有一个优选 AC，则此 AC 成为主 AC；如果存在多个优选 AC，则负载最轻的 AC 作为主 AC；如果负载相同，IP 地址最小的 AC 作为主 AC。

② 如果没有优选 AC，则查看备 AC；如果只有一个备 AC，则此 AC 作为主 AC；如果存在多个备 AC，则负载最轻的 AC 作为主 AC；如果负载相同，IP 地址最小的 AC 作为主 AC。

③ 如果没有备 AC，则比较 AC 的优先级，优先级最高的作为主 AC。优先级取值越小，优先级越高。

④ 在优先级相同的情况下，则负载最轻的 AC 作为主 AC。

⑤ 在负载相同的情况下，继续比较 IP 地址，IP 地址最小的成为主 AC。

其中，AC 上存在两种优先级。全局优先级是针对所有 AP 配置的 AC 优先级。个性优先级是针对指定的单个 AP 或指定 AP 组中的 AP 配置的 AC 优先级。

假设 AP 能够发现 AC，如图 5-13 所示，下面介绍选择主 AC 的过程。

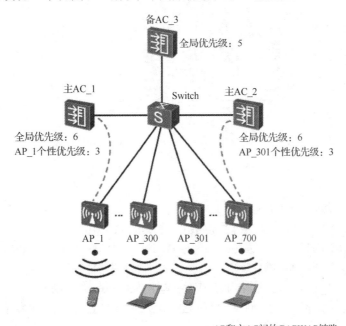

图 5-13　选择主 AC

① 在 Discovery 阶段，AP_1 向 AC 发送 Discovery Request 报文，请求 AC 的回应。

② AC 回应 Discovery Response 报文，其中携带 AC 的优先级信息。AC 先判断是否为指定 AP 配置了个性优先级。如果已经配置，则返回 AP 个性优先级，否则返回全局优先级。当 AC_1 接收到 AP_1 的 Discovery Response 报文时，由于 AC_1 仅指定了 AP_1 的个性优先级，则返回给 AP_1 的优先级为 3。由于 AC_2 和 AC_3 没有为 AP_1 配置个性优先级，所以 AC_2 回应全局优先级为 6，AC_3 回应全局优先级为 5。

③ AP_1 根据所有 AC 回应的信息，进行优先级比较，比较出 AC_1 的优先级最高，选择 AC_1 作为主 AC，然后发送关联请求接入。

（2）主备倒换

在正常情况下，AP 只与主 AC 建立 CAPWAP 链路，并定期向主 AC 发送心跳报文进行心跳检测，不与备 AC 建立 CAPWAP 链路。当 AP 检测到心跳报文超时后，会以为与主 AC 之间的链路发生中断，并与备 AC 建立 CAPWAP 链路。建立 CAPWAP 链路后，备 AC 会重新下发配置给 AP。为保证备 AC 下发给 AP 的 WLAN 业务配置与主 AC 下发的相同，必须要求所有主 AC 上的 WLAN 相关业务配置都要在备 AC 上做同样配置。AP 选择备 AC 建立 CAPWAP 链路，在备 AC 中上线并由备 AC 下发配置的过程称为主备倒换。

如果多个主 AC 同时发生故障、主备倒换后，网络不能保证它们管理的所有 AP 都能够在备 AC 中上线。如图 5-14 所示，假设 AP_1～AP_300 共 300 个 AP 在 AC_1 中上线，AP_301～AP_700 共 400 个 AP 在 AC_2 中上线，AC_3 作为备 AC 最多允许 500 个 AP 上线。

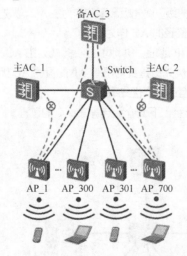

图 5-14　主备倒换

如果 AC_1 发生故障，AP_1～AP_300 共 300 个 AP 都会进行主备倒换，并在 AC_3 中上线；当 AC_1 故障恢复后，AP_1～AP_300 进行主备回切，重新在 AC_1 中上线。

如果 AC_1 故障恢复后，AC_2 发生故障，则 AP_301～AP_700 共 400 个 AP 都会进行主备倒换，并在 AC_3 中上线；当 AC_2 故障恢复后，AP_301～AP_700 进行主备回切，重新在 AC_2 中上线。

如果 AC_1 和 AC_2 同时发生故障，此时仅最先与 AC_3 关联成功的前 500 个 AP 能够进行主备倒换，并在 AC_3 中上线，而剩余的 200 个 AP 无法在 AC_3 中继续上线，其业务将中断。

（3）主备回切

AP 和备 AC 建立 CAPWAP 链路后，从备 AC 获取对应主 AC 的 IP 地址，然后定期发送 Primary

Discovery Request 报文对主 AC 进行探测。主 AC 恢复后，会回应 AP 的探测报文，并携带优先级。AP 通过回应的报文判断主 AC 已经恢复，且主 AC 的优先级高于当前连接 AC 的优先级，如果回切开关已使能，此时会触发回切。为避免网络振荡导致频繁倒换，通常 AP 会在等待 20 个心跳周期后，通知 AC 进行主备回切。如图 5-15 所示，AP 会与当前备 AC 断开 CAPWAP 链路，继续和主 AC 重新建立 CAPWAP 链路，同时把 STA 的数据业务转移到原主 AC 上发送，以便备 AC 释放资源继续为其他主 AC 提供备份服务。AP 重新与主 AC 建立 CAPWAP 链路，在主 AC 中上线并由主 AC 下发配置的过程称为主备回切。

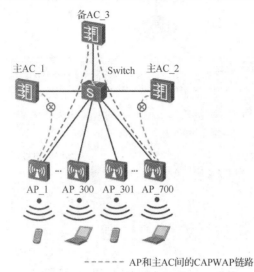

图 5-15　主备回切

2. 应用场景

不同于双链路冷备份中每台备 AC 只能为一台主 AC 提供备份服务，N+1 备份中一台备 AC 可以为多台主 AC 提供备份服务。因此 N+1 备份为所有 AC 提供备份服务的同时，降低了购买设备的成本。下面介绍 N+1 备份的典型应用场景。

（1）AP 和 AC 跨网段场景

某大型企业在各地存在分支机构，并且在各个分支机构都配有 AC 管理 AP，为用户提供 WLAN 上网业务，如收发邮件等上网需求。用户对网络的可靠性要求较低，允许可能出现的短时间业务中断。在这种场景下，为了降低购买设备的成本，企业总部可部署一台高性能的 AC 作为备 AC，为其他分支机构的主 AC 提供备份服务。

如图 5-16 所示，各个分支机构的 AC 不在同一网段，分支机构 1 中 AC_1 作为 AP_1 的主 AC，分支机构 2 中 AC_2 作为 AP_2 的主 AC，总部部署 1 台高性能的 AC_3 同时作为 AP_1 和 AP_2 的备 AC。在正常情况下，AP_1 和 AP_2 分别与 AC_1 和 AC_2 建立 CAPWAP 链路；当 AC_1 或者 AC_2 的 CAPWAP 链路发生故障后，AP_1 或 AP_2 会与 AC_3 建立 CAPWAP 链路，切换到 AC_3 上由 AC_3 继续为 AP 提供业务服务。

（2）AP 和 AC 同网段场景

机场候机厅等大型公共场所由于具有面积大、用户数量众多和需要提供免费 WLAN 上网业务等特点，需要部署众多 AP，并由多台 AC 管理。由于机场业务属于增值业务，用户对网络的可靠性要求较低，允许出现短时间的业务中断。在这种场景下，为了降低购买设备的成本，机场可以部署 N+1 备份，即使用 1 台高性能的 AC 作为备 AC，为其他主 AC 提供备份服务。

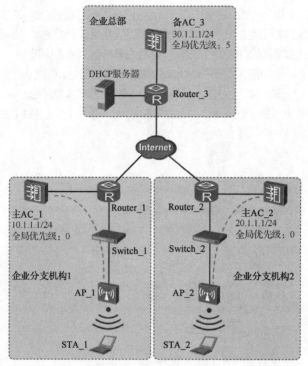

图 5-16　N+1 备份组网（AP 和 AC 跨网段）

如图 5-17 所示，所有 AC 均处于同一网段，AC_1 作为 AP_1 的主 AC，AC_2 作为 AP_2 的主 AC，高性能的 AC_3 同时作为 AP_1 和 AP_2 的备 AC。在正常情况下，AP_1 和 AP_2 分别与 AC_1 和 AC_2 建立 CAPWAP 链路。当 AC_1 或者 AC_2 的 CAPWAP 链路发生故障后，AP_1 或 AP_2 会与 AC_3 建立 CAPWAP 链路，切换到 AC_3 上由 AC_3 继续为 AP 提供业务服务。

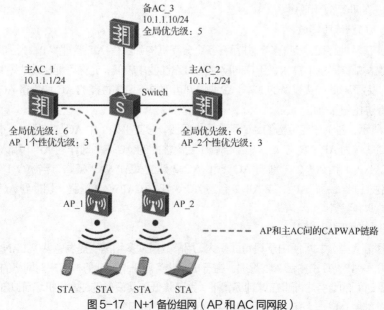

图 5-17　N+1 备份组网（AP 和 AC 同网段）

5.3 项目实施1 基于负载分担方式的热备份无线网络搭建

5.3.1 实施条件

为了能够在实训环境中模拟本项目，实训环境所需设备和器材如下。

① 华为 AC6605 设备 2 台。

② 华为 AP4050DN 设备 2 台。

③ 华为 S3700 设备 1 台。

④ 华为 R2240 设备 1 台。

⑤ 华为 S5700 设备 1 台。

⑥ 无线终端设备 2 台。

⑦ 管理主机 1 台。

⑧ 配置电缆 1 根。

⑨ 电源插座 8 个。

⑩ 吉比特以太网网线 6 根。

WLAN 的可靠性
配置

5.3.2 数据规划

本项目的拓扑如图 5-18 所示。

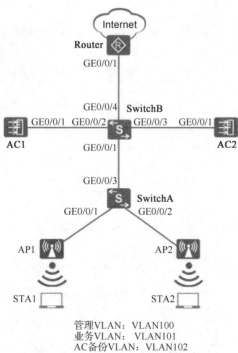

管理VLAN：VLAN100
业务VLAN： VLAN101
AC备份VLAN： VLAN102

图 5-18 双链路热备份（负载分担方式）组网

为了实现 AC 对 AP 的配置管理和 STA 业务的正常转发，AC 作为 DHCP 服务器为 AP 和 STA 分配 IP 地址。具体数据规划如表 5-3 所示。

表 5-3　双链路热备份项目数据规划

配置项	规划数据
管理 VLAN	VLAN100
STA 业务 VLAN	VLAN101
AC 备用 VLAN	VLAN102
DHCP 服务器	Router 作为 DHCP 服务器，为 AP 和 STA 分配地址 STA 默认网关为 10.23.101.1/24 AP 默认网关为 10.23.100.1/24
AP 的 IP 地址池	10.23.100.4～10.23.100.254/24
STA 的 IP 地址池	10.23.101.2～10.23.101.254/24
AC 的源接口	VLANIF100
AC1 的管理 IP 地址	VLANIF100：10.23.100.2/24
AC2 的管理 IP 地址	VLANIF100：10.23.100.3/24
主用 AC 和备用 AC	AC1 作为 AP1 的主用 AC、AP2 的备用 AC AC2 作为 AP2 的主用 AC、AP1 的备用 AC
AC1 的主备通道 IP 地址和端口号	IP 地址：VLANIF102，10.23.102.1/24 端口号：10241
AC2 的主备通道 IP 地址和端口号	IP 地址：VLANIF102，10.23.102.2/24 端口号：10241
AP 组	名称：ap1 引用模板：VAP 模板 wlan-net、域管理模板 default、AP 系统模板 ap-system1 名称：ap2 引用模板：VAP 模板 wlan-net、域管理模板 default、AP 系统模板 ap-system2
AP 系统模板	名称：ap-system1 主用 AC：AC1 备用 AC：AC2 名称：ap-system2 主用 AC：AC2 备用 AC：AC1
域管理模板	名称：default 国家码：CN
SSID 模板	名称：wlan-net SSID 名称：wlan-net
安全模板	名称：wlan-net 安全策略：WPA-WPA2+PSK+AES 密码：a1234567
VAP 模板	名称：wlan-net 转发模式：直接转发 业务 VLAN：VLAN101 引用模板：SSID 模板 wlan-net、安全模板 wlan-net

注意 双链路热备份不支持备份 DHCP 信息。如果 AC 作为 DHCP 服务器为 AP 和 STA 分配 IP 地址，当主 AC 发生故障后，AP 和 STA 需要重新获取 IP，所以建议将 Router 作为 DHCP 服务器。如果必须使用 AC 作为 DHCP 服务器，需要在主备 AC 上手动规划不同范围的地址池，防止重复分配 IP 地址。

5.3.3 实施步骤

步骤 1 根据项目的拓扑结构，进行网络物理连接。

步骤 2 配置周边设备。

\#配置 SwitchA 连接 AP 的接口 GE0/0/1 和 GE0/0/2 的 PVID 为 VLAN100，并加入 VLAN100 和 VLAN101，SwitchA 连接 SwitchB 的接口 GE0/0/3 加入 VLAN100 和 VLAN101。

```
<HUAWEI> system-view
[HUAWEI] sysname SwitchA
[SwitchA] vlan batch 100 101
[SwitchA] interface gigabitethernet 0/0/1
[SwitchA-GigabitEthernet0/0/1] port link-type trunk
[SwitchA-GigabitEthernet0/0/1] port trunk pvid vlan 100
[SwitchA-GigabitEthernet0/0/1] port trunk allow-pass vlan 100 101
[SwitchA-GigabitEthernet0/0/1] port-isolate enable
[SwitchA-GigabitEthernet0/0/1] quit
[SwitchA] interface gigabitethernet 0/0/2
[SwitchA-GigabitEthernet0/0/2] port link-type trunk
[SwitchA-GigabitEthernet0/0/2] port trunk pvid vlan 100
[SwitchA-GigabitEthernet0/0/2] port trunk allow-pass vlan 100 101
[SwitchA-GigabitEthernet0/0/2] quit
[SwitchA] interface gigabitethernet 0/0/3
[SwitchA-GigabitEthernet0/0/3] port link-type trunk
[SwitchA-GigabitEthernet0/0/3] port trunk allow-pass vlan 100 101
[SwitchA-GigabitEthernet0/0/3] quit
```

\#配置汇聚交换机 SwitchB 连接 SwitchA 的接口 GE0/0/1，使其加入 VLAN100 和 LAN101，SwitchB 连接 AC1 的接口 GE0/0/2 和 SwitchB 连接 AC2 的接口 GE0/0/3 加入 VLAN100 和 VLAN102，SwitchB 连接 Router 的接口 GE0/0/4 加入 VLAN100 和 VLAN101。

```
<HUAWEI> system-view
[HUAWEI] sysname SwitchB
[SwitchB] vlan batch 100 to 102
[SwitchB] interface gigabitethernet 0/0/1
[SwitchB-GigabitEthernet0/0/1] port link-type trunk
[SwitchB-GigabitEthernet0/0/1] port trunk allow-pass vlan 100 101
[SwitchB-GigabitEthernet0/0/1] quit
[SwitchB] interface gigabitethernet 0/0/2
```

```
[SwitchB-GigabitEthernet0/0/2] port link-type trunk

[SwitchB-GigabitEthernet0/0/2] port trunk allow-pass vlan 100 102

[SwitchB-GigabitEthernet0/0/2] quit

[SwitchB] interface gigabitethernet 0/0/3

[SwitchB-GigabitEthernet0/0/3] port link-type trunk

[SwitchB-GigabitEthernet0/0/3] port trunk allow-pass vlan 100 102

[SwitchB-GigabitEthernet0/0/3] quit

[SwitchB] interface gigabitethernet 0/0/4

[SwitchB-GigabitEthernet0/0/4] port link-type trunk

[SwitchB-GigabitEthernet0/0/4] port trunk allow-pass vlan 100 101

[SwitchB-GigabitEthernet0/0/4] quit
```

#配置 Router 连接 SwitchB 的接口 GE0/0/1，使其加入 VLAN100 和 VLAN101。

```
<Huawei> system-view

[Huawei] sysname Router

[Router] vlan batch 100 101

[Router] interface gigabitethernet 0/0/1

[Router-GigabitEthernet0/0/1] port link-type trunk

[Router-GigabitEthernet0/0/1] port trunk allow-pass vlan 100 101

[Router-GigabitEthernet0/0/1] quit
```

步骤 3 配置 AC，使其与其他网络设备互通。

#配置 AC 的接口 GE0/0/1，使其加入 VLAN100 和 VLAN102。

```
<AC6605> system-view

[AC6605] sysname AC1

[AC1] vlan batch 100 to 102

[AC1] interface vlanif 100

[AC1-Vlanif100] ip address 10.23.100.2 24

[AC1-Vlanif100] quit

[AC1] interface vlanif 102

[AC1-Vlanif102] ip address 10.23.102.1 24

[AC1-Vlanif102] quit

[AC1] interface gigabitethernet 0/0/1

[AC1-GigabitEthernet0/0/1] port link-type trunk

[AC1-GigabitEthernet0/0/1] port trunk allow-pass vlan 100 102

[AC1-GigabitEthernet0/0/1] quit
```

#配置 AC2 的接口 GE0/0/1，使其加入 VLAN100 和 VLAN102。

```
<AC6605> system-view

[AC6605] sysname AC2

[AC2] vlan batch 100 to 102

[AC2] interface vlanif 100

[AC2-Vlanif100] ip address 10.23.100.3 24

[AC2-Vlanif100] quit
```

```
[AC2] interface vlanif 102

[AC2-Vlanif102] ip address 10.23.102.2 24

[AC2-Vlanif102] quit

[AC2] interface gigabitethernet 0/0/1

[AC2-GigabitEthernet0/0/1] port link-type trunk

[AC2-GigabitEthernet0/0/1] port trunk allow-pass vlan 100 102

[AC2-GigabitEthernet0/0/1] quit
```

步骤 4　配置 Router 作为 DHCP 服务器，为 STA 和 AP 分配 IP 地址。

```
#在 AC 上配置 VLANIF100 接口，为 AP 提供 IP 地址。

[Router] dhcp enable

[Router] ip pool sta

[Router-ip-pool-sta] network 10.23.101.0 mask 24

[Router-ip-pool-sta] gateway-list 10.23.101.1

[Router-ip-pool-sta] quit

[Router] ip pool ap

[Router-ip-pool-ap] network 10.23.100.0 mask 24

[Router-ip-pool-ap] excluded-ip-address 10.23.100.2

[Router-ip-pool-ap] excluded-ip-address 10.23.100.3

[Router-ip-pool-ap] gateway-list 10.23.100.1

[Router-ip-pool-ap] quit

[Router] interface vlanif 100

[Router-Vlanif100] ip address 10.23.100.1 24

[Router-Vlanif100] dhcp select global

[Router-Vlanif100] quit

[Router] interface vlanif 101

[Router-Vlanif101] ip address 10.23.101.1 24

[Router-Vlanif101] dhcp select global

[Router-Vlanif101] quit
```

步骤 5　配置 AP 上线。

注意

仅给出 AC1 的配置过程，AC2 的配置参数跟 AC1 保持一致。

```
#创建两个 AP 组 "ap1" 和 "ap2"。

[AC1] wlan

[AC1-wlan-view] ap-group name ap1

[AC1-wlan-ap-group-ap1] quit

[AC1-wlan-view] ap-group name ap2

[AC1-wlan-ap-group-ap2] quit

#创建域管理模板，在域管理模板下配置 AC 的国家码并在 AP 组下引用域管理模板。

[AC1-wlan-view] regulatory-domain-profile name default
```

```
[AC1-wlan-regulate-domain-default] country-code CN

[AC1-wlan-regulate-domain-default] quit

[AC1-wlan-view] ap-group name ap1

[AC1-wlan-ap-group-ap1] regulatory-domain-profile default

Warning: Modifying the country code will clear channel, power and antenna gain
configurations of the radio and reset the AP. Continue?[Y/N]:y

[AC1-wlan-ap-group-ap1] quit

[AC1-wlan-view] ap-group name ap2

[AC1-wlan-ap-group-ap2] regulatory-domain-profile default

Warning: Modifying the country code will clear channel, power and antenna gain
configurations of the radio and reset the AP. Continue?[Y/N]:y

[AC1-wlan-ap-group-ap2] quit
```

#配置 AC 的源接口。

```
[AC1] capwap source interface vlanif 100
```

#在 AC 上离线导入 AP1 和 AP2，并将 AP1 加入 AP 组 "ap1"，AP2 加入 AP 组 "ap2"。

```
[AC1-wlan-view] ap auth-mode mac-auth

[AC1-wlan-view] ap-id 0 ap-mac 00E0-FC42-5C80

[AC1-wlan-ap-0] ap-name area_1

[AC1-wlan-ap-0] ap-group ap1

Warning: This operation may cause AP reset. If the country code changes, it will
clear channel, power and antenna gain configurations of the radio, Whether to continue?
[Y/N]:y

[AC1-wlan-ap-0] quit

[AC1-wlan-view] ap-id 1 ap-mac 00E0-FC37-5C49

[AC1-wlan-ap-1] ap-name area_2

[AC1-wlan-ap-1] ap-group ap2

Warning: This operation may cause AP reset. If the country code changes, it will
clear channel, power and antenna gain configurations of the radio, Whether to continue?
[Y/N]:y

[AC1-wlan-ap-1] quit
```

#将 AP 上电后，当执行命令 display ap all，查看到 AP 的 "State" 字段为 "nor" 时，表示 AP 正常上线。

```
[AC1-wlan-view] display ap all

Total AP information:
nor : normal    [2]
----------------------------------------------------------------------------
ID   MAC           Name     Group   IP            Type         State STA  Uptime
----------------------------------------------------------------------------
0   00E0-FC42-5C80 area_1   ap1     10.23.100.254 AP6010DN-AGN  nor   0    10S
1   00E0-FC37-5C49 area_2   ap2     10.23.100.253 AP6010DN-AGN  nor   0    15S
----------------------------------------------------------------------------
```

```
Total: 2
```

步骤 6 配置 WLAN 业务参数。

 注意

仅给出 AC1 的配置过程，AC2 的配置参数跟 AC1 保持一致。

```
#创建名为"wlan-net"的安全模板，并配置安全策略。
[AC1-wlan-view] security-profile name wlan-net
[AC1-wlan-sec-prof-wlan-net] security wpa-wpa2 psk pass-phrase a1234567 aes
[AC1-wlan-sec-prof-wlan-net] quit
#创建名为"wlan-net"的SSID模板，并配置SSID名称为"wlan-net"。
[AC1-wlan-view] ssid-profile name wlan-net
[AC1-wlan-ssid-prof-wlan-net] ssid wlan-net
[AC1-wlan-ssid-prof-wlan-net] quit
#创建名为"wlan-net"的VAP模板，配置业务数据转发模式、业务VLAN，并且引用安全模板和SSID模板。
[AC1-wlan-view] vap-profile name wlan-net
[AC1-wlan-vap-prof-wlan-net] forward-mode direct-forward
[AC1-wlan-vap-prof-wlan-net] service-vlan vlan-id 101
[AC1-wlan-vap-prof-wlan-net] security-profile wlan-net
[AC1-wlan-vap-prof-wlan-net] ssid-profile wlan-net
[AC1-wlan-vap-prof-wlan-net] quit
#配置AP组，引用VAP模板，AP上射频0和射频1都使用VAP模板"wlan-net"的配置。
[AC1-wlan-view] ap-group name ap1
[AC1-wlan-ap-group-ap1] vap-profile wlan-net wlan 1 radio 0
[AC1-wlan-ap-group-ap1] vap-profile wlan-net wlan 1 radio 1
[AC1-wlan-ap-group-ap1] quit
[AC1-wlan-view] ap-group name ap2
[AC1-wlan-ap-group-ap2] vap-profile wlan-net wlan 1 radio 0
[AC1-wlan-ap-group-ap2] vap-profile wlan-net wlan 1 radio 1
[AC1-wlan-ap-group-ap2] quit
```

步骤 7 配置 AC1 和 AC2 负载分担方式的双链路备份功能。

```
#在AC1上配置AC1，作为AP1的主AC、AP2的备AC，AC2作为AP2的主AC、AP1的备AC。
[AC1-wlan-view] ac protect enable
Warning: This operation maybe cause AP reset, continue?[Y/N]:y
[AC1-wlan-view] ap-system-profile name ap-system1
[AC1-wlan-ap-system-prof-ap-system1] primary-access ip-address 10.23.100.2
[AC1-wlan-ap-system-prof-ap-system1] backup-access ip-address 10.23.100.3
[AC1-wlan-ap-system-prof-ap-system1] quit
[AC1-wlan-view] ap-system-profile name ap-system2
[AC1-wlan-ap-system-prof-ap-system2] primary-access ip-address 10.23.100.3
[AC1-wlan-ap-system-prof-ap-system2] backup-access ip-address 10.23.100.2
```

```
[AC1-wlan-ap-system-prof-ap-system2] quit

[AC1-wlan-view] ap-group name ap1

[AC1-wlan-ap-group-ap-group1] ap-system-profile ap-system1

Warning: This action may cause service interruption. Continue?[Y/N]y

[AC1-wlan-ap-group-ap-group1] quit

[AC1-wlan-view] ap-group name ap2

[AC1-wlan-ap-group-ap-group2] ap-system-profile ap-system2

Warning: This action may cause service interruption. Continue?[Y/N]y

[AC1-wlan-ap-group-ap-group2] quit
```

#在 **AC2** 上配置 **AC1**，作为 **AP1** 的主 **AC**、**AP2** 的备 **AC**，**AC2** 作为 **AP2** 的主 **AC**、**AP1** 的备 **AC**。配置方式与 **AC1** 上配置相同，请参考 **AC1** 的配置。

#在 AC1 和 AC2 上重启 AP，下发双链路备份配置信息至 AP。

```
[AC1-wlan-view] ap-reset all

Warning: Reset AP(s), continue?[Y/N]:y

[AC1-wlan-view] quit

[AC2-wlan-view] ap-reset all

Warning: Reset AP(s), continue?[Y/N]:y

[AC2-wlan-view] quit
```

步骤 8 配置双机热备份功能。

#在 AC1 上创建 HSB 主备服务 0，并配置其主备通道 IP 地址和端口号。

```
[AC1] hsb-service 0

[AC1-hsb-service-0] service-ip-port local-ip 10.23.102.1 peer-ip 10.23.102.2
local-data-port 10241

peer-data-port 10241

[AC1-hsb-service-0] quit
```

#配置将 WLAN 业务与 NAC 业务绑定 AC1 的 HSB 主备服务。

```
[AC1] hsb-service-type ap hsb-service 0

[AC1] hsb-service-type access-user hsb-service 0
```

#在 AC2 上创建 HSB 主备服务 0，并配置其主备通道 IP 地址和端口号。

```
[AC2] hsb-service 0

[AC2-hsb-service-0] service-ip-port local-ip 10.23.102.2 peer-ip 10.23.102.1
local-data-port 10241

peer-data-port 10241

[AC2-hsb-service-0] quit
```

#将 WLAN 业务和 NAC 业务绑定 AC2 的 HSB 主备服务。

```
[AC2] hsb-service-type ap hsb-service 0

[AC2] hsb-service-type access-user hsb-service 0
```

5.3.4 项目测试

按照以上实施步骤操作后，可以通过以下步骤进行结果测试。通过观察相关的设备现象或查看相关的参数，判断该项目是否成功。

```
#在 AC1 和 AC2 上执行命令 display ac protect，可以查看到双链路备份的配置信息。
[AC1] display ac protect
------------------------------------------------------------
Protect state : enable
Protect AC : -
Priority : 0
Protect restore : enable
...
------------------------------------------------------------
[AC2] display ac protect
------------------------------------------------------------
Protect state : enable
Protect AC : -
Priority : 0
Protect restore : enable
...
------------------------------------------------------------
```

#在 AC1 和 AC2 上执行命令 display ap-system-profile name ap-system1 和 display apsystem-profile name ap-system2，查看主备 AC 信息。

```
[AC1] display ap-system-profile name ap-system1
------------------------------------------------------------
AC priority : -
Protect AC IP address : -
Primary AC : 10.23.100.2
Backup AC : 10.23.100.3
...
------------------------------------------------------------
[AC1] display ap-system-profile name ap-system2
------------------------------------------------------------
AC priority : -
Protect AC IP address : -
Primary AC : 10.23.100.3
Backup AC : 10.23.100.2
...
------------------------------------------------------------
[AC2] display ap-system-profile name ap-system1
------------------------------------------------------------
AC priority : -
Protect AC IP address : -
Primary AC : 10.23.100.2
```

```
Backup AC : 10.23.100.3

...

--------------------------------------------------------------

[AC2] display ap-system-profile name ap-system2

--------------------------------------------------------------

AC priority : -

Protect AC IP address : -

Primary AC : 10.23.100.3

Backup AC : 10.23.100.2

...

--------------------------------------------------------------
```

#在AC1和AC2上执行命令display hsb-service 0,查看主备服务的建立情况,可以看到Service State字段显示为"Connected",说明主备服务通道已经成功建立。

```
[AC1] display hsb-service 0

Hot Standby Service Information:

--------------------------------------------------------------

Local IP Address : 10.23.102.1

Peer IP Address : 10.23.102.2

Source Port : 10241

Destination Port : 10241

Keep Alive Times : 5

Keep Alive Interval : 3

Service State : Connected

Service Batch Modules : AP Access-user

--------------------------------------------------------------

[AC2] display hsb-service 0

Hot Standby Service Information:

--------------------------------------------------------------

Local IP Address : 10.23.102.2

Peer IP Address : 10.23.102.1

Source Port : 10241

Destination Port : 10241

Keep Alive Times : 5

Keep Alive Interval : 3

Service State : Connected

Service Batch Modules : AP Access-user

--------------------------------------------------------------
```

AP1 下的无线接入用户可以搜索到 SSID 标识为"wlan-net"的 WLAN 并正常上线。当 AP 与 AC1 的链路中断后，用户不掉线。

5.4 项目实施2 基于AC全局配置方式的冷备份无线网络搭建

5.4.1 实施条件

为了能够在实训环境中模拟本项目，实训环境所需设备和器材如下。

① 华为 AC6605 设备 2 台。

② 华为 AP4050DN 设备 2 台。

③ 华为 S3700 设备 1 台。

④ 华为 R2240 设备 1 台。

⑤ 无线终端设备 4 台。

⑥ 管理主机 1 台。

⑦ 配置电缆 1 根。

⑧ 电源插座 7 个。

⑨ 吉比特以太网网线 5 根。

WLAN 的可靠性
配置 2

5.4.2 数据规划

本项目的拓扑如图 5-19 所示。

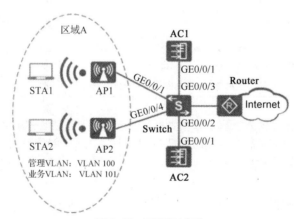

图 5-19 双链路冷备份

为了实现 AC 对 AP 的配置管理和 STA 业务的正常转发，AC 作为 DHCP 服务器为 AP 和 STA 分配 IP 地址。具体数据规划如表 5-4 所示。

表 5-4 双链路冷备份项目数据规划

配置项	规划数据
管理 VLAN	VLAN100
STA 业务 VLAN	VLAN101
DHCP 服务器	Switch 作为 DHCP 服务器为 AP 和 STA 分配 IP 地址 STA 网关：10.23.101.1/24 AP 网关：10.23.100.1/24

续表

配置项	规划数据
AP 的 IP 地址池	10.23.100.4~10.23.100.254/24
STA 的 IP 地址池	10.23.101.2~10.23.101.254/24
AC 的源接口 IP 地址	VLANIF100
AC1 的管理 IP 地址	VLANIF100：10.23.100.2/24
AC2 的管理 IP 地址	VLANIF100：10.23.100.3/24
主用 AC	AC1 本机优先级：0
备用 AC	AC2 本机优先级：1
AP 组	名称：ap1 引用模板：VAP 模板 wlan-net、域管理模板 default
域管理模板	名称：default 国家码：CN
SSID 模板	名称：wlan-net SSID 名称：wlan-net
安全模板	名称：wlan-net 安全策略：WPA-WPA2+PSK+AES 密码：a1234567
VAP 模板	名称：wlan-net 转发模式：直接转发 业务 VLAN：VLAN101 引用模板：SSID 模板 wlan-net、安全模板 wlan-net

 注意 需要先后在主备 AC 上配置双链路备份功能。使能双链路备份时，需要重启所有 AP。双链路备份配置完成后，若任意主 AC 与 AP 间 CAPWAP 链路发生故障，备 AC 会替代此主 AC 管理 AP 并继续工作。

5.4.3 实施步骤

步骤 1 根据项目的拓扑结构，进行网络物理连接。

步骤 2 配置 Switch 和 AC，使 AP 和 AC 互通。

#在 Switch 上创建 VLAN100 和 VLAN101，其中 VLAN100 用于 WLAN 的管理 VLAN，VLAN101 用于 WLAN 的业务 VLAN。Switch 连接 AP 的接口 GE0/0/1 和 GE0/0/4 配置为 trunk 类型接口，且 PVID 都为 100，允许 VLAN100 和 VLAN101 的报文通过。将 Switch 的接口 GE0/0/2 和 GE0/0/3 配置为 trunk 类型，允许 VLAN100 的报文通过。

```
<HUAWEI> system-view
[HUAWEI] sysname Switch
[Switch] vlan batch 100 101
[Switch] interface gigabitethernet 0/0/1
[Switch-GigabitEthernet0/0/1] port link-type trunk
```

```
[Switch-GigabitEthernet0/0/1] port trunk pvid vlan 100
[Switch-GigabitEthernet0/0/1] port trunk allow-pass vlan 100 to 101
[Switch-GigabitEthernet0/0/1] port-isolate enable
[Switch-GigabitEthernet0/0/1] quit
[Switch] interface gigabitethernet 0/0/4
[Switch-GigabitEthernet0/0/4] port link-type trunk
[Switch-GigabitEthernet0/0/4] port trunk pvid vlan 100
[Switch-GigabitEthernet0/0/4] port trunk allow-pass vlan 100 101
[Switch-GigabitEthernet0/0/4] port-isolate enable
[Switch-GigabitEthernet0/0/4] quit
[Switch] interface gigabitethernet 0/0/2
[Switch-GigabitEthernet0/0/2] port link-type trunk
[Switch-GigabitEthernet0/0/2] port trunk allow-pass vlan 100
[Switch-GigabitEthernet0/0/2] quit
[Switch] interface gigabitethernet 0/0/3
[Switch-GigabitEthernet0/0/3] port link-type trunk
[Switch-GigabitEthernet0/0/3] port trunk allow-pass vlan 100
[Switch-GigabitEthernet0/0/3] quit
```
#配置 AC1 连接 Switch 的接口 GE0/0/1，使其加入 VLAN100。
```
<AC6605> system-view
[AC6605] sysname AC1
[AC1] vlan batch 100 101
[AC1] interface gigabitethernet 0/0/1
[AC1-GigabitEthernet0/0/1] port link-type trunk
[AC1-GigabitEthernet0/0/1] port trunk allow-pass vlan 100
[AC1-GigabitEthernet0/0/1] quit
```
#配置 AC2 连接 Switch 的接口 GE0/0/1，使其加入 VLAN100。
```
<AC6605>system-view
[AC6605] sysname AC2
[AC2] vlan batch 100 101
[AC2] interface gigabitethernet 0/0/1
[AC2-GigabitEthernet0/0/1] port link-type trunk
[AC2-GigabitEthernet0/0/1] port trunk allow-pass vlan 100
[AC2-GigabitEthernet0/0/1] quit
```
步骤 3　配置 Switch 的 DHCP 功能，为 AP 和 STA 分配 IP 地址。
#配置 VLANIF100 使用接口地址池，为 AP 分配 IP 地址。
```
[Switch] dhcp enable
[Switch] interface vlanif 100
[Switch-Vlanif100] ip address 10.23.100.1 255.255.255.0
[Switch-Vlanif100] dhcp select interface
[Switch-Vlanif100] dhcp server excluded-ip-address 10.23.100.2 10.23.100.3
```

```
[Switch-Vlanif100] quit
```

#配置 VLANIF101 使用接口地址池，为 STA 分配 IP 地址。

```
[Switch] interface vlanif 101
[Switch-Vlanif101] ip address 10.23.101.1 255.255.255.0
[Switch-Vlanif101] dhcp select interface
[Switch-Vlanif101] quit
```

步骤 4 配置 AP，在 AC1 上线。

#创建 AP 组，用于将相同配置的 AP 都加入同一 AP 组中。

```
[AC1] wlan
[AC1-wlan-view] ap-group name ap1
[AC1-wlan-ap-group-ap1] quit
```

#创建域管理模板，在域管理模板下配置 AC 的国家码并在 AP 组下引用域管理模板。

```
[AC1-wlan-view] regulatory-domain-profile name default
[AC1-wlan-regulate-domain-default] country-code CN
[AC1-wlan-regulate-domain-default] quit
[AC1-wlan-view] ap-group name ap1
[AC1-wlan-ap-group-ap1] regulatory-domain-profile default
Warning: Modifying the country code will clear channel, power and antenna gain
configurations of the radio and reset the AP. Continue?[Y/N]:y
[AC1-wlan-ap-group-ap1] quit
[AC1-wlan-view] quit
```

#配置 AC 的源接口。

```
[AC1] interface vlanif 100
[AC1-Vlanif100] ip address 10.23.100.2 255.255.255.0
[AC1-Vlanif100] quit
[AC1] capwap source interface vlanif 100
```

#在 AC 上离线导入 AP，并将 AP 加入 AP 组"ap1"中。

```
[AC1] wlan
[AC1-wlan-view] ap auth-mode mac-auth
[AC1-wlan-view] ap-id 0 ap-mac 00E0-FC42-5C80
[AC1-wlan-ap-0] ap-name area_1
[AC1-wlan-ap-0] ap-group ap1
Warning: This operation may cause AP reset. If the country code changes, it will
clear channel, power and antenna gain configurations of the radio, Whether to continue?
[Y/N]:y
[AC1-wlan-ap-0] quit
[AC1-wlan-view] ap-id 1 ap-mac 00E0-FC5A-5C06
[AC1-wlan-ap-1] ap-name area_2
[AC1-wlan-ap-1] ap-group ap1
Warning: This operation may cause AP reset. If the country code changes, it will
clear channel, power and antenna gain configurations of the radio, Whether to continue?
```

```
[Y/N]:y
    [AC1-wlan-ap-1] quit
```

#将 AP 上电后，当执行命令 display ap all，查看到 AP 的"State"字段为"nor"时，表示 AP 正常
上线。

```
    [AC1-wlan-view] display ap all
    Total AP information:
    nor :  normal    [2]
    ------------------------------------------------------------------------
    ID    MAC          Name    Group    IP             Type         State STA  Uptime
    ------------------------------------------------------------------------
    0  00E0-FC42-5C80  area_1  ap1   10.23.100.254  AP6010DN-AGN   nor    0    10S
    1  00E0-FC5A-5C06  area_2  ap1   10.23.100.254  AP6010DN-AGN   nor    0    10S
    ------------------------------------------------------------------------
    Total: 2
```

步骤 5　配置 AC1 的 WLAN 业务参数。

#创建名为"wlan-net"的安全模板，并配置安全策略。

```
    [AC1-wlan-view] security-profile name wlan-net
    [AC1-wlan-sec-prof-wlan-net] security wpa-wpa2 psk pass-phrase a1234567 aes
    [A1C-wlan-sec-prof-wlan-net] quit
```

#创建名为"wlan-net"的 SSID 模板，并配置 SSID 名称为"wlan-net"。

```
    [AC1-wlan-view] ssid-profile name wlan-net
    [AC1-wlan-ssid-prof-wlan-net] ssid wlan-net
    [AC1-wlan-ssid-prof-wlan-net] quit
```

#创建名为"wlan-net"的 VAP 模板，配置业务数据转发模式、业务 VLAN，并且引用安全模板和 SSID
模板。

```
    [AC1-wlan-view] vap-profile name wlan-net
    [AC1-wlan-vap-prof-wlan-net] forward-mode direct-forward
    [AC1-wlan-vap-prof-wlan-net] service-vlan vlan-id 101
    [AC1-wlan-vap-prof-wlan-net] security-profile wlan-net
    [AC1-wlan-vap-prof-wlan-net] ssid-profile wlan-net
    [AC1-wlan-vap-prof-wlan-net] quit
```

#配置 AP 组引用 VAP 模板，AP 上射频 0 和射频 1 都使用 VAP 模板"wlan-net"的配置。

```
    [AC1-wlan-view] ap-group name ap1
    [AC1-wlan-ap-group-ap1] vap-profile wlan-net wlan 1 radio 0
    [AC1-wlan-ap-group-ap1] vap-profile wlan-net wlan 1 radio 1
    [AC1-wlan-ap-group-ap1] quit
```

步骤 6　配置 AP 在 AC2 上的认证关联。

#除源接口地址不同外，其他配置参数和 AC1 保持一致。相同部分请参照 AC1 的配置。

#配置 AC2 的源接口。

```
    [AC2] interface vlanif 100
    [AC2-Vlanif100] ip address 10.23.100.3 255.255.255.0
```

```
[AC2-Vlanif100] quit

[AC2] capwap source interface vlanif 100
```

步骤 7 配置 AC2 的 WLAN 基本业务。

\# AC2 基本业务的配置与 AC1 的配置过程完全相同，请参照 AC1 的配置。

步骤 8 配置主 AC1 和备 AC2 双链路备份功能。

\#在 AC1 上，配置备 AC2 的 IP 地址、AC1 的优先级，用于双链路备份。全局使能双链路备份和回切功能，重启所有 AP 使双链路备份功能生效。

```
[AC1-wlan-view] ac protect protect-ac 10.23.100.3 priority 0

[AC1-wlan-view] undo ac protect restore disable

[AC1-wlan-view] ac protect enable

Warning: This operation maybe cause AP reset, continue?[Y/N]: y
```

\#在 AC2 上，配置主 AC1 的 IP 地址、AC2 的优先级，用于双链路备份。

```
[AC2-wlan-view] ac protect protect-ac 10.23.100.2 priority 1

[AC2-wlan-view] undo ac protect restore disable

[AC2-wlan-view] ac protect enable

Warning: This operation maybe cause AP reset, continue?[Y/N]: y
```

5.4.4 项目测试

按照以上实施步骤操作后，可以通过以下步骤进行结果测试。通过观察相关的设备现象或查看相关的参数，判断该项目是否成功。

\#在主备 AC 上分别执行命令 display ac protect，查看 2 台 AC 上的双链路信息和优先级。

```
[AC1-wlan-view] display ac protect

--------------------------------------------------------------

Protect state : enable

Protect AC : 10.23.100.3

Priority : 0

Protect restore : enable

...

--------------------------------------------------------------

[AC2-wlan-view] display ac protect

--------------------------------------------------------------

Protect state : enable

Protect AC : 10.23.100.2

Priority : 1

Protect restore : enable

...

--------------------------------------------------------------
```

\#当 AP 与 AC1 的链路中断后，AC2 切换为主 AC，保证业务的稳定。

思考与练习

一、填空题

1. 通过配置 WLAN（　　　），可以有效减少网络故障或服务中断对用户业务的影响，提高网络的服务质量。

2.（　　　）是指一个系统无故障运行的平均时间，通常以小时为单位。

3.（　　　）是指一个系统从故障发生到恢复所需的平均时间。

4.（　　　）可以在主 AC 或者主 AC 和 AP 之间的链路出现故障时，启用备 AC 继续控制无线用户的 WLAN 业务，保障用户的业务不中断或减少业务中断时间。

5. 双链路备份的组网形式主要有（　　　）双链路备份和（　　　）双链路备份。

6. 使能 CAPWAP（　　　）功能后，在直接转发模式下，当 CAPWAP 链路出现故障时，AP 能够继续转发数据报文，减小断链对用户造成的损失，提高用户业务的可靠性。

7. 使能（　　　）功能后，AP 在切换信道时不会中断用户的业务，保障用户业务的正常使用。

二、不定项选择题

1. 下面关于双链路备份组网，描述不正确的是（　　　）。

　　A. 双链路备份技术在网络重要节点提高了网络可靠性，保证了业务稳定

　　B. 备 AC 要一直处于上电状态

　　C. 在 AP 与主备 AC 建立主备链路的过程中，先建立的链路一定为主链路

　　D. 主备 AC 上的网络业务配置要保持一致

2. 双链路备份组网中，AP 会根据（　　　）区分主 AC 和备 AC。

　　A. 优先级　　　　　B. AC 的 IP 地址　　　C. AC 负载情况　　　D. AC 响应 AP 的先后时间

3. WLAN 可靠性主要包括（　　　）。

　　A. 双链路备份　　　　　　　　　　　　B. 信道切换业务不中断

　　C. 负载均衡　　　　　　　　　　　　　D. CAPWAP 断链业务保持

4. CAPWAP 断链业务保持功能仅在 WLAN 使用（　　　）安全策略时生效。

　　A. IEEE 802.1X 认证　B. 开放系统认证　　C. 共享密钥认证　　D. WPA/WPA2 PSK 认证

三、简答题

1. 简述双链路备份过程。

2. 简述双机热备份工作原理。

3. 简述双链路热备份和双链路冷备份的区别。

4. 分析下面的网络拓扑图（见图 5-20）及关于双链路备份的配置命令，回答问题。

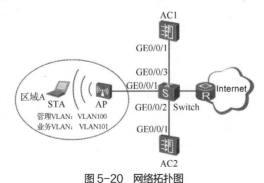

图 5-20　网络拓扑图

参考命令如下。

```
[AC1-wlan-view] ac protect protect-ac 10.23.100.3 priority 0
[AC1-wlan-view] undo ac protect restore disable
[AC1-wlan-view] ac protect enable
[AC2-wlan-view] ac protect protect-ac 10.23.100.2 priority 1
[AC2-wlan-view] undo ac protect restore disable
[AC2-wlan-view] ac protect enable
```

（1）根据配置判断 AC1 和 AC2 中哪个是主 AC？哪个是备 AC？通过什么判断的？

（2）AC1 的 IP 地址是多少？AC2 的 IP 地址是多少？

项目 6

校园无线网络漫游设计

知识目标

1. 理解 WLAN 漫游的基本概念。
2. 了解 WLAN 漫游的目的。
3. 掌握 WLAN 漫游类型。
4. 理解 WLAN 漫游的原理。
5. 理解二层漫游的原理。
6. 理解三层漫游的原理。

技能目标

1. 掌握根据场景选择漫游方式的方法。
2. 掌握 AC 内漫游配置的方法。
3. 掌握 AC 间漫游配置的方法。

素质目标

1. 具有社会参与的意识
2. 具有自主学习和自主管理的意识
3. 具有良好的沟通意识
4. 具有集体荣誉感

6.1 项目描述

1. 需求描述

在校园新建 WLAN 中，由于覆盖面积大且单个 AP 的信号覆盖范围有限，要想满足大范围的移动上网需求，且保证移动终端在移动过程中保持业务不中断，就需要通过漫游技术加以解决。在之前的规划设计中，整个校园无线网络分成了不同的功能区，同时为了便于管理，每个功能区域都单独布置了 1 台 AC。在漫游设计中，要充分考虑到无线终端会在功能区域内和功能区域间漫游的各种可能。

2. 项目方案

（1）各功能区域内

在教学楼、学生寝室、行政楼与体育场这 4 个功能区域内，由于每个功能区域都单独布置了 1 台 AC，因此各功能区域内的漫游只涉及 AC 内漫游。特别是在行政楼区域，为了提高网络效率和网络安全，为不同的职能部门分别创建了不同的业务 VLAN，因此办公人员可能会在不同的子网间进行漫游。综上考虑，建议在各功能区域内采用 AC 内三层漫游技术。

（2）各功能区域间

当无线终端在各功能区域间漫游时，由于漫游前后所属的 AC 不同，同时为了提高漫游前后业务转发的效率，建议采用 AC 间二层漫游技术。

6.2 相关知识

WLAN 的最大优势是 STA 不受物理介质的影响，可以在 WLAN 信号覆盖范围内自由移动。随着 WLAN 规模的增大，需要在同一个 ESS 内包含多个 AP，要求 STA 在不同 AP 间移动的过程中能够保持业务不中断，因此 AP 间的漫游技术由此产生。WLAN 漫游是指 STA 在不同 AP 覆盖范围之间移动且保持业务不中断的行为。

WLAN 漫游

6.2.1 漫游概述

漫游的决定权由 STA 掌握。决定 STA 是否漫游的规则由无线网卡制造商确定，通常包括信号强度、噪声水平和误码率等。STA 在通信时，会持续寻找其他的无线 AP，并与信号范围内的 AP 进行认证。需注意的是，STA 可以与多个 AP 认证，但只能和一个 AP 关联。当 STA 远离关联的 AP 时，会尝试连接到邻近的另一个 AP，即从当前的 BSS 漫游到新的 BSS。在 STA 漫游时，新老 AP 会通过分布式系统相互通信并为 STA 完成切换。大部分厂家有自己的切换方式，但这些切换方式都没有成为 802.11 标准的正式组成部分。在基于无线控制器的 WLAN 解决方案中，漫游的切换机制由无线控制器控制。

1. 漫游特点

WLAN 以自由空间为传输媒介，让用户彻底摆脱了线缆的桎梏。当 STA 从一个 AP 覆盖区域移动到另外一个 AP 覆盖区域时，利用漫游技术可以实现用户业务的平滑过渡。如图 6-1 所示，STA 先前关联在 AP1，当从 AP1 的覆盖范围漫游到 AP2 的覆盖范围后，将在 AP2 上重新关联，在此过程中其业务不会发生中断。

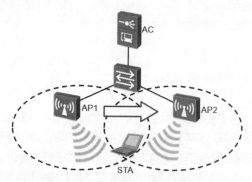

图 6-1 WLAN 漫游示意图

WLAN 漫游技术可使用户业务在移动过程中不会发生中断。当然，业务不中断是指宏观意义上的理解，即在用户侧无法感知业务的中断。实际上由于多种因素，漫游过程中会有少量丢包和延时。

此外，只有 STA 在同一个 ESS 的不同 AP 间移动才称为漫游。如果 STA 开始关联一个 SSID，后来关联到另外不同的 SSID，则不能称为漫游。此时 STA 需要重新关联、认证、获取 IP，且无法保证业务不中断。除了要求 SSID 相同外，WLAN 漫游发生的必要条件还包括 AP 安全策略相同和 AP 间有重叠覆盖区域。华为建议，信号覆盖重叠区域至少保持在 15%～25%。

保障用户移动过程中业务质量是 WLAN 漫游的关键，应尽量减少漫游过程中的丢包。WLAN 的漫游策略主要解决以下问题。

（1）避免漫游过程中的认证时间过长导致丢包甚至业务中断

802.1X 认证、Portal 认证等认证过程的报文交互次数和时间均大于 WLAN 连接过程，所以漫游需要避免重新认证授权和密钥协商的过程。

（2）保证用户授权信息不变

用户的认证和授权信息是用户访问网络的通行证。如果要求漫游后的业务不中断，必须确保用户在 AC 上的认证和授权信息不变。

（3）保证用户 IP 地址不变

应用层协议以 IP 地址和 TCP/UDP 会话为用户承载业务。漫游后的用户必须保持原 IP 地址不变，这样对应的 TCP/UDP 会话才能够不中断，应用层数据也能保持正常转发。

2. 基本概念

WLAN 漫游基本架构示意图如图 6-2 所示，WLAN 通过 AC_1 和 AC_2 两个 AC 对 AP 进行管理，其中 AP_1、AP_2 与 AC_1 进行关联，AP_3 与 AC_2 进行关联。STA 在 WLAN 中进行漫游，在漫游过程中会与不同的 AP 进行关联。在漫游过程中，各种设备会扮演不同的角色，可以通过不同的概念对它们的角色进行区分。

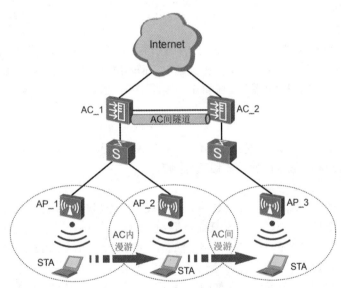

图 6-2　漫游基本架构

（1）HAC（Home AC）

STA 首次与某个 AC 进行关联，该 AC 即为它的 HAC。在图 6-2 中，AC_1 为 STA 的 HAC。

（2）HAP（Home AP）

STA 首次与某个 AP 进行关联，该 AP 即为它的 HAP。在图 6-2 中，AP_1 为 STA 的 HAP。

（3）FAC（Foreign AC）

STA 漫游后关联的 AC 即为它的 FAC。在图 6-2 中，AC_2 为 STA 的 FAC。

（4）FAP（Foreign AP）

STA 漫游后关联的 AP 即为它的 FAP。在图 6-2 中，AP_2、AP_3 为 STA 的 FAP。

（5）AC 内漫游

如果漫游过程中关联的是同一个 AC，这次漫游就是 AC 内漫游。在图 6-2 中，STA 从 AP_1 漫游到 AP_2 的过程即为 AC 内漫游。

（6）AC 间漫游

如果漫游过程中关联的不是同一个 AC，这次漫游就是 AC 间漫游。在图 6-2 中，STA 从 AP_2 漫游到 AP_3 的过程即为 AC 间漫游。

（7）漫游组

在 WLAN 中，通过人为规定对不同的 AC 进行分组，STA 在同一个组的 AC 间可以进行漫游，这个组就叫漫游组。在图 6-2 中，AC_1 和 AC_2 组成了一个漫游组。

（8）AC 间隧道

为了支持 AC 间漫游，漫游组内的所有 AC 需要同步每个 AC 管理的 STA 和 AP 的信息，因此在 AC 间需要建立一条隧道作为数据同步和报文转发的通道。AC 间隧道也是利用 CAPWAP 协议创建的。在图 6-2 中，AC_1 和 AC_2 间建立 AC 间隧道进行数据同步和报文转发。

（9）漫游组服务器

STA 在 AC 间进行漫游，选定一个 AC 作为漫游组服务器，在该 AC 上维护漫游组的成员表，并下发到漫游组内的各 AC，使漫游组内的各 AC 之间相互识别并建立 AC 间隧道。漫游组服务器既可以是漫游组外的 AC，也可以是漫游组内选择的一个 AC。一个 AC 可以同时作为多个漫游组的漫游组服务器，但是自身只能加入一个漫游组。

（10）家乡代理

家乡代理是指能够和 STA 家乡网络的网关实现二层互通的一台设备。为了支持 STA 漫游后仍能正常访问家乡网络，需要将 STA 的业务报文通过隧道转发到家乡代理，再由家乡代理中转。STA 的家乡代理一般由 HAC 或 HAP 兼任。在图 6-2 中，用户可以选取 AC_1 或 AP_1 作为 STA 的家乡代理。

3. 漫游类型

根据 STA 是否在同一个 AC 内漫游，漫游可以分为 AC 内漫游和 AC 间漫游。根据 STA 是否在同一个子网内漫游，漫游可以分为二层漫游和三层漫游。

（1）AC 内漫游和 AC 间漫游

如果 STA 在漫游过程中，HAC 和 FAC 是同一个 AC，那么该漫游就是 AC 内漫游。如果漫游过程中，HAC 和 FAC 不是同一个 AC，那么该漫游就是 AC 间漫游，即 STA 漫游前后所关联的 AP 分别属于不同的 AC 管理。AC 内漫游可看作是一种特殊的 AC 间漫游，即 HAC 和 FAC 重合。

AC 间漫游的前提是 AC_1 和 AC_2 分配到同一个漫游组内。只有同一个漫游组内的 AC 间才能进行 AC 间漫游，同时通过 AC 间隧道进行数据同步和报文转发。漫游组内的 AC_1 和 AC_2 需要知道彼此的相关信息，并选出漫游组内的主控制器（Master Controller，MC）。MC 对漫游组成员进行统一管理，并将成员信息下发给漫游组内的其他成员。

当 WLAN 规模不大时，所有 AP 可以归属于同一个 AC 管理。此时，用户在 AP 间漫游时，被称为 AC 内漫游。所有 STA 的状态信息归属同一个 AC 管理，不需要 AC 间的同步，实现简单。在一些大型 WLAN 中，由于需要部署的 AP 数量比较多，往往需要多台 AC 共同管理这些 AP。不同 AC 间需要预先同步或实时查询漫游 STA 的状态信息，才可以实现 AC 间的平滑漫游，保证 STA 漫游前后流量的正常转发，最终实现更大范围的无线覆盖和漫游客户需求。

（2）二层漫游和三层漫游

二层漫游是指 STA 在同一个子网中漫游。如图 6-3 所示，STA 漫游前后所关联的 HAP 和 FAP 都在 VLAN10 中。

三层漫游是指 STA 在不同子网间漫游。如图 6-4 所示，STA 漫游前所关联的 HAP 业务为 VLAN 10。假设对应网段为 100.10.1.X，漫游后关联的 FAP 不是 VLAN10，其业务为 VLAN20，则对应网段为

100.20.1.X。在三层漫游前后，虽然 STA 所处的 VLAN 不同，但是为了保证漫游过程中用户业务不发生中断，必须保持业务 VLAN 不变。漫游后，AC 仍然把 STA 看作是从原始子网（VLAN10）发送过来的，其 IP 地址保持不变，其数据报文的 VLAN 仍然保持为 VLAN10。

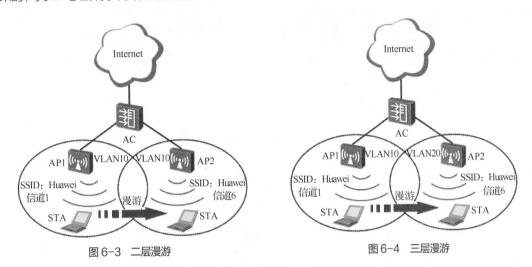

图 6-3　二层漫游　　　　　　　　　　图 6-4　三层漫游

由于二层漫游和三层漫游在转发行为上有很大差别，所以应该正确区分二层漫游和三层漫游。如果 HAP 和 FAP 配置的业务 VLAN 相同，可以判定 HAP 和 FAP 属于同一个子网，那么 STA 在两个 AP 间漫游属于二层漫游；否则，HAP 和 FAP 分属不同的子网，那么 STA 在两个 AP 间漫游属于三层漫游。

6.2.2　漫游原理

在漫游过程中，二层漫游和三层漫游的业务数据的转发行为是有明显差异的。下面对漫游的切换过程和原理做深入介绍。

1. 漫游切换过程

STA 设备在同一 AC 内漫游时，需要经过切换检测、切换触发和切换操作等步骤。

（1）切换检测

当 STA 检测到设备要发生快速切换时，将向各信道发送切换请求，如图 6-5 所示。STA 监听各信道 Beacon，发现新 AP 满足漫游条件，向新 AP 发 Probe 请求；新 AP 在其信道收到请求后，通过在信道中发送应答来进行响应；STA 收到应答后，对其进行评估，确定是同哪个 AP 关联最合适。

（2）切换触发

STA 达到漫游阈值就会触发切换，如图 6-6 所示。对于触发条件，不同的 STA 会有不同的方式。

① 当前 AP 和邻居 AP 信号强度的比值达到阈值就启动切换。

② 业务达到阈值就启动切换，例如丢包率。此种切换触发方式比较慢，效果较差。

（3）切换操作

关联新 AP，解除与老 AP 的关联，如图 6-7 所示。不同的 STA 会有不同的操作方式。一般情况下，STA 在发送切换请求后，先关联新 AP，然后解除与原 AP 的关联。但有的 STA 会先解除与原 AP 的关联，再关联新 AP。

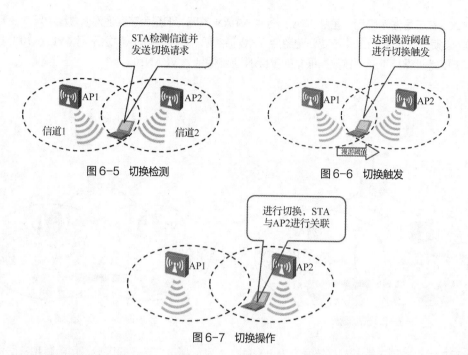

图 6-5　切换检测　　　　图 6-6　切换触发

图 6-7　切换操作

2. 二层漫游原理

在二层漫游中，多个 AP 连接在同一个 VLAN 内。STA 在不同的 AP 间切换时，始终保持在一个 VLAN 子网内。以图 6-8 为例，首先 AC 与 AP1 建立关联信息，在用户 STA 从 AP1 的覆盖范围切换到 AP2 的覆盖范围的过程中，将按照以下步骤实现二层漫游的切换功能。

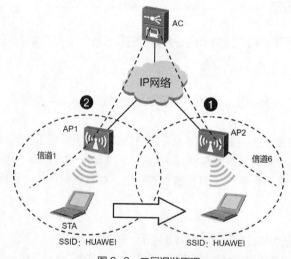

图 6-8　二层漫游原理

① STA 监听各信道 Beacon，同时在各个信道中发送 802.11 请求帧，发现 AP2 满足漫游条件后，向 AP2 发 Probe 请求；AP2 在信道 6（AP2 使用的信道）中收到请求后，通过信道 6 发送应答来进行响应。

② STA 收到应答后，对其进行评估，确定更适合关联的 AP 为 AP2。

③ STA 通过信道 6 向 AP2 发送关联请求；AP2 使用关联响应做出应答，与用户建立关联。

④ STA 通过信道 1（AP1 使用的信道）向 AP1 发送 802.11 解除关联信息，解除与 AP1 之间的关联。

此时，STA 实现了从 AP1 到 AP2 的快速二层漫游。

3. 三层漫游原理

用户在不同 VLAN 间漫游时，用户 VLAN 应保持不变，从而保证用户业务不发生中断。同时，三层漫游还要求不同 VLAN 的 AP 广播出来的 SSID 必须是一样的。以图 6-9 为例，三层漫游的切换过程如下。

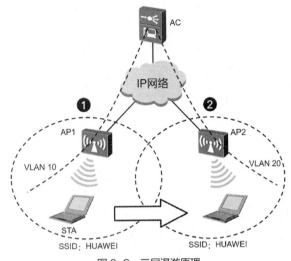

图 6-9 三层漫游原理

① STA 通过 AP1（属于 VLAN10）申请同 AC 发生关联；AC 判断该 STA 为首次接入用户，为其创建并保存相关的用户数据信息，以备将来漫游时使用。

② 当 STA 从 AP1 覆盖区域向 AP2（属于 VLAN20）覆盖区域移动时，通过 AP2 重新与 AC 进行关联；AC 通过用户数据信息判断该 STA 为漫游用户，更新其数据库信息。

③ STA 断开与 AP1 的关联。尽管 STA 在漫游前后不在同一个子网中，AC 仍然把 STA 看作与在原始子网（VLAN10）的 STA 一样，允许 STA 保持原有 IP 并支持已建立的 IP 通信。

此时，STA 实现了从 AP1 到 AP2 的快速三层漫游。

6.2.3 漫游数据转发过程

二层漫游和三层漫游的数据转发过程有较大差异，下面将做具体介绍。

1. 二层漫游

由于二层漫游前后，STA 始终在原来的子网中，所以 FAP/FAC 对用户数据的转发方式同新上线用户没有区别。数据直接在 FAP/FAC 的本地网络转发，不需要通过 AC 间隧道回到 HAP 中转，如图 6-10 所示。

（1）漫游前

① STA 发送业务报文给 HAP。

② HAP 接收到 STA 发送的业务报文并发送给 HAC。

③ HAC 直接将业务报文发送给上层网络。

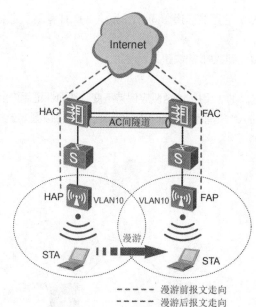

图 6-10　AC 间二层漫游数据转发

（2）漫游后

① STA 发送业务报文给 FAP。

② FAP 接收到 STA 发送的业务报文并发送给 FAC。

③ FAC 直接将业务报文发送给上层网络。

2. 三层漫游

在三层漫游时，用户漫游前后不在同一个子网中。为了保证用户漫游后仍能正常访问漫游前的网络，用户数据需要通过 AC 间隧道转发到原来的子网进行中转。在本地转发模式和集中转发模式中，三层漫游的数据转发过程有所不同。

（1）本地转发模式

在本地转发模式下，由于 HAP 和 HAC 之间的业务报文不需要通过 CAPWAP 隧道封装，无法判定 HAP 和 HAC 是否在同一个子网内，此时设备默认报文需要返回到 HAP 进行中转。如果 HAP 和 HAC 在同一个子网内，可以将家乡代理设置为性能更强的 HAC，减少 HAP 的负荷并提高转发效率。三层漫游本地转发模式的数据报文转发过程如图 6-11 所示。

① 漫游前

- STA 发送业务报文给 HAP。
- HAP 接收到 STA 发送的业务报文后直接发送给上层网络。

② 漫游后

- STA 发送业务报文给 FAP。
- FAP 接收到 STA 发送的业务报文并通过 CAPWAP 隧道发送给 FAC。
- FAC 通过 HAC 和 FAC 之间的 AC 间隧道将业务报文转发给 HAC。
- HAC 通过 CAPWAP 隧道将业务报文发送给 HAP。
- HAP 直接将业务报文发送给上层网络。

③ 设置 AC 为家乡代理

- STA 发送业务报文给 FAP。

- FAP 接收到 STA 发送的业务报文并通过 CAPWAP 隧道发送给 FAC。
- FAC 通过 HAC 和 FAC 之间的 AC 间隧道将业务报文转发给 HAC。
- HAC 直接将业务报文发送给上层网络。

（2）集中转发模式

在集中转发模式下，HAP 和 HAC 之间的业务报文需要通过 CAPWAP 隧道封装，此时可以将 HAP 和 HAC 看作是在同一个子网内。业务报文不需要返回到 HAP，可直接通过 HAC 中转到上层网络。三层漫游集中转发模式的数据报文转发过程如图 6-12 所示。

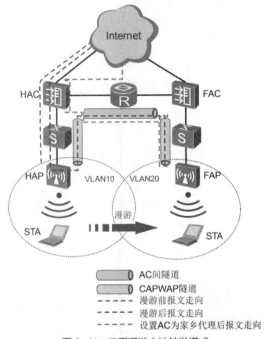

图 6-11　三层漫游本地转发模式

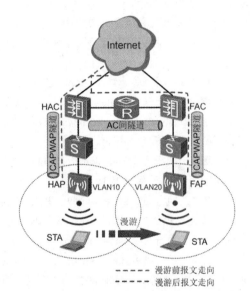

图 6-12　三层漫游集中转发模式

① 漫游前
- STA 发送业务报文给 HAP。
- HAP 接收到 STA 发送的业务报文并发送给 HAC。
- HAC 直接将业务报文发送给上层网络。

② 漫游后
- STA 发送业务报文给 FAP。
- FAP 接收到 STA 发送的业务报文并发送给 FAC。
- FAC 通过 HAC 和 FAC 之间的 AC 间隧道将业务报文转发给 HAC。
- HAC 直接将业务报文发送给上层网络。

6.2.4　漫游配置流程

通过配置 WLAN 漫游，用户可以在不同的 AP 覆盖范围之间进行移动，并且保持用户业务不发生中断。

1. AC 内漫游

对于小型 WLAN，一个 AC 就可以满足 WLAN 的覆盖需求。当用户在同一个 AC 内进行漫游时，网络业务不中断。

（1）前置任务

配置 WLAN 基本业务并且参与漫游的各个 AP 需要满足以下要求。

① 关联在同一 AC 上。

② 配置相同的安全策略。

③ 配置相同的 SSID。

④ 如果 AC 上配置了 NAC 业务，需要保证下发给各个 AP 的认证策略和授权策略相同。

（2）配置流程

在前置任务完成后，不需要再进行额外的配置，AC 即可支持 AC 内漫游功能。此时用户可以在关联于同一个 AC 的 AP 间进行漫游。

（3）（可选）配置禁止三层漫游

如果用户不希望设备支持三层漫游，通过配置禁止三层漫游功能，可使不同子网间不再发生漫游。

步骤 1　执行命令 system-view，进入系统视图。

步骤 2　执行命令 wlan，进入 WLAN 视图。

步骤 3　执行命令 vap-profile name *profile-name*，创建 VAP 模板并进入 VAP 模板视图。默认情况下，系统 VAP 模板为 default。

步骤 4　执行命令 layer3-roam disable，配置禁止三层漫游。默认情况下，设备允许三层漫游。

（4）（可选）配置 802.11r 漫游

步骤 1　执行命令 system-view，进入系统视图。

步骤 2　执行命令 wlan，进入 WLAN 视图。

步骤 3　执行命令 ssid-profile name *profile-name*，进入 SSID 模板视图。

步骤 4　执行命令 dot11r enable [reassociate-timeout *time*]，使能 802.11r 功能。默认情况下，设备未使能 802.11r 功能。当使能 802.11r 功能后，重关联超时时间默认为 1 秒。

步骤 5　执行命令 quit，返回 WLAN 视图。

步骤 6　执行命令 vap-profile name *profile-name*，进入 VAP 模板视图。

步骤 7　执行命令 ssid-profile *profile-name*，在 VAP 模板中引用 SSID 模板。默认情况下，VAP 模板下引用名为 default 的 SSID 模板。

（5）检查配置结果

执行命令 display ssid-profile { all | name *profile-name* }，查看 SSID 模板中 802.11r 功能相关的信息。

2. AC 间漫游

对于大中型 WLAN，需要部署多个 AC 才能满足 WLAN 的覆盖需求。当用户在不同 AC 间进行漫游时，网络业务不中断。

（1）前置任务

配置 WLAN 基本业务并且参与漫游的各个 AP 需要满足以下要求。

① 关联在不同的 AC 上。

② 配置相同的安全策略。

③ 配置相同的 SSID。

④ 如果 AC 上配置了 NAC 业务，需要保证参与漫游的各个 AC 上配置了相同的认证策略和授权策略，同时下发给各个 AP 的认证策略和授权策略也是相同的。

（2）配置漫游组

在 WLAN 中，并不是任意两个 AC 间都可以实现漫游，STA 只能在同一个漫游组内的 AC 间实现漫游。配置漫游组有指定漫游组服务器和未指定漫游组服务器两种方法。在指定漫游组服务器方法中，配置过程需要配置漫游组服务器和配置漫游组两个步骤；在未指定漫游组服务器方法中，配置过程仅需要配置漫游组步骤。

① 配置漫游组服务器

如果当前 AC 配置了指定漫游组服务器，则不能创建漫游组。

步骤 1 执行命令 system-view，进入系统视图。

步骤 2 执行命令 wlan，进入 WLAN 视图。

步骤 3 执行命令 mobility-server { ip-address *ipv4-address* | ipv6-address *ipv6-address* }，指定 AC 为漫游组服务器。默认情况下，设备未指定漫游组服务器。此处添加的 AC 地址为源 IP 地址。

② 配置漫游组

如果指定了漫游组服务器，则需要在漫游组服务器上配置漫游组。如果没有指定漫游组服务器，则各成员 AC 均需配置漫游组。

步骤 1 执行命令 system-view，进入系统视图。

步骤 2 执行命令 wlan，进入 WLAN 视图。

步骤 3 执行命令 mobility-group name *group-name*，进入漫游组的配置视图。

步骤 4 执行命令 member { ip-address *ipv4-address* | ipv6-address *ipv6-address* } [description *description*]，向漫游组中添加成员。默认情况下，系统没有向漫游组中添加成员。此处添加的 AC 地址为源 IP 地址。

（3）检查配置结果

步骤 1 在漫游组成员 AC 上执行命令 display mobility-server，查看漫游组服务器的相关配置。

步骤 2 执行命令 display mobility-group name *group-name*，查看指定漫游组的配置信息。

6.3 项目实施 1 基于 AC 内三层漫游的无线网络搭建

6.3.1 实施条件

为了能够在实训环境中模拟本项目，实训环境所需设备和器材如下。

① 华为 AC6605 设备 1 台。

② 华为 AP4050DN 设备 2 台。

③ 华为 S3700 设备 1 台。

④ 华为 R2240 设备 1 台。

⑤ 华为 S5700 设备 1 台。

⑥ 无线终端设备 1 台。

⑦ 管理主机 1 台。

⑧ 配置电缆 1 根。

⑨ 电源插座 7 个。

⑩ 吉比特以太网网线 5 根。

WLAN 在同一个 AC 下的漫游

6.3.2 数据规划

本项目的拓扑如图 6-13 所示。

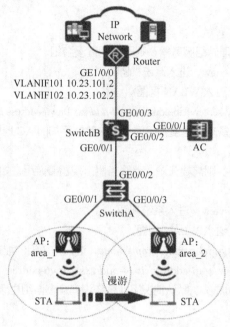

管理VLAN：VLAN10、VLAN100
业务VLAN：VLAN101、VLAN102

图 6-13　AC 内三层漫游组网

为了实现 AC 对 AP 的配置管理和 STA 业务的正常转发，AC 作为 DHCP 服务器为 AP 分配 IP 地址；汇聚交换机 SwitchB 作为 DHCP 服务器为 STA 分配 IP 地址。具体数据规划如表 6-1 所示。

表 6-1　AC 内三层漫游项目数据规划

配置项	规划数据
管理 VLAN	VLAN10、VLAN100
STA 业务 VLAN	area_1：VLAN101 area_2：VLAN102
DHCP 服务器	AC 作为 DHCP 服务器为 AP 分配 IP 地址 汇聚交换机作为 STA 的 DHCP 服务器，STA 的默认网关为 10.23.101.2/24 和 10.23.102.2/24
AP 的 IP 地址池	10.23.10.2～10.23.10.254/24
STA 的 IP 地址池	area_1：10.23.101.3～10.23.101.254/24 area_2：10.23.102.3～10.23.102.254/24
AC 的源接口 IP 地址	VLANIF100：10.23.100.1/24
AP 组	名称：ap1 引用模板：VAP 模板 wlan-net、域管理模板 default 名称：ap2 引用模板：VAP 模板 wlan-net、域管理模板 default

配置项	规划数据
域管理模板	名称: default 国家码: CN
SSID 模板	名称: wlan-net SSID 名称: wlan-net
安全模板	名称: wlan-net 安全策略: WPA-WPA2+PSK+AES 密码: a1234567
VAP 模板	名称: wlan-net1 转发模式: 直接转发 业务 VLAN: VLAN101 引用模板: SSID 模板 wlan-net、安全模板 wlan-net 名称: wlan-net2 转发模式: 直接转发 业务 VLAN: VLAN102 引用模板: SSID 模板 wlan-net、安全模板 wlan-net

6.3.3 实施步骤

步骤 1 根据项目的拓扑结构,进行网络物理连接。

步骤 2 配置周边设备。

#配置接入交换机 SwitchA 的接口 GE0/0/1,使其加入 VLAN10 和 VLAN101,接口 GE0/0/2 加入 VLAN10、VLAN101 和 VLAN102,接口 GE0/0/3 加入 VLAN10 和 VLAN102,接口 GE0/0/1 和 GE0/0/3 的默认 VLAN 为 VLAN10。

```
<Huawei>system-view
[Huawei] sysname SwitchA
[SwitchA] vlan batch 10 101 102
[SwitchA] interface gigabitethernet 0/0/1
[SwitchA-GigabitEthernet0/0/1] port link-type trunk
[SwitchA-GigabitEthernet0/0/1] port trunk pvid vlan 10
[SwitchA-GigabitEthernet0/0/1] port trunk allow-pass vlan 10 101
[SwitchA-GigabitEthernet0/0/1] port-isolate enable
[SwitchA-GigabitEthernet0/0/1] quit
[SwitchA] interface gigabitethernet 0/0/2
[SwitchA-GigabitEthernet0/0/2] port link-type trunk
[SwitchA-GigabitEthernet0/0/2] port trunk allow-pass vlan 10 101 102
[SwitchA-GigabitEthernet0/0/2] quit
[SwitchA] interface gigabitethernet 0/0/3
[SwitchA-GigabitEthernet0/0/3] port link-type trunk
[SwitchA-GigabitEthernet0/0/3] port trunk pvid vlan 10
[SwitchA-GigabitEthernet0/0/3] port trunk allow-pass vlan 10 102
[SwitchA-GigabitEthernet0/0/3] port-isolate enable
```

```
[SwitchA-GigabitEthernet0/0/3] quit
```

#配置汇聚交换机 SwitchB 的接口 GE0/0/1，使其加入 VLAN10、VLAN101 和 VLAN102，接口 GE0/0/2
加入 VLAN100，接口 GE0/0/3 加入 VLAN101 和 VLAN102，并创建接口 VLANIF100，地址为 10.23.100.2/24。

```
<Huawei>system-view
[Huawei] sysname SwitchB
[SwitchB] vlan batch 10 100 101 102
[SwitchB] interface gigabitethernet 0/0/1
[SwitchB-GigabitEthernet0/0/1] port link-type trunk
[SwitchB-GigabitEthernet0/0/1] port trunk allow-pass vlan 10 101 102
[SwitchB-GigabitEthernet0/0/1] quit
[SwitchB] interface gigabitethernet 0/0/2
[SwitchB-GigabitEthernet0/0/2] port link-type trunk
[SwitchB-GigabitEthernet0/0/2] port trunk allow-pass vlan 100
[SwitchB-GigabitEthernet0/0/2] quit
[SwitchB] interface gigabitethernet 0/0/3
[SwitchB-GigabitEthernet0/0/3] port link-type trunk
[SwitchB-GigabitEthernet0/0/3] port trunk allow-pass vlan 101 102
[SwitchB-GigabitEthernet0/0/3] quit
[SwitchB] interface vlanif 100
[SwitchB-Vlanif100] ip address 10.23.100.2 24
[SwitchB-Vlanif100] quit
```

#配置 Router 的接口 GE1/0/0，使其加入 VLAN101 和 VLAN102，创建接口 VLANIF101 并配置 IP 地址为
10.23.101.2/24，创建接口 VLANIF102 并配置 IP 地址为 10.23.102.2/24。

```
<Huawei>system-view
[Huawei] sysname Router
[Router] vlan batch 101 102
[Router] interface gigabitethernet 1/0/0
[Router-GigabitEthernet1/0/0] port link-type trunk
[Router-GigabitEthernet1/0/0] port trunk allow-pass vlan 101 102
[Router-GigabitEthernet1/0/0] quit
[Router] interface vlanif 101
[Router-Vlanif101] ip address 10.23.101.2 24
[Router-Vlanif101] quit
[Router] interface vlanif 102
[Router-Vlanif102] ip address 10.23.102.2 24
[Router-Vlanif102] quit
```

步骤 3 配置 AC，使其与其他网络设备互通。

#配置 AC 的接口 GE0/0/1，使其加入 VLAN100。

```
<AC6605> system-view
[AC6605] sysname AC
[AC] vlan batch 100
```

```
[AC] interface gigabitethernet 0/0/1
[AC-GigabitEthernet0/0/1] port link-type trunk
[AC-GigabitEthernet0/0/1] port trunk allow-pass vlan 100
[AC-GigabitEthernet0/0/1] quit
[AC] interface vlanif 100
[AC-Vlanif100] ip address 10.23.100.1 24
[AC-Vlanif100] quit
#配置 AC 到 AP 的路由，下一跳为 SwitchB 的 VLANIF100。
[AC] ip route-static 10.23.10.0 24 10.23.100.2
```

步骤 4　配置 DHCP 服务器，为 STA 和 AP 分配 IP 地址。

```
#在 SwitchB 上配置 DHCP 中继，为代理 AC 分配 IP 地址。
[SwitchB] dhcp enable
[SwitchB] interface vlanif 10
[SwitchB-Vlanif10] ip address 10.23.10.1 24
[SwitchB-Vlanif10] dhcp select relay
[SwitchB-Vlanif10] dhcp relay server-ip 10.23.100.1
[SwitchB-Vlanif10] quit
#在 SwitchB 上创建 VLANIF101 和 VLANIF102 接口，为 STA 提供地址，并指定默认网关。
[SwitchB] interface vlanif 101
[SwitchB-Vlanif101] ip address 10.23.101.1 24
[SwitchB-Vlanif101] dhcp select interface
[SwitchB-Vlanif101] dhcp server gateway-list 10.23.101.2
[SwitchB-Vlanif101] quit
[SwitchB] interface vlanif 102
[SwitchB-Vlanif102] ip address 10.23.102.1 24
[SwitchB-Vlanif102] dhcp select interface
[SwitchB-Vlanif102] dhcp server gateway-list 10.23.102.2
[SwitchB-Vlanif102] quit
#在 AC 上创建全局地址池，为 AP 提供地址。
[AC] dhcp enable
[AC] ip pool huawei
[AC-ip-pool-huawei] network 10.23.10.0 mask 24
[AC-ip-pool-huawei] gateway-list 10.23.10.1
[AC-ip-pool-huawei] option 43 sub-option 3 ascii 10.23.100.1
[AC-ip-pool-huawei] quit
[AC] interface vlanif 100
[AC-Vlanif100] dhcp select global
[AC-Vlanif100] quit
```

步骤 5　配置 AP 上线。

```
#创建 AP 组，用于将相同配置的 AP 都加入同一 AP 组中。
[AC] wlan
```

```
[AC-wlan-view] ap-group name ap1

[AC-wlan-ap-group-ap1] quit

[AC-wlan-view] ap-group name ap2

[AC-wlan-ap-group-ap2] quit
```

#创建域管理模板，在域管理模板下配置 AC 的国家码并在 AP 组下引用域管理模板。

```
[AC-wlan-view] regulatory-domain-profile name default

[AC-wlan-regulate-domain-default] country-code CN

[AC-wlan-regulate-domain-default] quit

[AC-wlan-view] ap-group name ap1

[AC-wlan-ap-group-ap1] regulatory-domain-profile default
```

Warning: Modifying the country code will clear channel, power and antenna gain configurations of the radio and reset the AP. Continue?[Y/N]:y

```
[AC-wlan-ap-group-ap1] quit

[AC-wlan-view] ap-group name ap2

[AC-wlan-ap-group-ap2] regulatory-domain-profile default
```

Warning: Modifying the country code will clear channel, power and antenna gain configurations of the radio and reset the AP. Continue?[Y/N]:y

```
[AC-wlan-ap-group-ap2] quit

[AC-wlan-view] quit
```

#配置 AC 的源接口。

```
[AC] capwap source interface vlanif 100
```

#在 AC 上离线导入 AP，并将 AP 加入 AP 组 "ap1" 中。

```
[AC] wlan

[AC-wlan-view] ap auth-mode mac-auth

[AC-wlan-view] ap-id 0 ap-mac 00E0-FC42-5C80

[AC-wlan-ap-0] ap-name area_1

[AC-wlan-ap-0] ap-group ap1
```

Warning: This operation may cause AP reset. If the country code changes, it will clear channel, power and antenna gain configurations of the radio, Whether to continue? [Y/N]:y

```
[AC-wlan-ap-0] quit

[AC-wlan-view] ap-id 1 ap-mac 00E0-FC5A-62E0

[AC-wlan-ap-1] ap-name area_2

[AC-wlan-ap-1] ap-group ap2
```

Warning: This operation may cause AP reset. If the country code changes, it will clear channel, power and antenna gain configurations of the radio, Whether to continue? [Y/N]:y

```
[AC-wlan-ap-1] quit
```

#将 AP 上电后，当执行命令 display ap all，查看到 AP 的 "State" 字段为 "nor" 时，表示 AP 正常上线。

```
[AC-wlan-view] display ap all
```

```
Total AP information:
nor : normal    [2]
--------------------------------------------------------------------------------
ID    MAC          Name    Group   IP              Type          State  STA  Uptime
--------------------------------------------------------------------------------
0  00E0-FC42-5C80  area_1  ap1   10.23.10.254  AP6010DN-AGN   nor     0    10S
1  00E0-FC5A-62E0  area_2  ap2   10.23.10.253  AP6010DN-AGN   nor     0    10S
--------------------------------------------------------------------------------
Total: 2
```

步骤 6 配置 WLAN 业务参数。

#创建名为"wlan-net"的安全模板,并配置安全策略。

[AC-wlan-view] security-profile name wlan-net

[AC-wlan-sec-prof-wlan-net] security security wpa-wpa2 psk pass-phrase a1234567 aes

[AC-wlan-sec-prof-wlan-net] quit

#创建名为"wlan-net"的 SSID 模板,并配置 SSID 名称为"wlan-net"。

[AC-wlan-view] ssid-profile name wlan-net

[AC-wlan-ssid-prof-wlan-net] ssid wlan-net

[AC-wlan-ssid-prof-wlan-net] quit

#创建名为"wlan-net1"和"wlan-net2"的 VAP 模板,配置业务数据转发模式、业务 VLAN,并且引用安全模板和 SSID 模板。

[AC-wlan-view] vap-profile name wlan-net1

[AC-wlan-vap-prof-wlan-net1] forward-mode direct-forward

[AC-wlan-vap-prof-wlan-net1] service-vlan vlan-id 101

[AC-wlan-vap-prof-wlan-net1] security-profile wlan-net

[AC-wlan-vap-prof-wlan-net1] ssid-profile wlan-net

[AC-wlan-vap-prof-wlan-net1] quit

[AC-wlan-view] vap-profile name wlan-net2

[AC-wlan-vap-prof-wlan-net2] forward-mode direct-forward

[AC-wlan-vap-prof-wlan-net2] service-vlan vlan-id 102

[AC-wlan-vap-prof-wlan-net2] security-profile wlan-net

[AC-wlan-vap-prof-wlan-net2] ssid-profile wlan-net

[AC-wlan-vap-prof-wlan-net2] quit

[AC-wlan-view]

#配置 AP 组,引用 VAP 模板。area_1 上射频 0 和射频 1 都使用 VAP 模板"wlan-net1"的配置,area_2 上射频 0 和射频 1 都使用 VAP 模板"wlan-net2"的配置。

[AC-wlan-view] ap-group name ap1

[AC-wlan-ap-group-ap1] vap-profile wlan-net1 wlan 1 radio 0

[AC-wlan-ap-group-ap1] vap-profile wlan-net1 wlan 1 radio 1

[AC-wlan-ap-group-ap1] quit

[AC-wlan-view] ap-group name ap2

[AC-wlan-ap-group-ap2] vap-profile wlan-net2 wlan 1 radio 0

```
[AC-wlan-ap-group-ap2] vap-profile wlan-net2 wlan 1 radio 1
[AC-wlan-ap-group-ap2] quit
```

6.3.4 项目测试

按照以上实施步骤操作后，可以通过以下步骤进行结果测试。通过观察相关的设备现象或查看相关的参数，判断该项目是否成功。

#在 AC 上执行命令 display station roam-track sta-mac e019-1dc7-1e08，可以查看该 STA 的漫游轨迹。

```
[AC-wlan-view] display station roam-track sta-mac e019-1dc7-1e08
Access SSID:wlan-net
Rx/Tx:link receive rate/link transmit rate(Mbps)
z:Zero Roam c:PMK Cache Roam r:802.11r Roam
-------------------------------------------------------------------------
L2/L3          AC IP          AP name        Radio ID
BSSID          TIME          In/Out RSSI     Out Rx/Tx
-------------------------------------------------------------------------
10.23.100.1        area_1           1
60DE-4476-E370  2019/03/12 16:52:58     -51/-48      46/13
L3              10.23.100.1            area_2       1
60DE-4474-9650  2019/03/12 16:55:45     -58/-       -/-
-------------------------------------------------------------------------
Number: 1
```

6.4 项目实施 2 基于 AC 间二层漫游的无线网络搭建

6.4.1 实施条件

为了能够在实训环境中模拟本项目，实训环境所需设备和器材如下。

① 华为 AC6605 设备 2 台。
② 华为 AP4050DN 设备 2 台。
③ 华为 S3700 设备 2 台。
④ 无线终端设备 1 台。
⑤ 管理主机 1 台。
⑥ 配置电缆 1 根。
⑦ 电源插座 7 个。
⑧ 吉比特以太网网线 6 根。

6.4.2 数据规划

本项目的拓扑如图 6-14 所示。

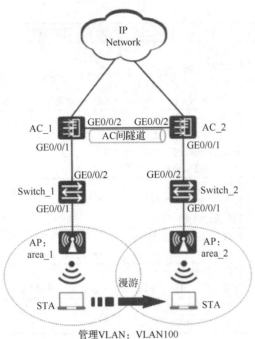

管理VLAN：VLAN100
业务VLAN：VLAN101

图6-14　AC 间二层漫游组网

　　为了实现 AC 对 AP 的配置管理和 STA 业务的正常转发，AC_1 作为 DHCP 服务器为 AP 和 STA 分配 IP 地址。具体数据规划如表 6-2 所示。

表 6-2　AC 间二层漫游项目数据规划

配置项	规划数据
管理 VLAN	VLAN100
STA 业务 VLAN	VLAN101
DHCP 服务器	AC_1 作为 DHCP 服务器为 AP 和 STA 分配 IP 地址
AP 的 IP 地址池	10.23.100.3～10.23.100.254/24
STA 的 IP 地址池	10.23.101.3～10.23.101.254/24
AC 的源接口 IP 地址	VLANIF100 AC_1：10.23.100.1/24 AC_2：10.23.100.2/24
AP 组	名称：ap1 引用模板：VAP 模板 wlan-net、域管理模板 default、2G 射频模板 wlan-radio2g、5G 射频模板 wlan-radio5g
域管理模板	名称：default 国家码：CN 调优信道集合：配置 2.4GHz 和 5GHz 调优带宽和调优信道
SSID 模板	名称：wlan-net SSID 名称：wlan-net
安全模板	名称：wlan-net 安全策略：WPA-WPA2+PSK+AES 密码：a1234567

续表

配置项	规划数据
VAP 模板	名称: wlan-net 转发模式: 隧道转发 业务 VLAN: VLAN101 引用模板: SSID 模板 wlan-net、安全模板 wlan-net
空口扫描模板	名称: wlan-airscan 探测信道集合: 调优信道 空口扫描间隔时间: 60000 毫秒 空口扫描持续时间: 60 毫秒
RRM 模板	名称: wlan-rrm 信道自动调优: 开启 功率自动调优: 开启
2G 射频模板	名称: wlan-radio2g 引用模板: 空口扫描模板 wlan-airscan、RRM 模板 wlan-rrm
5G 射频模板	名称: wlan-radio5g 引用模板: 空口扫描模板 wlan-airscan、RRM 模板 wlan-rrm
漫游组	名称: mobility 成员: AC_1 和 AC_2

6.4.3 实施步骤

步骤 1 根据项目的拓扑结构，进行网络物理连接。

步骤 2 配置周边设备。

#配置接入交换机 Switch_1 的 GE0/0/1 和 GE0/0/2 接口，使其加入 VLAN100，GE0/0/1 接口的默认 VLAN 为 VLAN100。

```
<Huawei> system-view
[Huawei] sysname Switch_1
[Switch_1] vlan batch 100
[Switch_1] interface gigabitethernet 0/0/1
[Switch_1-GigabitEthernet0/0/1] port link-type trunk
[Switch_1-GigabitEthernet0/0/1] port trunk pvid vlan 100
[Switch_1-GigabitEthernet0/0/1] port trunk allow-pass vlan 100
[Switch_1-GigabitEthernet0/0/1] quit
[Switch_1] interface gigabitethernet 0/0/2
[Switch_1-GigabitEthernet0/0/2] port link-type trunk
[Switch_1-GigabitEthernet0/0/2] port trunk allow-pass vlan 100
[Switch_1-GigabitEthernet0/0/2] quit
```

#配置接入交换机 Switch_2 的 GE0/0/1 和 GE0/0/2 接口，使其加入 VLAN100，GE0/0/1 接口的默认 VLAN 为 VLAN100。

```
<Huawei> system-view
[Huawei] sysname Switch_2
[Switch_2] vlan batch 100
[Switch_2] interface gigabitethernet 0/0/1
```

```
[Switch_2-GigabitEthernet0/0/1] port link-type trunk
[Switch_2-GigabitEthernet0/0/1] port trunk pvid vlan 100
[Switch_2-GigabitEthernet0/0/1] port trunk allow-pass vlan 100
[Switch_2-GigabitEthernet0/0/1] quit
[Switch_2] interface gigabitethernet 0/0/2
[Switch_2-GigabitEthernet0/0/2] port link-type trunk
[Switch_2-GigabitEthernet0/0/2] port trunk allow-pass vlan 100
[Switch_2-GigabitEthernet0/0/2] quit
```

步骤 3　配置 AC，使其与其他网络设备互通。

```
#配置 AC_1 的接口 GE0/0/1，使其加入 VLAN100，AC_1 的接口 GE0/0/2 加入 VLAN100 和 VLAN101。
<AC6605> system-view
[AC6605] sysname AC_1
[AC_1] vlan batch 100 101
[AC_1] interface gigabitethernet 0/0/1
[AC_1-GigabitEthernet0/0/1] port link-type trunk
[AC_1-GigabitEthernet0/0/1] port trunk allow-pass vlan 100
[AC_1-GigabitEthernet0/0/1] quit
[AC_1] interface gigabitethernet 0/0/2
[AC_1-GigabitEthernet0/0/2] port link-type trunk
[AC_1-GigabitEthernet0/0/2] port trunk allow-pass vlan 100 101
[AC_1-GigabitEthernet0/0/2] quit
[AC_1] interface vlanif 100
[AC_1-Vlanif100] ip address 10.23.100.1 255.255.255.0
[AC_1-Vlanif100] quit
[AC_1] interface vlanif 101
[AC_1-Vlanif101] ip address 10.23.101.1 255.255.255.0
[AC_1-Vlanif101] quit
#配置 AC_2 的接口 GE0/0/1，使其加入 VLAN100，AC_2 的接口 GE0/0/2 加入 VLAN100 和 VLAN101。
<AC6605>system-view
[AC6605] sysname AC_2
[AC_2] vlan batch 100 101
[AC_2] interface gigabitethernet 0/0/1
[AC_2-GigabitEthernet0/0/1] port link-type trunk
[AC_2-GigabitEthernet0/0/1] port trunk allow-pass vlan 100
[AC_2-GigabitEthernet0/0/1] quit
[AC_2] interface gigabitethernet 0/0/2
[AC_2-GigabitEthernet0/0/2] port link-type trunk
[AC_2-GigabitEthernet0/0/2] port trunk allow-pass vlan 100 101
[AC_2-GigabitEthernet0/0/2] quit
[AC_2] interface vlanif 100
[AC_2-Vlanif100] ip address 10.23.100.2 255.255.255.0
```

```
[AC_2-Vlanif100] quit

[AC_2] interface vlanif 101

[AC_2-Vlanif101] ip address 10.23.101.2 255.255.255.0

[AC_2-Vlanif101] quit
```

步骤4　配置 DHCP 服务器，为 STA 和 AP 分配 IP 地址。

#在 AC_1 上配置 VLANIF100 接口，为 AP 提供 IP 地址，VLANIF101 接口为 STA 提供 IP 地址。

```
[AC_1] dhcp enable

[AC_1] interface vlanif 100

[AC_1-Vlanif100] dhcp select interface

[AC_1-Vlanif100] dhcp server excluded-ip-address 10.23.100.2

[AC_1-Vlanif100] quit

[AC_1] interface vlanif 101

[AC_1-Vlanif101] dhcp select interface

[AC_1-Vlanif101] dhcp server excluded-ip-address 10.23.101.2

[AC_1-Vlanif101] quit
```

步骤5　在 AC_1 上配置 AP 上线。

#创建 AP 组，用于将相同配置的 AP 都加入同一 AP 组中。

```
[AC_1] wlan

[AC_1-wlan-view] ap-group name ap1

[AC_1-wlan-ap-group-ap1] quit
```

#创建域管理模板，在域管理模板下配置 AC 的国家码并在 AP 组下引用域管理模板。

```
[AC_1-wlan-view] regulatory-domain-profile name default

[AC_1-wlan-regulate-domain-default] country-code CN

[AC_1-wlan-regulate-domain-default] quit

[AC_1-wlan-view] ap-group name ap1

[AC_1-wlan-ap-group-ap1] regulatory-domain-profile default
```

Warning: Modifying the country code will clear channel, power and antenna gain configurations of the radio and reset the AP. Continue?[Y/N]:y

```
[AC_1-wlan-ap-group-ap1] quit

[AC_1-wlan-view] quit
```

#配置 AC 的源接口。

```
[AC_1] capwap source interface vlanif 100
```

#在 AC 上离线导入 AP，并将 AP 加入 AP 组"ap1"中。

```
[AC_1] wlan

[AC_1-wlan-view] ap auth-mode mac-auth

[AC_1-wlan-view] ap-id 0 ap-mac 00E0-FC42-5C80

[AC_1-wlan-ap-0] ap-name area_1

[AC_1-wlan-ap-0] ap-group ap1
```

Warning: This operation may cause AP reset. If the country code changes, it will clear channel, power and antenna gain configurations of the radio, Whether to continue? [Y/N]:y

```
[AC_1-wlan-ap-0] quit
```

```
#将AP上电后，当执行命令display ap all，查看到AP的"State"字段为"nor"时，表示AP正常上线。
[AC_1-wlan-view] display ap all
Total AP information:
nor : normal    [1]
----------------------------------------------------------------------------
ID   MAC          Name    Group    IP              Type         State STA   Uptime
----------------------------------------------------------------------------
0    00E0-FC42-5C80 area_1  ap1    10.23.100.254  AP6010DN-AGN  nor    0     10S
----------------------------------------------------------------------------
Total: 1
```

步骤 6 在 AC_1 上配置 WLAN 业务参数。

#创建名为"wlan-net"的安全模板，并配置安全策略。

```
[AC_1-wlan-view] security-profile name wlan-net
[AC_1-wlan-sec-prof-wlan-net]security wpa-wpa2 psk pass-phrase a1234567 aes
[AC_1-wlan-sec-prof-wlan-net] quit
```

#创建名为"wlan-net"的SSID模板，并配置SSID名称为"wlan-net"。

```
[AC_1-wlan-view] ssid-profile name wlan-net
[AC_1-wlan-ssid-prof-wlan-net] ssid wlan-net
[AC_1-wlan-ssid-prof-wlan-net] quit
```

#创建名为"wlan-net"的VAP模板，配置业务数据转发模式、业务VLAN，并且引用安全模板和SSID模板。

```
[AC_1-wlan-view] vap-profile name wlan-net
[AC_1-wlan-vap-prof-wlan-net] forward-mode tunnel
[AC_1-wlan-vap-prof-wlan-net] service-vlan vlan-id 101
[AC_1-wlan-vap-prof-wlan-net] security-profile wlan-net
[AC_1-wlan-vap-prof-wlan-net] ssid-profile wlan-net
[AC_1-wlan-vap-prof-wlan-net] quit
```

#配置AP组，引用VAP模板，AP上射频0和射频1都使用VAP模板"wlan-net"的配置。WLAN后面数字表示WLAN ID，表示其在VAP内部编号。

```
[AC_1-wlan-view] ap-group name ap1
[AC_1-wlan-ap-group-ap1] vap-profile wlan-net wlan 1 radio 0
[AC_1-wlan-ap-group-ap1] vap-profile wlan-net wlan 1 radio 1
[AC_1-wlan-ap-group-ap1] quit
```

步骤 7 在 AC_1 上开启射频调优功能，自动选择 AP 最佳信道和功率。

#创建RRM模板"wlan-rrm"，在RRM模板下使能信道自动选择信道功能和发送功率自动选择信道功能。默认情况下，信道自动选择信道功能和发送功率自动选择信道功能都已经使能。

```
[AC_1-wlan-view] rrm-profile name wlan-rrm
[AC_1-wlan-rrm-prof-wlan-rrm] undo calibrate auto-channel-select disable
[AC_1-wlan-rrm-prof-wlan-rrm] undo calibrate auto-txpower-select disable
[AC_1-wlan-rrm-prof-wlan-rrm] quit
```

#在域管理模板下配置调优信道集合。

```
[AC-wlan-view] regulatory-domain-profile name default
```

263

```
[AC_1-wlan-regulate-domain-default] dca-channel 2.4g channel-set 1 6 11

[AC_1-wlan-regulate-domain-default] dca-channel 5g bandwidth 20mhz

[AC_1-wlan-regulate-domain-default] dca-channel 5g channel-set 149 153 157 161

[AC_1-wlan-regulate-domain-default] quit
```

#创建空口扫描模板"wlan-airscan"，并配置调优信道集合、扫描间隔时间和扫描持续时间。

```
[AC_1-wlan-view] air-scan-profile name wlan-airscan

[AC_1-wlan-air-scan-prof-wlan-airscan] scan-channel-set dca-channel

[AC_1-wlan-air-scan-prof-wlan-airscan] scan-period 60

[AC_1-wlan-air-scan-prof-wlan-airscan] scan-interval 60000

[AC_1-wlan-air-scan-prof-wlan-airscan] quit
```

#创建 2G 射频模板"wlan-radio2g"，并在该模板下引用 RRM 模板"wlan-rrm"和空口扫描模板"wlan-airscan"。

```
[AC_1-wlan-view] radio-2g-profile name wlan-radio2g

[AC_1-wlan-radio-2g-prof-wlan-radio2g] rrm-profile wlan-rrm

[AC_1-wlan-radio-2g-prof-wlan-radio2g] air-scan-profile wlan-airscan

[AC_1-wlan-radio-2g-prof-wlan-radio2g] quit
```

#创建 5G 射频模板"wlan-radio5g"，并在该模板下引用 RRM 模板"wlan-rrm"和空口扫描模板"wlan-airscan"。

```
[AC_1-wlan-view] radio-5g-profile name wlan-radio5g

[AC_1-wlan-radio-5g-prof-wlan-radio5g] rrm-profile wlan-rrm

[AC_1-wlan-radio-5g-prof-wlan-radio5g] air-scan-profile wlan-airscan

[AC_1-wlan-radio-5g-prof-wlan-radio5g] quit
```

#在名为"ap1"的 AP 组下引用 5G 射频模板"wlan-radio5g"和 2G 射频模板"wlan-radio2g"。

```
[AC_1-wlan-view] ap-group name ap1

[AC_1-wlan-ap-group-ap1] radio-5g-profile wlan-radio5g radio 1

[AC_1-wlan-ap-group-ap1] radio-2g-profile wlan-radio2g radio 0

[AC_1-wlan-ap-group-ap1] quit
```

#配置射频调优模式为手动调优，并手动触发射频调优。

```
[AC_1-wlan-view] calibrate enable manual

[AC_1-wlan-view] calibrate manual startup
```

#待执行手动调优一小时后，调优结束。将射频调优模式改为定时调优，并将调优时间定为用户业务空闲时段（如当地时间凌晨 00:00～06:00 时段）。

```
[AC_1-wlan-view] calibrate enable schedule time 03:00:00
```

> **注意**　　下面步骤是配置 AC_2 上的 AP 上线、WLAN 业务参数和射频调优功能，请参考 AC_1 的配置过程。仅有的不同配置项是 AC_2 上添加 AP 的 MAC 地址为 00E0-FC7C-8043，AP 名称为"area_2"。

步骤 8　在 AC_2 上配置 AP 上线。

#创建 AP 组，用于将相同配置的 AP 都加入同一 AP 组中。

```
[AC_2] wlan
```

```
[AC_2-wlan-view] ap-group name ap1
[AC_2-wlan-ap-group-ap1] quit
```
#创建域管理模板，在域管理模板下配置AC的国家码并在AP组下引用域管理模板。
```
[AC_2-wlan-view] regulatory-domain-profile name default
[AC_2-wlan-regulate-domain-default] country-code CN
[AC_2-wlan-regulate-domain-default] quit
[AC_2-wlan-view] ap-group name ap1
[AC_2-wlan-ap-group-ap1] regulatory-domain-profile default
Warning: Modifying the country code will clear channel, power and antenna gain
configurations of the radio and reset the AP. Continue?[Y/N]:y
[AC_2-wlan-ap-group-ap1] quit
[AC_2-wlan-view] quit
```
#配置AC的源接口。
```
[AC_2] capwap source interface vlanif 100
```
#在AC上离线导入AP，并将AP加入AP组"ap1"中。
```
[AC_2] wlan
[AC_2-wlan-view] ap auth-mode mac-auth
[AC_2-wlan-view] ap-id 0 ap-mac 00E0-FC7C-8043
[AC_2-wlan-ap-0] ap-name area_2
[AC_2-wlan-ap-0] ap-group ap1
Warning: This operation may cause AP reset. If the country code changes, it will clear
channel, power and antenna gain configurations of the radio, Whether to continue? [Y/N]:y
[AC_2-wlan-ap-0] quit
```
#将AP上电后，当执行命令display ap all，查看到AP的"State"字段为"nor"时，表示AP正常上线。
```
[AC_2-wlan-view] display ap all
Total AP information:
nor : normal   [1]
----------------------------------------------------------------------------
ID  MAC         Name    Group    IP            Type       State STA  Uptime
----------------------------------------------------------------------------
0  00E0-FC7C-8043 area_2  ap1    10.23.100.253 AP6010DN-AGN nor    0    10S
----------------------------------------------------------------------------
Total: 1
```
步骤 9 在 AC_2 上配置 WLAN 业务参数。

#创建名为"wlan-net"的安全模板，并配置安全策略。
```
[AC_2-wlan-view] security-profile name wlan-net
[AC_2-wlan-sec-prof-wlan-net]security wpa-wpa2 psk pass-phrase a1234567 aes
[AC_2-wlan-sec-prof-wlan-net] quit
```
#创建名为"wlan-net"的SSID模板，并配置SSID名称为"wlan-net"。
```
[AC_2-wlan-view] ssid-profile name wlan-net
[AC_2-wlan-ssid-prof-wlan-net] ssid wlan-net
```

```
[AC_2-wlan-ssid-prof-wlan-net] quit
```

#创建名为"wlan-net"的VAP模板，配置业务数据转发模式、业务VLAN，并且引用安全模板和SSID模板。

```
[AC_2-wlan-view] vap-profile name wlan-net

[AC_2-wlan-vap-prof-wlan-net] forward-mode tunnel

[AC_2-wlan-vap-prof-wlan-net] service-vlan vlan-id 101

[AC_2-wlan-vap-prof-wlan-net] security-profile wlan-net

[AC_2-wlan-vap-prof-wlan-net] ssid-profile wlan-net

[AC_2-wlan-vap-prof-wlan-net] quit
```

#配置AP组，引用VAP模板，AP上射频0和射频1都使用VAP模板"wlan-net"的配置。WLAN后面数字表示WLAN ID，表示其在VAP内部编号。

```
[AC_2-wlan-view] ap-group name ap1

[AC_2-wlan-ap-group-ap1] vap-profile wlan-net wlan 1 radio 0

[AC_2-wlan-ap-group-ap1] vap-profile wlan-net wlan 1 radio 1

[AC_2-wlan-ap-group-ap1] quit
```

步骤10 在AC_2上开启射频调优功能，自动选择AP最佳信道和功率。

#创建RRM模板"wlan-rrm"，在RRM模板下使能信道自动选择信道功能和发送功率自动选择信道功能。默认情况下，信道自动选择信道功能和发送功率自动选择信道功能都已经使能。

```
[AC_2-wlan-view] rrm-profile name wlan-rrm

[AC_2-wlan-rrm-prof-wlan-rrm] undo calibrate auto-channel-select disable

[AC_2-wlan-rrm-prof-wlan-rrm] undo calibrate auto-txpower-select disable

[AC_2-wlan-rrm-prof-wlan-rrm] quit
```

#在域管理模板下配置调优信道集合。

```
[AC-wlan-view] regulatory-domain-profile name default

[AC_2-wlan-regulate-domain-default] dca-channel 2.4g channel-set 1 6 11

[AC_2-wlan-regulate-domain-default] dca-channel 5g bandwidth 20mhz

[AC_2-wlan-regulate-domain-default] dca-channel 5g channel-set 149 153 157 161

[AC_2-wlan-regulate-domain-default] quit
```

#创建空口扫描模板"wlan-airscan"，并配置调优信道集合、扫描间隔时间和扫描持续时间。

```
[AC_2-wlan-view] air-scan-profile name wlan-airscan

[AC_2-wlan-air-scan-prof-wlan-airscan] scan-channel-set dca-channel

[AC_2-wlan-air-scan-prof-wlan-airscan] scan-period 60

[AC_2-wlan-air-scan-prof-wlan-airscan] scan-interval 60000

[AC_2-wlan-air-scan-prof-wlan-airscan] quit
```

#创建2G射频模板"wlan-radio2g"，并在该模板下引用RRM模板"wlan-rrm"和空口扫描模板"wlan-airscan"。

```
[AC_2-wlan-view] radio-2g-profile name wlan-radio2g

[AC_2-wlan-radio-2g-prof-wlan-radio2g] rrm-profile wlan-rrm

[AC_2-wlan-radio-2g-prof-wlan-radio2g] air-scan-profile wlan-airscan

[AC_2-wlan-radio-2g-prof-wlan-radio2g] quit
```

#创建5G射频模板"wlan-radio5g"，并在该模板下引用RRM模板"wlan-rrm"和空口扫描模板"wlan-airscan"。

```
[AC_2-wlan-view] radio-5g-profile name wlan-radio5g
[AC_2-wlan-radio-5g-prof-wlan-radio5g] rrm-profile wlan-rrm
[AC_2-wlan-radio-5g-prof-wlan-radio5g] air-scan-profile wlan-airscan
[AC_2-wlan-radio-5g-prof-wlan-radio5g] quit
```
#在名为"ap1"的 AP 组下引用 5G 射频模板"wlan-radio5g"和 2G 射频模板"wlan-radio2g"。
```
[AC_2-wlan-view] ap-group name ap1
[AC_2-wlan-ap-group-ap1] radio-5g-profile wlan-radio5g radio 1
[AC_2-wlan-ap-group-ap1] radio-2g-profile wlan-radio2g radio 0
[AC_2-wlan-ap-group-ap1] quit
```
#配置射频调优模式为手动调优,并手动触发射频调优。
```
[AC_2-wlan-view] calibrate enable manual
[AC_2-wlan-view] calibrate manual startup
```
#待执行手动调优一小时后,调优结束。将射频调优模式改为定时调优,并将调优时间定为用户业务空闲时段
(如当地时间凌晨 00:00~06:00 时段)。
```
[AC_2-wlan-view] calibrate enable schedule time 03:00:00
```
步骤 11 配置 AC_1 的 WLAN 漫游功能。

#创建漫游组,并配置 AC_1 和 AC_2 为漫游组成员。
```
[AC_1-wlan-view] mobility-group name mobility
[AC_1-mc-mg-mobility] member ip-address 10.23.100.1
[AC_1-mc-mg-mobility] member ip-address 10.23.100.2
[AC_1-mc-mg-mobility] quit
```
步骤 12 配置 AC_2 的 WLAN 漫游功能。

#创建漫游组,并配置 AC_1 和 AC_2 为漫游组成员。
```
[AC_2-wlan-view] mobility-group name mobility
[AC_2-mc-mg-mobility] member ip-address 10.23.100.1
[AC_2-mc-mg-mobility] member ip-address 10.23.100.2
[AC_2-mc-mg-mobility] quit
```

6.4.4 项目测试

按照以上实施步骤操作后,可以通过以下步骤进行结果测试。通过观察相关的设备现象或查看相关的参数,判断该项目是否成功。

#在 AC_1 上执行命令 display mobility-group name mobility,查看漫游组成员 AC_1 和 AC_2 的状态,当"State"显示为"normal"时,表示 AC_1 和 AC_2 正常。
```
[AC_1-wlan-view] display mobility-group name mobility
---------------------------------------------------------------------------
State    IP address   Description
---------------------------------------------------------------------------
normal   10.23.100.1    -
normal   10.23.100.2    -
---------------------------------------------------------------------------
```

```
Total: 2
```

STA 在 AP_1 的覆盖范围内搜索到 SSID 为 "wlan-net" 的无线网络，输入密码 "a1234567" 并正常关联后，在 AC_1 上执行命令 display station ssid wlan-net，查看 STA 的接入信息，可以看到 STA 关联到了 AP_1，STA 的 MAC 地址为 "e019-1dc7-1e08"。

```
[AC_1-wlan-view] display station ssid wlan-net
Rf/WLAN: Radio ID/WLAN ID
Rx/Tx: link receive rate/link transmit rate(Mbps)
-----------------------------------------------------------------------------
STA MAC       AP ID  Ap name  Rf/WLAN  Band Type  Rx/Tx  RSSI  VLAN  IP address
-----------------------------------------------------------------------------
e019-1dc7-1e08  0    area_1    1/1       5G  11n    46/59  -57   101  10.23.101.254
-----------------------------------------------------------------------------
Total: 1  2.4G: 0  5G: 1
```

#当 STA 从 AP_1 的覆盖范围移动到 AP_2 的覆盖范围时，在 AC_2 上执行命令 display station ssid wlan-net，查看 STA 的接入信息，可以看到 STA 关联到了 AP_2。

```
[AC_2-wlan-view] display station ssid wlan-net
Rf/WLAN: Radio ID/WLAN ID
Rx/Tx: link receive rate/link transmit rate(Mbps)
-----------------------------------------------------------------------------
STA MAC       AP ID Ap name Rf/WLAN Band Type  Rx/Tx  RSSI VLAN   IP address
-----------------------------------------------------------------------------
e019-1dc7-1e08  1   area_2   1/1      5G  11n   46/59  -58  101  10.23.101.254
-----------------------------------------------------------------------------
Total: 1  2.4G: 0  5G: 1
```

#在 AC_2 上执行命令 display station roam-track sta-mac e019-1dc7-1e08，可以查看该 STA 的漫游轨迹。

```
[AC_2-wlan-view] display station roam-track sta-mac e019-1dc7-1e08
Access SSID:wlan-net
Rx/Tx: link receive rate/link transmit rate(Mbps)
z:Zero Roam c:PMK Cache Roam r:802.11r Roam
-----------------------------------------------------------------------------
L2/L3            AC IP            AP name         Radio ID
BSSID            TIME             In/Out RSSI     Out Rx/Tx
-----------------------------------------------------------------------------
--               10.23.100.1      area_1          1
60de-4476-e360   2019/03/09 16:11:51  -57/-57     22/3
L2               10.23.100.2      area_2          1
dcd2-fc04-b500   2019/03/09 16:13:53  -58/-       -/-
-----------------------------------------------------------------------------
Number: 1
```

思考与练习

一、填空题

1. （　　　）是指 STA 在不同 AP 覆盖范围之间移动且保持用户业务不中断的行为。

2. WLAN 漫游是指站点在属于同一个 ESS 内的 AP 之间移动过程中，保持（　　　）地址不变且用户感受不到（　　　）。

3. 在 WLAN 中，通过人为对不同的 AC 进行分组，STA 在同一个组的 AC 间可以进行漫游，这个组就叫（　　　）。

4. STA 设备在同一 AC 内漫游时，要经过（　　　）、（　　　）和（　　　）等步骤。

5. 根据 STA 漫游前后是否在同一个子网中，漫游可以分为（　　　）漫游和（　　　）漫游。

6. 如果 STA 在漫游过程中 HAC 和 FAC 是同一个 AC，则这次漫游是（　　　）漫游。如果漫游过程中 HAC 和 FAC 不是同一个 AC，这次漫游是（　　　）漫游。

7. 漫游的决定权是由（　　　）掌握的。

8. 华为建议，信号覆盖重叠区域至少应保持在（　　　）。

二、不定项选择题

1. 终端在不同 VLAN 内的漫游属于（　　　）。

　　A. 无缝的 AP 漫游　　　B. 二层漫游　　　　　C. 三层漫游　　　　　D. 四层漫游

2. 以下选项中，（　　　）不是漫游的主要目的。

　　A. 避免漫游过程中的认证时间过长导致丢包甚至业务中断

　　B. 保证用户授权信息不变

　　C. 保证用户 IP 地址不变

　　D. 保证用户网络速率不变

3. 如果连接同一个 SSID 的无线客户端想从一个 AP 漫游到另一个 AP，那么两个 AP 之间信号重叠的区域范围一般为（　　　）。

　　A. 50%　　　　　　　B. 不需要重叠　　　　C. 100%　　　　　　D. 15%～25%

4. IEEE 802.11 标准中用于定义漫游的是（　　　）。

　　A. IEEE 802.11c　　　B. IEEE 802.11h　　　C. IEEE 802.11j　　　D. IEEE 802.11r

5. 如果 STA 在漫游过程中 HAC 和 FAC 是同一个 AC，则这次漫游一定是（　　　）漫游。

　　A. 三层漫游　　　　　B. 二层漫游　　　　　C. AC 内漫游　　　　D. AC 间漫游

三、名词解释

1. HAC：

2. HAP：

3. FAC：

4. FAP：

5. AC 间隧道：

6. 家乡代理：

四、简答题

1. 如何区分二层漫游和三层漫游？

2. 在 AC 间漫游时，建立 AC 间隧道的目的是什么？

3. 简述二层漫游前后数据转发过程。

4. 简述在三层漫游的本地转发模式中数据在漫游前后的转发过程。

项目 7

校园无线网络规划设计

知识目标

① 了解网络规划设计的基本流程。
② 了解无线网络中的主要干扰源。

③ 熟悉网络规划工具的操作。
④ 了解无线网络的典型场景。

技能目标

① 掌握无线网络场景的实勘方法。
② 掌握无线网络规划的步骤。

③ 掌握无线网络规划设计的注意事项。
④ 掌握网络规划工具的使用方法。

素质目标

① 具有与时俱进的意识

② 具有大局观意识

7.1 项目描述

1. 需求描述

某高校为了办公和教学需要，想通过招标的方式建设校园无线网络，划分出了办公楼、教室、体育场、宿舍等功能区域。其中，办公楼、教室、宿舍是重点覆盖区域，不仅要实现信号的覆盖，还要保证信号的质量；体育场只要实现信号覆盖就可以。

2. 项目方案

某公司通过招标平台知晓了这一项目，想参与该项目的投标。因此，公司派出了单位最有经验的工程师开展了前期规划、设计等相关工作，并完成了标书内容的书写。根据建设单位的要求，工程师将校园网分成两类，一类是以接入为主，注重信号质量，例如办公楼、教室、宿舍；另一类以信号覆盖为主，例如体育场。

由于其标书的内容完整、设计合理且性价比高，该公司最终成为中标单位。该工程师在规划设计过程中，严格按照需求分析、现场勘察、干扰探测、覆盖规划、容量规划、频率规划、方案评审、施工安装、实地测试和调整优化等环节完成设计方案。

7.2 相关知识

随着无线城市等项目的推进，无线网络已在各行各业全面部署。部署无线网络是为了让用户能够随时随地使用智能终端设备上网，拥有良好的上网体验。WLAN 可以部署在校园、公共场所、会展中心等多种场景。随着无线市场的不断发展，WLAN 热点和用户数量也在不断增多。如果 WLAN 规划设计不合理，就会造成网络之间的相互干扰，影响用户体验。

7.2.1　网络规划基础介绍

对于用户而言，其最关心的问题是 WLAN 所能提供的服务质量。其中，覆盖范围是服务质量的一个重要方面，需要在网络规划时重点考虑。同时，在一定成本条件下，如何增加网络容量、满足网络未来的发展需求，也是规划时需要考虑的问题。通过合理的网络规划，可以使无线网络在覆盖、容量、质量和成本等方面达到良好的平衡。

1. 典型应用场景

随着越来越多 Wi-Fi 终端的出现以及 WLAN 建设规模的加大，用户对 WLAN 的使用也越来越普遍，业务需求也越来越多样化。同时，WLAN 应用场景及其特点也有了新的延伸和发展。

（1）应用场景

目前，WLAN 的主要应用场景有以下几大类。

① 校园场景：这类场景属于大型、综合性场景，通常包括教学楼、图书馆、食堂、学生公寓、教师宿舍、体育馆、操场等室内外场所。

② 公共场所：此类场景的共性是人口流动性强、汇聚密度较大，如汽车站、火车站、机场候机厅、餐饮场所、游乐场所、休闲场所、图书馆、医院、大型体育馆等。

③ 会展中心：此类场景是指以流动人员为主、人流量较大的场所，包括会展中心、高交会馆、人才中心等区域。

④ 办公楼：此类场景通常总体面积较大、建筑物适中，其覆盖热点包含会议室、餐厅、办公区等场所。

⑤ 宾馆酒店：此类场景的建筑物高度或面积因档次不同而存在差异，需要重点覆盖客房、大堂、会议厅、餐厅、娱乐休闲场所等位置。

⑥ 产业园区：此类场景通常包含大型工业区的厂房、办公楼、宿舍区等楼宇及室外区域，场景特征与校园场景类似。

⑦ 住宅小区：此类场景通常楼层结构多样，楼内用户普遍安装有线网络，无线网络可作为辅助手段对住宅区进行覆盖。

⑧ 商业区：此类场景涵盖的对象比较多，包括繁华商业区的街道、休息区、休闲娱乐场所、沿街商铺等对象，其特点是人口流动性强，与会展中心类似。

（2）典型场景特点

不同 WLAN 应用场景在用户密度、覆盖范围、用户并发数、流量特性等方面有所不同，在网络规划设计时应该根据场景特点区别考虑。下面对多种典型场景的特点进行归纳，如表 7-1 所示。

表 7-1　WLAN 网络典型场景特点

场景类型	场景特点
校园	用户密度极高，并发用户数高，持续流量大，网络质量敏感
会议室、会展中心	用户密度高，并发用户数高，突发流量大，网络质量敏感，覆盖区域开阔、无阻挡
宾馆酒店	用户密度低，并发用户少，持续流量小，覆盖范围大，覆盖区域受住宿房间阻挡

续表

场景类型	场景特点
休闲场所	用户密度不高，持续流量较小，覆盖范围小，覆盖区域基本无阻挡
交通枢纽	用户流动性大，覆盖范围较大，覆盖区域较开阔、无阻挡，网络质量敏感度低
办公楼	用户密度较高，持续流量高，网络质量敏感度高

2. 网络规划基本流程

WLAN 无线网络规划的基本流程包括需求分析、现场勘察、网络规划方案设计、方案评审、安装施工、验收测试、验收优化和验收通过等主要环节，具体的规划流程如图 7-1 所示。其中，网络规划方案设计环节包括覆盖规划、信道规划、容量规划、链路预算、AP 位置规划、AP 供电方式、WLAN 规划工具等内容。下面讲解几个重要环节。

WLAN 网规流程

（1）需求分析

在 WLAN 网络建设之前，需要事先咨询用户信息，了解用户所需要的技术和性能指标，具体需求如图 7-2 所示。

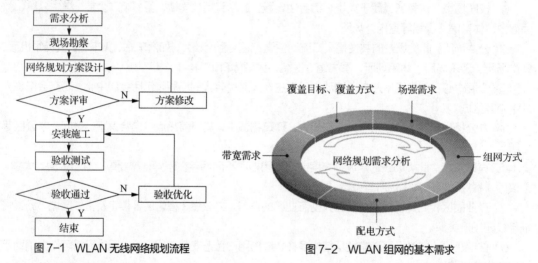

图 7-1　WLAN 无线网络规划流程　　　　图 7-2　WLAN 组网的基本需求

① 覆盖目标

结合工勘（现场勘察）和建筑图纸，明确 WLAN 建网的主要覆盖区域和次要覆盖区域，重点针对用户集中上网区域做覆盖规划。

② 覆盖方式

根据实际情况，确定覆盖方式是室内放装、室内分布还是室外等。

③ 场强需求

覆盖区域场强可以通过控制 AP 的发射功率等方式进行调节。网络规划时，需提前考虑如下需求。

- 单个 AP 承载用户数量有限，如果覆盖区内用户过多，需要增加 AP 数目。
- 根据协议不同，单个 AP 的带宽有限，如果对带宽有要求，也需要适当增加 AP 数目。

④ 组网方式

可以根据实际情况，选择 AC 直连组网或者 AC 旁挂组网等组网方式。

⑤ 配电方式

根据覆盖地点附近是否有交流电或者 POE 交换机来决定配电方式。

⑥ 带宽需求

根据用户业务的类型和吞吐量进行合理规划，可以通过限速、优先级等配置来实现带宽。

（2）现场勘察

现场勘察是成功部署 WLAN 的关键。影响无线信号传播质量的因素有很多，例如建筑材料、楼层结构、楼层间距等。每栋建筑物里面的干扰程度不完全相同，而且湿度和温度也会对信号质量造成影响。现场勘察有助于掌握最直接的环境因素，为网络规划提供可靠的实测数据，尽可能实现网络最大吞吐量。

在进行现场勘察前，勘察人员应准备好勘察所需设备，包括测距仪、照相机、频谱扫描设备、WLAN测试仪等。根据设计规范要求，设计人员需要合理制定勘察点和勘察计划。在得到业主许可后，勘察人员可以勘测建筑物实际建筑结构，了解建筑图纸，例如每个楼层的平面图、楼层各个方向立体图、楼内强弱电井施工图、楼内可用电源及传输线路示意图等，然后完成勘测图纸绘制，如图 7-3 所示。建筑物平面图需要完整的标尺标注，要求精确度在 20cm 以内，需要绘制完整的墙、窗户、门、柱子、消防管道等影响无线覆盖和综合布线等的相关物体。必要时，勘察人员还要标注建筑物吊顶、弱电井、弱电间、弱电布线情况，可以不绘制桌椅、楼梯、卫生间等与网络无关的建筑物。

勘察人员要实施天馈与干扰源勘测，利用测试仪查看覆盖区周围是否存在无线干扰源或者 4G、5G天线，如图 7-4 所示。勘察人员应根据现场实际情况，初步确定天线类型、增益、安装位置、安装方式和天线覆盖方向，并绘制天线安装位置草图。选择天线安装位置时应充分考虑目标覆盖区域，减少信号传播阻挡，避开干扰源。

图 7-3　建筑物测绘图纸草图

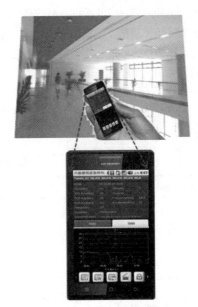

图 7-4　测试仪勘测干扰

通过室外安装勘测，勘察人员确定 AP 安装方式是抱杆还是挂墙，查清现场已有 AP 的频段、发送功率、天线覆盖方向等情况。

（3）覆盖规划

WLAN 覆盖需要根据建筑结构、障碍物分布、无线用户密集程度和容量需求等要求，选择合适的AP 覆盖方式。确定好覆盖方式后，再根据发射功率、吞吐量、工作频段及接入数等需求，选择合适的产品型号。

① 室内放装

室内放装是一种普遍采用的方式，安装简单，直接将 AP 接入网络就可以完成覆盖，位置灵活性好，主要需要考虑网络接入、信号干扰和供电相关的因素。华为公司提供的室内放装型 AP 产品主要有 WA601、WA603SN、WA603DN、AP6010SN-GN、AP6010DN-AGN 等型号。该方案适用于覆盖范围比较小的区域，例如会议室、咖啡馆或宿舍楼等场所。可以利用房间墙壁的隔离效果，降低单个 AP 的发射功率，缩小单个 AP 的覆盖范围，并通过增加 AP 数量提高网络容量，同时应做好频率规划并降低干扰。

② 室内分布

WLAN 信号通过合路器接入到原先已经规划好的室内分布信号系统中，可以减少 AP 的数量，此时主要考虑天线和带宽要求。华为公司提供的室内分布型 AP 产品有 WA631、WA633SN、AP6310SN-GN 等型号。该方案适用于室内覆盖面积较大或已建设分布系统的场所，例如宿舍楼、教学楼、机场、写字楼等。该方案一般不在 AP 和分布系统之间增加干线放大设备，为了避免不同频点 AP 之间的干扰，不建议将多个 AP 合路到一个支路中。在 WLAN 信号覆盖的重叠或邻接区域，可以考虑采用定向天线来降低干扰。

③ 室外

室外场景一般是在无法将网络接入室内或者无线城市建设的时候采用。室外覆盖需要重点考虑覆盖扇区的划分、天线的选型和网络中继传输中网桥的选择。华为公司提供的室外型 AP 产品有 WA653SN、AP6510DN-AGN、AP6610DN-AGN 等型号。该方案适用于用户较为分散、无线环境简单的区域，例如公园、商业街等。AP 安装位置应尽量选择视野开阔的区域，同时还要做好电源、线缆等室外设施的防护措施，包括防水、防雷、防尘、防盗等。

对无线覆盖方式的类型、典型场景进行总结，给出各类场景的覆盖方式建议，如表 7-2 所示。对于会议厅/咖啡厅等有特殊覆盖要求的房间，可以使用壁挂或者吸顶方式安装 AP；对于酒店标准客房，采取安装走廊吸顶天线方式即可，如果对信号质量要求较高，可将天线部署进客房内；对于办公大楼场景，由于室内环境比较开阔，遮挡物主要为承重柱和隔断墙，采用走廊吸顶天线覆盖方式可以满足需求。

表 7-2　无线覆盖方式选择

区域类型	典型场景	覆盖方式建议
室内半开放区域	酒店大堂/休息室/餐厅	室内放装 AP 覆盖
	会议厅/展厅	室内放装 AP 覆盖
		室内分布系统覆盖
室内多隔断区域	写字楼/酒店客房	室内放装 AP 覆盖
		室内分布系统覆盖
室外区域	广场/街道	室外 AP 覆盖

（4）信道规划

WLAN 频率规划需要考虑的因素很多，包括楼宇的建筑结构、楼层空间、墙体间的穿透损耗和线路系统的部署等因素。其实规避信号干扰的方法有很多，例如合理的信道规划、合理的功率调整、合理的站址选择、合理利用天然隔断（如建筑物、墙体等）、采用"多天线、小功率"方式覆盖、多使用 5GHz 频段、合理的天线技术等方式。

为保证频道之间不相互干扰，2.4GHz 频段要求两个频道的中心频率间隔不能低于 25MHz，推荐 1、

6、11 三个信道交错使用。5GHz 频段的信道采用 20MHz 间隔的非重叠信道，推荐采用 149、153、157、161、165 信道。为了避免频道之间相互干扰，放装型 AP 的信道需要采用非重叠的规划方法，如图 7-5 所示。

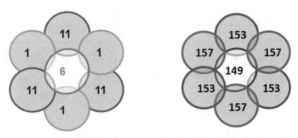

图 7-5　AP 信道规划

在室内 AP 覆盖区域进行频点配置时，应充分利用楼层自然隔断提高空间损耗并降低干扰。在同楼层横向和上下楼层纵向两个方向，应尽量避免相邻 AP 覆盖区使用相同的频点，以免产生 AP 间干扰。信道分布采用同频干扰最小原则，防止跨层干扰，此外还要关注其他外来设备的信道分布，如有冲突需要重新调整信道结构。以 2.4GHz 频段为例，为了尽量减少干扰，楼宇间信道规划如图 7-6 所示。

室外型 AP 采用全向和定向两种天线类型。如果采用全向天线，室外型信道划分方式与室内放装型类似。如果采用定向天线，室外型信道划分可充分利用天线的指向不同来进行信道干扰隔离，避免相同覆盖区域内存在同频干扰。室外天线的信道规划如图 7-7 所示。例如在室外覆盖时，通常会将 AP 背靠背地安装在柱子或者铁塔上，这样就可以在不同的覆盖方向和不相邻的扇区中重复使用已有的信道，增加信道的利用率。

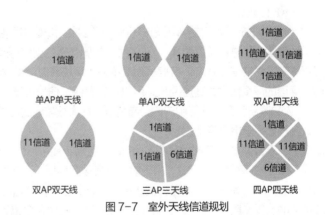

图 7-6　楼宇间信道规划　　　　图 7-7　室外天线信道规划

（5）容量规划

容量规划主要从设备性能、用户数、带宽需求和无线环境等方面出发，估算出满足业务量所需的 AP 数量。由于不同无线业务对带宽需求不同，工程师需要根据用户数据业务对用户无线上网平均带宽做评估。表 7-3 为一些常见应用所需带宽的经验数据，给出了保证这些应用基本使用的最低带宽要求。

表 7-3　常见应用所需带宽

数据业务	下行带宽要求	上行带宽要求
Web 浏览、收发 E-mail、网上聊天、网上广播、网上资讯、网上购物	2Mbit/s	256kbit/s

续表

数据业务	下行带宽要求	上行带宽要求
家居办公、企业网接入、高速数据传输	4Mbit/s	512kbit/s
桌面多媒体、视频会议、可视电话、网络电视、远程教育、远程医疗（标清）	2Mbit/s	2Mbit/s
HDTV 数字视频（高清）	15～25Mbit/s	1Mbit/s

例如某办公室使用 2.4GHz 终端的用户有 150 人，用户并发率达 60%，要求每个用户下行带宽为 2Mbit/s，上行带宽为 1Mbit/s。在满足用户带宽需求的前提下，如果每台 AP 按接入用户数 20 人设计，不考虑干扰，需要的 AP 数量=150×60%/20=4.5，即至少需要 5 台 AP 才能满足容量需求。

（6）链路预算

链路预算是无线网络覆盖分析最重要的手段之一。通过链路预算，可以估算无线覆盖距离或估算接收端信号强度。链路预算的公式如下。

$$P_r = P_t + G_t + G_r - P_L - L_s$$

式中，P_r 为接收机接收电平；P_t 为 AP 发射功率；G_t 为发射天线增益；G_r 为接收天线增益；P_L 为空间传播损耗，$P_L = 46 + 25 \times \lg(n)$，其中 n 为距离，单位为 m；L_s 为电缆及器件损耗。

当终端与 AP 处于非视距时，链路预算还应考虑中间障碍物的穿透损耗。在衡量墙壁等障碍物对 AP 信号的穿透损耗时，需考虑 AP 信号入射角度。在满足接收端接收灵敏度要求的条件下，链路需要预留一定的系统链路余量，以应对潜在的额外损耗。系统链路余量越大，表明无线传输系统应对潜在传输损耗的能力越强，也越容易满足通信要求。

例如，在室内半开放环境中，AP 发射功率为 20dBm，天线增益为 4dBi，电缆及器件损耗为 0dB，终端接收天线增益为 2dBi，那么 2.4GHz 频段 10m 传播损耗 $P_L = 46 + 25 \times \lg(10) = 71$dB。终端在 10m 处接收电平 $P_r = 20$dBm$+4$dBi$+2$dBi-71dB$=-45$dBm。

（7）AP 位置规划

AP 位置的摆放应该根据 AP 发送功率、天线增益和传输损耗等参量，计算出每个 AP 的覆盖范围，然后根据覆盖半径进行位置选择。AP 信号从外侧穿透门窗或墙壁进入屋内覆盖时，应重点关注穿透损耗是否影响室内的信号强度。若信号强度不够，系统需要增加 AP 进行屋内覆盖。因为信号斜穿障碍物时，穿透的厚度比垂直穿透要大，所以应尽量保证信号垂直穿透障碍物，减少穿透损耗。根据每个 AP 接入人数限制和无线网络用户的分布情况，在人数较多的区域，AP 密度应适当增大，保证每个 AP 的接入用户都能获得指定带宽。

对于有漫游需求的区域，相邻 AP 的覆盖范围应保持 15%～25% 的重叠，以保证终端在 AP 间的平滑切换。AP 位置离立柱较近时，由于射频信号被阻挡后，会在立柱后方形成比较大的射频阴影，因此在布放时要充分考虑柱子对信号覆盖的影响，避免出现覆盖盲区或弱覆盖区。另外，由于金属物品对无线信号的反射作用较大，所以 AP 或天线应避免安放在金属天花板等后面。对于需要重点关注的区域，管理员应适当增加 AP，保证信号覆盖质量。

注意　　在规划设计时，无线网络需要从两个层面重点考虑。一种网络以信号覆盖为主，即要求信号在规划区域内实现全覆盖，终端在任何区域都能接收到无线信号，但信号质量是次要考虑点；另一种网络以接入为主，即要求在重点规划区内，终端能够得到高质量的无线信号传输，但无线信号的覆盖面是次要考虑点。在规划的过程中，要充分考虑工程成本，合理均衡网络规划侧重点。如果资金有限，规划设计方案可以选择侧重点优先考虑；如果资金充足，两个方面兼顾也可以。

（8）AP 供电方式

AP 的供电有本地供电、PoE 模块供电和 PoE 供电三种方式。本地供电不方便取电，而且电源线外露，这种方式既影响美观，又会带来安全隐患；PoE 模块供电不需要取电，但增加一个潜在故障点，不便于维护；PoE 供电施工便捷，解决取电困难问题，供电稳定、安全。

（9）WLAN 规划工具

通过现场勘察情况，工程师利用华为 WLAN 规划工具可以仿真出场强、吞吐率热图等覆盖效果，便于方案调整。WLAN 的网络规划工具可以实现以下功能。

① 支持建筑物图纸导入、多种材质的障碍物设置。

② 支持 AP 自动布放能力，协助用户自动规划 AP 位置和信道。

③ 支持热图渲染能力，提供场强、信噪比等热图展示效果。

④ 提供标准的规划报告导出，便于与客户进行规划方案交流。

3. 干扰信号介绍

无线网络性能会受到周边干扰环境影响，其与干扰的形式、频率和强度等诸多因素有关。特别是工作于 2.4GHz 频段的 WLAN 系统，由于干扰源数量比较多，其 PHY 层的性能将会下降明显。因此，如何避免或减少干扰的影响，以及如何与干扰共存都是需要考虑的问题。

（1）干扰分类

如果按照干扰源划分，干扰可以分为系统内干扰和系统外干扰两类。系统内干扰是无线通信的主要干扰。在同一无线通信系统内，由于多个用户要求同时通信，因此不能完全隔离彼此的信号而引起的系统内干扰。系统外干扰是指来自其他系统的干扰，例如 ISM 频段存在大量的无线设备。

如果按照干扰形成机理划分，干扰可以分为加性干扰和乘性干扰两种。加性干扰可以看作是类噪声的源，包括来自其他相似系统、本系统内部或者元件非线性产生的噪声。乘性干扰是由无线系统中信号的反射、衍射和散射而导致的多径效应产生的。

（2）障碍物损耗

通过现场勘察和一些经验数据可以获知部分障碍物的穿透损耗。这些参考值对于 AP 规划和场强渲染都有非常重要的参考价值。

对于通过室外站点覆盖室内网络的场景，WLAN 信号可能会受到玻璃、砖墙或木门等不同材质物体的遮挡。在链路预算时，这些物体需要考虑一定的穿透损耗，以保证室内用户的使用质量。不同材质障碍物的经验损耗值如表 7-4 所示。

表 7-4　不同材质障碍物的经验损耗值

频段	材质类别	穿透损耗
2.4GHz	玻璃窗（无色）	2dB
	木门	3dB
	小卧室	3~5dB
	消水墙（岩石）	4dB
	大理石	5dB
	砖墙	8dB
	混凝土墙	10~15dB
5GHz	PVC 板	0.6dB
	石膏板	0.7dB
	三合板	0.9dB
	石膏墙	3dB

续表

频段	材质类别	穿透损耗
5GHz	硬纸板（表面粗糙）	2dB
	胶合板	2dB
	玻璃板	2.5dB
	双面墙体	11.7dB
	混凝土墙	11.7dB

（3）同频干扰

系统内的同频干扰可能是由于频率规划不合理引起的，也有可能是由其他用户的信号所引起的。如图 7-8 所示，相邻区域采用相同信道会造成同频干扰。针对同频干扰，解决方案需要在工勘、规划阶段做好现场频率扫描测试工作，统一规划频点，也可以在优化阶段通过调整发射功率、天馈参数等手段控制覆盖范围，减少干扰。

图 7-8　同频干扰

合理的频率复用可以确保在相同或相邻覆盖区内不出现相同信道。在频率规划时，应当充分利用天然隔断来规避同频干扰。与全向天线相比，定向天线和智能天线可以有效减少系统内干扰。对于多 AP 组网的场景，不建议使用全向天线。

（4）邻频干扰

当两信道之间存在重叠区域时，会产生部分干扰。如图 7-9 所示，相邻两个 AP 分别使用了相邻的信道 1、信道 2，虽然增加了可用频点数，但造成了邻频干扰。为了避免邻频干扰，可以让相邻信道的 AP 之间有足够的空间距离；对于工作在 2.4GHz 频段的相邻 AP，可以采用 1、6、11 这 3 个完全不干扰的信道来减少邻频干扰；还可以采用专门的技术来提升产品的邻频抑制能力。

图 7-9　邻频干扰

（5）其他干扰

目前，2.4GHz 频段是通用开放的频段，被广泛应用于很多领域。因此，WLAN 会收到许多来自其他系统的干扰，例如微波炉、无绳电话、蓝牙设备、无线摄像头等设备。干扰的大小与干扰的形式、频率和强度等诸多因素有关。由于各种无线技术的工作机制不同，相互之间的干扰也有不同的特性。有些干扰是无规则的，例如微波炉的干扰、人为主动干扰等。还有些干扰是非协作系统之间的干扰，例如其他 WLAN 系统中的无绳电话、蓝牙等。

7.2.2　网络规划工具介绍

随着 WLAN 技术日渐成熟，企业不断加大对 WLAN 的建设投入，在各热点区域（如写字楼、酒店、机场等）规划部署 WLAN，以满足用户不断上涨的业务需求。虽然 WLAN 相对于有线网络具有安装便捷、移动性强、覆盖范围广、易于扩展等优点，但在网络部署方面还相对复杂和困难。例如信号质量、覆盖范围、信号干扰等问题，是部署 WLAN 需要解决的难点，对工程师提出了更高的技能要求。

1. 网络规划工具特点

WLAN 规划工具是一款无线网络规划辅助工具，能够帮助服务工程师轻松完成无线网络规划任务，提高工作效率。WLAN 规划工具具有环境规划、AP 布放、网络信号仿真和报表管理等功能。

（1）环境规划功能：支持在图纸上定制墙、窗、门等不同材质障碍物，也可绘制覆盖区域和盲区。

（2）AP 布放功能：根据建筑物图纸、信号覆盖需求，支持自动计算 AP 的数量和布放位置，也可手动布放 AP，调整信号的覆盖范围。

（3）网络信号仿真功能：支持查看信号覆盖图和位置图。

（4）报表管理功能：支持输出规划报告。

2. 网络规划工具界面

WLAN 规划工具是华为公司自主研发的无线网络规划软件，固化了华为在无线射频领域的多年经验，依托了强大的规划引擎，对客户网络进行场景规划和效果仿真，自动生成网络规划报告，提升客户投资信心，保障最终建网质量。下面将对规划工具的主要操作步骤、界面和功能做介绍。

（1）界面登录

通过注册的华为账号，访问华为企业服务工具云平台 Service Turbo Cloud。如图 7-10 所示，在"我的工作台"中申请相应工具的权限，需要在"工具列表"中添加 WLAN Planner。

图 7-10　WLAN Planner 权限审核

等审核通过后就可以正常使用在线平台的 WLAN Planner 软件了。如图 7-11 所示，单击"运行"按钮，开始运行 WLAN Planner 软件。

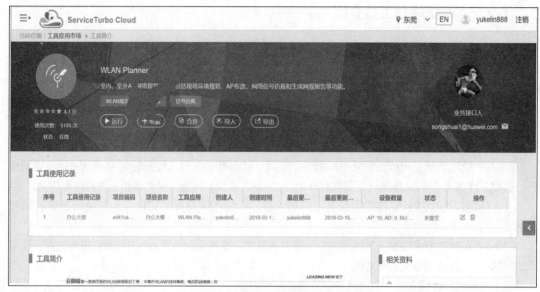

图 7-11　运行 WLAN Planner 软件

如图 7-12 所示，根据建设项目如实填写"项目编码""项目名称""工具应用"等相关信息，单击"确定"按钮。

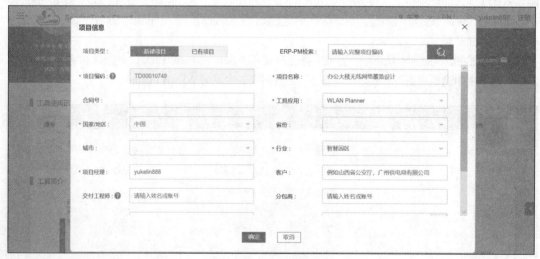

图 7-12　项目信息填写

新建工程，并在"新建"对话框里设置工程"类型""楼栋名称""选择场景"，并通过"批量导入"功能导入工程建筑平面图，如图 7-13 所示，单击"确定"按钮。

在弹出的工程主界面中，单击左上角第一个工具按钮"请先单击此处设置比例尺"，在弹出的"设置比例尺"对话框中进行比例尺的设定，如图 7-14 所示。

（2）基础设置

单击左下角"设置"按钮，进入"基础设置"界面。通过基础配置，调整相关参数，完成对 WLAN 规划工具全局属性的设置，如图 7-15 所示。

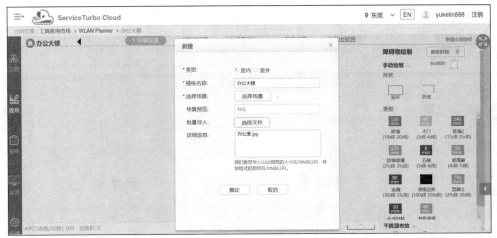

图 7-13　新建工程

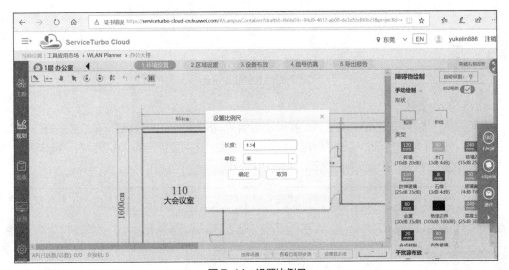

图 7-14　设置比例尺

图 7-15　基础设置

（3）传播模型设置

如图 7-16 所示，选择"传播模型设置"来调整"频段""隧道模型""频宽"等各种相关参数。不同的传播模型会影响接收信号的强弱。

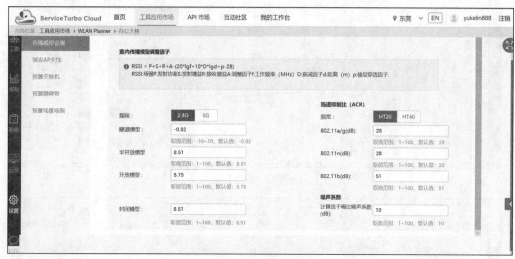

图 7-16　传播模型设置

（4）绑定 AP 天线

AP 无线信号发射和接收能力与天线的类型密切相关。不同类型的天线具有不同的信号发射强度和接收敏感度。如图 7-17 所示，通过"绑定 AP 天线"选项，在需要绑定的 AP 类型右侧操作列表中单击"修改"按钮，打开"重置天线"界面，按需进行设置。

图 7-17　绑定 AP 天线

（5）预置交换机

WLAN 规划工具支持规划部署第三方交换机功能。如图 7-18 所示，用户单击"预置交换机"可以自定义交换机类型，通过单击"新建"按钮可以输入自定义交换机的相关参数，也可以单击"删除"按钮删除自定义的交换机。WLAN 规划工具默认预置了若干类型的交换机设备。默认预置的交换机类型不能删除。

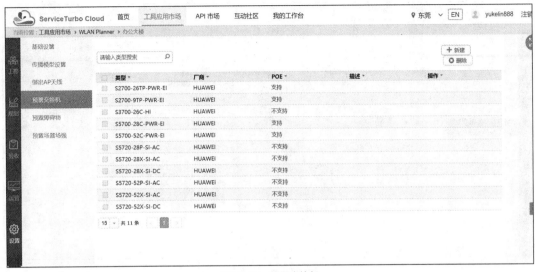

图 7-18 预置交换机

（6）预置障碍物

WLAN 无线信号的强弱通常与障碍物的阻隔能力密切相关。不同材质的障碍物具有不同的阻隔能力。如图 7-19 所示，用户单击"预置障碍物"可自定义障碍物类型，然后在图纸上绘制不同类型的障碍物，可以新建和删除自定义的障碍物。WLAN 规划工具默认预置了 10 多种类型的障碍物，如木门、混凝土、玻璃窗等。默认预置的障碍物类型不能删除。

图 7-19 预置障碍物

（7）预置场景场强

无线信号场强的大小，可以体现出信号的覆盖范围和信号质量。如图 7-20 所示，用户单击"预置场景场强"可自定义不同场景的最小场强，根据工程需要，可以新建和删除自定义的不同的场景场强。默认预置的场景场强类型不能删除。

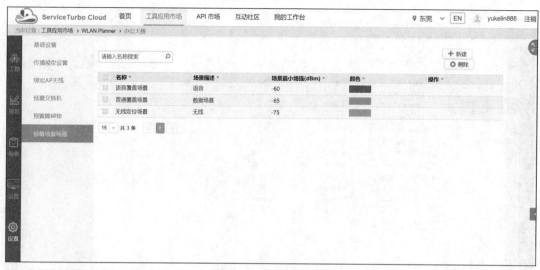

图 7-20　预置场景场强

（8）环境设置

用户可以通过在图纸上设置障碍物、覆盖区域和干扰源等环境来模拟真实的场景，以达到更接近实际情况的仿真效果。如图 7-21 所示，在工程主界面上方工具栏中选择"环境设置"按钮，可以根据工勘实际情况，选择右侧的障碍物"类型"，在图纸中手动或自动完成障碍物的绘制。

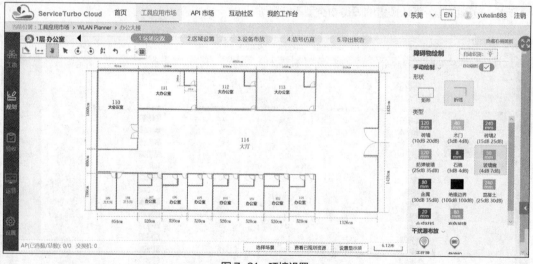

图 7-21　环境设置

在界面右下方的"干扰源布放"工具栏中，单击"干扰源"图标并在图纸中相应位置添加。

如图 7-22 所示，右键单击图纸中的干扰源图标，选择"属性"选项，在图纸右侧弹出的干扰源属性对话框中，根据实际情况配置干扰源属性，单击"保存"按钮。

（9）区域设置

如图 7-23 所示，在工程主界面上方的工具栏中选择"区域设置"按钮，通过在右侧区域绘制中选择"形状"和"覆盖类型"，即可根据规划需要完成对区域的分类绘制。

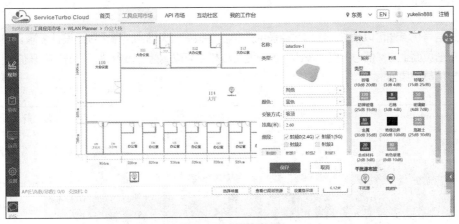

图 7-22 设置干扰源

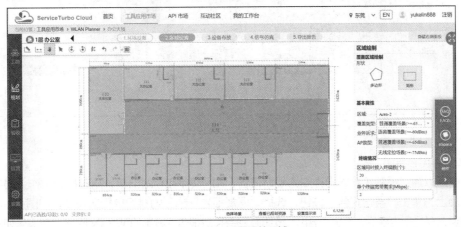

图 7-23 设置覆盖区域

（10）设备布放

如图 7-24 所示，在图纸上方的工具栏中，选择"设备布放"按钮，并在右侧工具栏中选择合适的"布放方式"和"设备点布放"。需要注意的是，当用户采用自动布放 AP 功能时，AP 将布放在用户自定义的 AP 区域内。

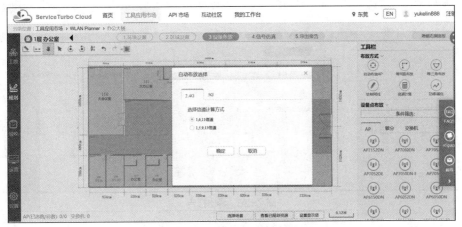

图 7-24 设置 AP 布放区域

（11）信号仿真

通过信号仿真图可以预览无线信号覆盖的效果，并根据效果图判断是否满足设计要求。如图 7-25 所示，单击页面上方"信号仿真"按钮，在右侧工具栏中可以调整仿真参数，单击"打开仿真图"，会自动输出仿真效果图。

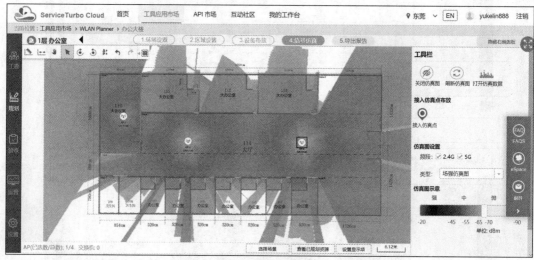

图 7-25　信号仿真

（12）导出报告

用户可以通过规划工具导出详细的规划报告、AP 清单和物料清单，用于指导工作人员施工。在主界面上方单击"导出报告"按钮，选择"网规报告"或"物料清单"选项卡，如图 7-26 所示，根据需要选择显示内容后，单击"导出"按钮并妥善存放报告。导出的 WLAN 网络规划报告如图 7-27 所示。

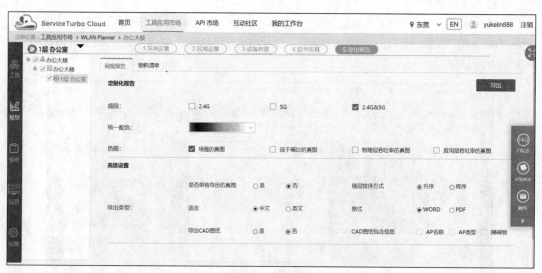

图 7-26　导出报告

BOM 编码	材料名称	材料类型	材料数量	备注
	AP	AP6010DN	10	

注：实际部署前，请先进行实地勘测，根据勘测结果进行方案调整！

图 7-27　WLAN 网络规划报告

7.2.3　典型网络规划案例

室内放装型 AP 典型应用

AP 的典型应用类型有室内放装型、室内分布型和室外型三种。下面将分别对这 3 种类型的典型网络规划案例做简要介绍。

1. 室内放装型

（1）项目背景

在办公大楼中，移动办公已成为企业信息化发展的趋势。传统的有线网络满足不了日益增长的网络需求，新增网口施工困难，甚至会破坏装修、影响员工正常办公。无线网络可满足员工移动办公需求，同时为贵宾/访客提供了便捷的无线接入。在此种情境下，无线网络辅助办公将成为现有有线网络办公的有效补充。

（2）业务需求

① 满足员工访问 Internet、收发邮件等业务的网络需求。

② 无线网络应覆盖所有会议室、开放办公区，可根据情况选择是否覆盖楼道或洗手间。

③ 信号连续覆盖，满足基本移动需求，特别是重点区域要求较好的覆盖质量。

（3）场景特征

办公写字楼以接入为主，以保证服务质量，通常具有以下共同特征。

① 整体覆盖场景内为半开放区域，有较少障碍物。

② 存在一定封闭区域，各区域的墙体材质也存在一定差异。

③ 用户密集且并发率高，对网络容量和稳定性有较高要求。

④ 用户有移动办公需求。

该场景对信号覆盖要求高，并且用户容量高，半开放结构中障碍物少。考虑到美观性和隐蔽性，建议采用室内放装型设备直接覆盖，不仅容量高，而且施工便捷。

（4）网络规划设计

① 覆盖需求分析：用户数量 200 人，并发率达 75%，单个用户带宽需求为 2Mbit/s。

② 工勘：半开放办公区中人均面积为 4~6m^2，隔断以石膏板/玻璃为主。

③ 设备选型：室内放装型 AP，支持 2.4GHz 和 5GHz。

④ 频率信道规划：1、6、11 信道（2.4GHz）和 149、153、157、161、165 信道（5GHz），信道交叉复用。

⑤ 链路预算：AP 覆盖半径为 8~12m，主用信号强度>-65dBm。

⑥ 容量规划：办公区 AP 数量=200×75%/40=3.75 台≈4 台，会议室单独布放 AP。

⑦ AP 发射功率：10dBm@2.4GHz，20dBm@5GHz。

（5）覆盖方案

根据前期的规划设计，在 WLAN Planner 软件中进行模拟仿真，仿真效果图如图 7-28 所示。半开放办公区由于无阻碍，在满足容量条件下尽可能少布放 AP，降低邻频信号干扰，建议视距范围内 AP 个数不超过 3 个。该办公楼一共 5 层，各层之间也需要考虑信号泄露的问题，因此各楼间的信道规划需遵循交叉规划原则。

① 2.4GHz 和 5GHz 双频覆盖，信道交叉复用。

② 降低发射功率，半开放办公区每 AP 覆盖面积为 150～300m^2。

③ 中型会议室部署独立 AP 覆盖。

④ AP 吸顶安装或壁挂安装，合理利用立柱、墙角等障碍物控制 AP 覆盖区域。

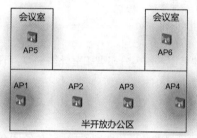

图 7-28　办公大楼 AP 部署效果

2. 室内分布型

（1）项目背景

在酒店服务中，多用户多样化终端同时上网会不便利；新增有线需要重新布线，施工时间太久影响酒店业绩。而部署无线网络不仅能提升入住客人满意度，而且满足酒店员工无线办公需求。

室内分布型 AP 典型应用

（2）业务需求

① 酒店客房内无线信号全覆盖，无信号盲区。

② 单用户带宽 2Mbit/s。

（3）场景特征

酒店客房通常以满足覆盖为首要目标，规划前需核查酒店装修情况和隔断类型。酒店客房通常具有以下共同特征。

① 洗手间靠近走廊，采用石膏板或砖墙隔断。

② 用户均匀分布在不同客房内，用户密度适中。

（4）网络规划设计

① 覆盖需求分析：客房 100 间，1～2 人/间，单用户带宽 2Mbit/s。

② 工勘：隔断以石膏板/玻璃为主。

③ 设备选型：室内分布型 AP，全向吸顶天线。

④ 频率信道规划：1、6、11 信道（2.4GHz），信道交叉复用。

⑤ 链路预算：每个 AP 带 6～8 个天线，客房内信号强度>-75dBm。

⑥ 容量规划：每 AP 可覆盖 10～15 个房间，需要 9 台（100/12）AP。

⑦ AP 发射功率：27dBm@2.4GHz。

（5）覆盖方案

根据前期的规划设计，在 WLAN Planner 软件上进行模拟仿真，仿真效果图如图 7-29 所示。

① 天线安装进客房内，避免洗手间穿透损耗，每个天线覆盖 1～2 房间。

② 根据链路预算确定功分器和耦合器，使各天线输出功率均匀。

③ 每个 AP 带 6～10 个天线，每个天线输出功率为 5～12dBm。

由于部分场景受装修和布线限制，天线无法安装进客房内，可安装在走廊中间，但覆盖效果略差于安装在房间内。根据酒店隔断、装修情况不同，个别客房的角落内信号可能偏弱。建议现场测试验证天线的覆盖范围、布放密度和输出功率等参数，便于网络优化。

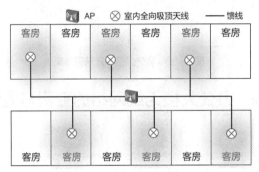

图 7-29　酒店客房 AP 部署效果

3. 室外型

（1）项目背景

某企业园区已实现室内覆盖，现要求实现室外公共区域无线覆盖。

（2）业务需求

① 园区主干道路、广场、停车场和绿地等区域重点覆盖，以满足园区用户不间断上网的需求。

室外型 AP 典型应用

② 单用户带宽需求大于 1Mbit/s。

（3）网络规划设计

① 覆盖需求分析：覆盖室外区域，用户密度适中，单用户带宽 1Mbit/s。

② 工勘：园区位于市区，楼宇间距 20～30m。

③ 设备选型：室外型 AP，8dBi 全向天线+11dBi 定向天线。

④ 频率信道规划：1、6、11 信道（2.4GHz），信道交叉复用。

⑤ 链路预算：采用 11dBi 定向天线时，AP 覆盖距离 300m 内信号强度>-65dBm。

⑥ 容量规划：用户密度较低，每个 AP 允许最多接入 30 个用户。

⑦ AP 发射功率：27dBm@2.4GHz。

（4）覆盖方案

根据前期的规划设计，在 WLAN Planner 软件上进行模拟仿真，仿真效果图如图 7-30 所示。

① 单 AP 覆盖距离<200m，覆盖角度>120°，选用全向天线，天线增益 8dBi。

② 相对狭长区域覆盖，距离<300m，选用波瓣宽度 60° 的定向天线覆盖，天线增益 11dBi。

③ 全向天线在路口抱杆安装，定向天线可选择挂墙或抱杆安装。

④ 供电方式选择 PoE 供电。

⑤ 现场调整优化 AP 发射功率。

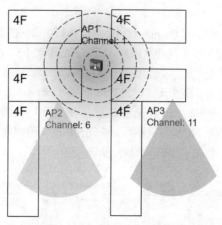

图 7-30　室外园区 AP 部署效果

7.3　项目实施　办公大楼无线网络的勘测与设计

7.3.1　项目背景

为了加快单位信息化建设步伐，某行政单位计划对旧办公大楼进行无线网络改造，以满足员工和访客的需求。办公大楼为平房建筑，主要分为办公区和大厅，共有 1700m² 左右的空间。大小办公室和会议室共 11 间，其中会议室的接入密度较大。为了提高信息化办公效率，办公楼无线网络还需提供视频会议服务，对 AP 的吞吐性能有较高要求。为此，单位邀请华为技术有限公司工程师到现场进行勘测并确定 AP 点位位置。

7.3.2　项目需求分析

一个新无线网络项目的部署，首先需要针对目标区域做好无线网络的勘测与设计工作，具体包括以下主要任务。

① 评估无线接入用户的数量。

② 评估无线网络的吞吐量。

③ 获取无线覆盖的建筑平面图。

④ AP 选型。

⑤ AP 点位与信道规划。

⑥ 无线复勘。

⑦ 输出无线地勘报告。

⑧ 了解无线地勘存在的风险及对策。

7.3.3　项目实施

1. 用户数和带宽确认

（1）评估无线接入用户的数量

从项目背景知悉，办公区域为 1700m² 左右的空间，分为办公室和大厅两部分。每天来行政大楼办事的人流量预计为 100 人/小时。根据业务特征和以往经验，大厅最大可容纳 200 人。无线网络工程师通过与行政单位信息部负责人确认，并结合以往项目经验，本项目最终按 75%的用户接入估算，并针对每个区域做细化统计，具体统计人数情况如表 7-5 所示，最终估算无线接入人数为 280 人。

表 7-5　各区域 AP 接入用户数

无线覆盖区域	AP 接入数量
大会议室	50
大办公室	20
小办公室	10
大厅	200

（2）评估无线网络的吞吐量

通过与行政单位信息部沟通，计划在会议室搭建视频会议直播服务，在其他区域为用户提供实时通信、微信视频、搜索、门户网站等应用通信服务。根据业务调研结果，并参考以往业务接入所需带宽的推荐值，行政单位为视频直播服务提供不低于 4Mbit/s 的高速无线接入带宽，为访客提供不低于 1Mbit/s 的无线接入带宽，为办公区域用户提供不低于 2Mbit/s 的无线接入带宽。最终，各区域的无线接入总带宽需求如表 7-6 所示。

表 7-6　各区域接入带宽需求

无线覆盖区域	AP 接入数量	AP 接入带宽
大会议室	50	200Mbit/s
大办公室	20	40Mbit/s
小办公室	10	20Mbit/s
大厅	200	200Mbit/s

办公大楼的无线信号需要为办公人员与访客提供不同的无线接入带宽。无线网络工程师决定设置多个 SSID，并且设置不同的速率。最终确定的多个 SSID 信息如表 7-7 所示。

表 7-7　SSID 信息

接入终端	SSID	是否加密	限制速率
视频直播	Video-wifi	是	4Mbit/s
访客	Guest-wifi	否	1Mbit/s
办公人员	Office-wifi	是	2Mbit/s

2. 建筑平面图勘测与绘制

经前期电话沟通，勘察员得知行政单位负责人并没有该建筑的任何图纸，因此在约定时间携带激光测距仪、笔、纸、卷尺等到达现场，并边绘制草图边开展现场调研。经过一个小时的工作，勘察员草绘了一张办公大楼的图纸，如图 7-31 所示。

同时，勘察员在现场环境调研中再次确认现场环境，并反馈给无线工程师，具体反馈如下。

① 会议室及办公室没有吊顶。

② 大厅有铝制板吊顶。

③ 大楼主体墙体为混凝土墙体，楼内建筑物为 120mm 砖墙，各办公室门为木门，行政大楼大门为防弹玻璃门。

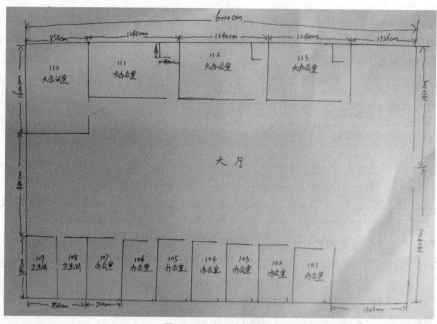

图 7-31 办公大楼草图

无线网络工程师根据现场绘制的草图，利用 Visio 软件绘制出电子图纸。工程师根据草图绘制墙体、门、窗等障碍物，并用标尺对距离进行标注，对每个房间用文本框进行标注，最终完成电子平面图纸，如图 7-32 所示。

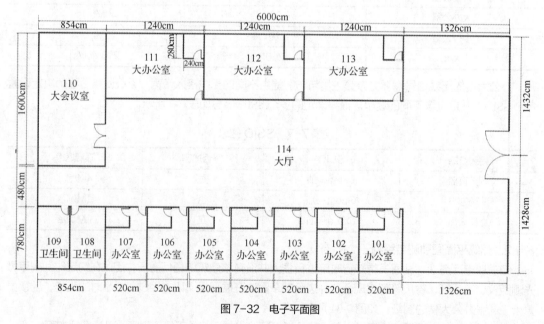

图 7-32 电子平面图

3. AP 选型

由于行政办公大楼中人群流量比较密集，因此工程师选用适合室内高密度部署的放装型 AP。在华为无线产品中，符合要求的主要放装型 AP 产品如表 7-8 所示。结合华为放装型无线 AP 特点，该项目考虑以无线覆盖和接入兼顾为主。因此，无线网络工程师计划在大厅部署 AP6050DN，在会议室部署 AP5010DN，在办公室部署 AP6010DN，用于满足无线信号的覆盖和接入需求。另外，由于会议室和办公室没有吊顶，工程师建议采用壁挂或吸顶安装。由于大厅采用铝制板吊顶，工程师建议采用吸顶安装。

表 7-8　华为主要放装型无线 AP 产品

产品型号	发射功率	吞吐量	工作频段	推荐/最大接入数
AP5010DN	≤50mW	600Mbit/s	2.4GHz&5GHz	32/128
AP6010DN	≤100mW	600Mbit/s	2.4GHz&5GHz	32/128
AP6050DN	≤100mW	800Mbit/s	2.4GHz&5GHz	64/512

4．AP 点位和信道规划

工程师根据勘察员做的调研记录，根据无线产品特征和应用场景，进行 AP 点位的布放和效果仿真。工程师利用华为 WLAN Planner 地勘软件进行规划仿真，具体步骤可参照 7.2.2 小节内容，完成网络规划设计内容。根据规划要求，在完成无线网络的复勘后，工程师需要输出无线地勘报告，并发给用户做最终确认。输出的无线地勘报告包括材料清单、工程设计图表和使用产品介绍等内容。扫描二维码可查阅本项目最终生成的完整规划报告。

WLAN 规划报告

思考与练习

一、填空题

1．WLAN 无线网络规划的基本流程包括（　　　）、（　　　）、网络规划方案设计、方案评审、安装施工、验收测试、验收优化和验收通过等主要环节。

2．WLAN 网络覆盖可根据建筑结构、障碍物分布、无线用户密集程度和容量需求等要求，选择合适的 AP 覆盖方式，包括（　　　）、（　　　）和（　　　）。

3．在使用 2.4GHz 频段时，只要两个信道的中心频点间隔大于（　　　），即可保证彼此之间频谱不交叠。

4．决定容量的主要因素有（　　　）、（　　　）、（　　　）和（　　　）等。

5．AP 的供电方式有（　　　）、（　　　）和（　　　）三种。

6．按照干扰源类型，WLAN 干扰源可以将干扰分为（　　　）和（　　　）两类。

二、不定项选择题

1．要想获取更好的覆盖效果，应尽量使 AP 信号以（　　　）穿过墙壁。

    A．垂直　　　　　　　B．平行　　　　　　　C．45°　　　　　　　D．60°

2．在 1 楼部署的 3 个 AP，从左到右的信道分别是 1，6，11，此时在 2 楼部署的 3 个 AP 的信道应划分为（　　　）。

    A．1，6，11　　　　　B．2，7，12　　　　　C．6，11，1　　　　　D．11，6，1

3．下列选项中，常见的 WLAN 干扰源是（　　　）。

    A．微波炉　　　　　　B．遥控器　　　　　　C．无绳电话　　　　　D．蓝牙传输设备

4．AP 的覆盖区域大小可以通过（　　　）方式控制。

    A．调节 AP 天线的焦距　　　　　　　　　B．调节 AP 的发射功率

C. 调节 AP 的供电　　　　　　　　　　D. 调节 AP 的接入带宽

5. WLAN 信号通过（　　）材质的穿透损耗较小。

A. 石膏板　　　　　B. 玻璃窗（无色）　　C. 混凝土墙　　　　D. 砖墙

6. 下列障碍物中，（　　）对无线信号的损耗最大。

A. 石膏天花板　　　B. 玻璃　　　　　　　C. 120mm 砖墙　　D. 200mm 混凝土墙

7. AP 和天线之间可通过（　　）连接。

A. 网线　　　　　　　　　　　　　　　　B. CATV 同轴电缆

C. 电源线　　　　　　　　　　　　　　　D. 50 欧姆射频同轴电缆

8. 为了解决同频干扰，一般采用（　　）方法。

A. 调整 AP 发射功率，调整天馈

B. 合理频率复用，确保在相同或者相邻的覆盖区域不出现相同的信道

C. 多使用全向天线进行覆盖

D. 使用障碍物进行天然的隔离

9. 华为 WLAN 规划工具有以下（　　）功能。

A. 支持自动识别标识障碍物　　　　　　　B. 支持普通覆盖区域与重点覆盖区域划分

C. 支持自动进行 AP 位置布放　　　　　　D. 支持导出规范的 WLAN 规划报告

三、判断题

1. 天花板内各种管道、金属龙骨和铝合金扣板都会给实际的信号覆盖效果带来较大影响。
（　　）

2. 由于金属物品对无线信号的衰减作用较大，AP 或者天线应避免安放在金属天花板等后面。
（　　）

3. 当覆盖区域的 2.4GHz 频段 1 信道干扰较多且严重时，可以将设备调整至 3 信道，有效降低干扰。（　　）

4. 容量规划主要从设备性能、用户数量、带宽需求和无线环境等方面出发，估算出满足业务量所需的 AP 数量。（　　）

5. 某栋 10 层的大厦需要覆盖 WLAN 信号，因为考虑到楼层之间有阻挡，可以将 5 层和 6 层的 WLAN 信号频点同时设定为 6 信道。（　　）

四、简答题

1. 无线网络容量规划应该考虑哪些因素？

2. 简述 WLAN 网络规划的基本流程。

3. WLAN 干扰因素有哪些？

4. 华为 WLAN 规划工具有哪些基本功能？

附录

WLAN 在提供便捷接入的同时，发生故障的风险也比较高。在构建 WLAN 后，网络工程师必须随时应对可能发生的一切问题。不论针对何种网络，可信赖的网络分析工具对于工程师来讲都是不可或缺的。同时，有效合理的故障排查方法，可以大大节约成本和提高网络效率。

本附录主要讲述 WLAN 故障排除方法、常用诊断命令和工具。

请扫描二维码查阅具体内容。